Das neue Gaswerk in Nürnberg.

Denkschrift

aus Anlaß der Eröffnung des neuen Gaswerks in Nürnberg.

von

Rudolf Terhaerst
städt. Gaswerksdirektor.

Nürnberg 1906.
Herausgegeben vom Stadtmagistrat.

Hergestellt bei
E. Nister, Nürnberg.

Sach-Register.

Seite

A.

Abgabestelle für Speisen und Getränke 139
Abgase bei der Ammoniakwasserverarbeitung 35. 109
Abkühlung des Rohgases 22
Abtreibapparat, System Feldmann . 34. 108
Abtropfwagen 110
Abwässer 110
Akkumulatorenbatterie 58. 123
Ammoniakfabrik 33. 108
Ammoniakwäscher 24
Anthracenöl 25
Apparatengebäude, Beschreibung . . . 89
Apparatensysteme, Wahl der 89
Arbeiteraufenthaltsräume 136
Aufsicht über die öffentliche Beleuchtung 13
Ausgleichbehälter (Wassergas) . . . 36. 59
Automaten 46

B.

Backende Sinterkohlen 15
Baderäume 136
Bandförderer 79
Becherwerke 77
Beheizung der Retorten 17
Beladen der Retorten 17

Seite

Benzolverdampfungsapparate . . . 61. 103
Berechnung der Speiseleitungen . . . 153
Beschickung der Retorten 17. 21
Beschickungsbühnen 82
Betrieb der öffentlichen Beleuchtung . 12
Betriebsergebnisse für das Jahr 1904 . 159
Betriebsergebnisse im Gaswerk Sandreuth für das Jahr 1905 160
Betriebsrohrleitungen 103
Bogenlampen, erste elektrische, 1882 . 9
Bogenlichtbeleuchtung des neuen Gaswerkes 120
Bogheadkohlen 16
Bradley-Becherwerk 77
Brecheranlage 77
Bremsvorrichtung am Waggonkipper . 73
Browersche Rinnen 85

C.

Chamotte 17
Centralkraftstation (Anordnung) . . . 115
Centrifuge (Ammoniakfabrik) 36
Chemisches Laboratorium 144
Coze-Öfen 20
Crossley'sche Druckregistrier-Apparate . 103
Cyanwäscher 24. 93

Seite

D.

Dampfheizung 111
Dampfkesselanlage 58
Dellwick-Fleischergeneratoren 36
Destillationsprodukte 15
Destillation, trockene 15
Doos, Erwerbung des Gaswerkes, durch die Stadt Nürnberg 50
Drehscheibe 134
Druck in den Retorten 22
Druckregistrier-Apparate 33. 103
Dückeranlage 53
Durchbildung der gesamten Eisenkonstruktion 82
Dynamomaschinen (Drehstrom) . . . 116
Dynamomaschine (Gleichstrom) . . 58. 122

E.

Eisenkonstruktion des Ofenhauses . . 82
Eisenoxydhydrat 26
Eisenvitriollösung 25
Elektrische Beleuchtung, Einführung derselben 1896 11
Elektrische Licht- und Kraftanlage . . 115
Entladebühnen 80
Entladevorrichtung für Kohlen . . . 72
Entlüftung des Kohlenschuppens . . . 79
Erbauung des neuen Gaswerkes in Sandreuth 63
Erregermaschinen (Nebenschlußmaschinen) 117
Erwerbung des Nürnberger Privatgaswerkes durch die Stadt 45

F.

Ferrocyan (Berlinerblau) 27

G.

Gareis-Regler 33. 101
Gartenanlagen im neuen Gaswerk . . 129
Gasbehälter 31
Gasbehälter, Größe und Anordnung derselben 32. 114
Gaserzeugung, Allgemeines 14
Gasglühlicht, Einführung desselben 1896 11
Gaskohlen, Bestandteile, notwendige Eigenschaften 15
Gasreinigung in der Kondensation . . 22
Gasreinigung, Schwefelwasserstoffreinig. 26
Gasrohrnetz 148
Gassauger (Dampfmaschinen) . . . 29. 95
Gasselbstmesser 46
Gasverbrauch pro Kopf und Jahr . . 65
Gaswerk Doos 50
Gaswerk Rothenburgerstraße, Entwicklung bis 1904 45
Gaswerk, erste Anregung zur Erbauung 1835 38
Gaswerk, Gründung 1846 43
Gaswerk, Übernahme durch die Stadt 1871 45
Geleisanlagen im neuen Gaswerk und deren Betrieb 131
Geleisanschluß des neuen Gaswerkes . 131
Generatorgas, Zusammensetzung . . . 20
Generatoröfen 17. 18
Gewicht der Eisenkonstruktion des Ofenhauses 85
Gleichstromcentrale 58. 122
Gleichstromcentrale, teilweise Versorgung des Lichtbedarfes durch die . . . 122
Gradierwerk 130
Graphit 17

H.

Hahn'sche Regler 93
Halbgeneratoröfen 20
Hauptschalttafel 120
Hauptstraße 134
Hauptverteilungstafel 122
Heizungsanlage 111
Heizwert des Steinkohlengases . . 15. 37
Heizwert des Wassergases 15. 37
Hochbahn für Koks 86

Seite

Hochbehälter für Teer und für Ammoniakwasser 103
Hochdruckcentrifugalpumpen 129
Hochdruckdampfheizung 111
Hofbeleuchtung 128
Hydraulik (Vorlage) 21

J.

Inbetriebsetzung des neuen Gaswerkes in Sandreuth 64
Industriegeleisanlage 71
Intzebehälter 106

K.

Kaffeekocher 138
Kalkmilchpumpe 109
Karburation 61
Kesselhaus des neuen Gaswerkes . . 57
Klärgruben 35. 110
Kohlenanfuhr 67
Kohlenbrecher 72. 75
Kohlendestillation 15
Kohlenentladevorrichtung 72
Kohlenförderung 71
Kohlensäure, Entfernung derselben aus dem Gas 26
Kohlenschuppen 78
Kohlensorten 15
Koks 85
Koksabfallfeuerung 58
Koksbrechanlage 87
Koksbreeze, Förderung derselben nach dem Kesselhaus 87
Koksförderung 85
Kokshochbahn 86
Kokskleinverkauf 88
Koksseparation 86
Koksverkauf 87
Koksversand in Körben 88
Kondensation 22. 89. 95
Kondenstöpfe 26
Kosten der Gaswerksanlage . . . 38. 62

Seite

Kosten der Straßenbeleuchtung . . . 11
Kraftbedarf außerhalb der elektr. Centrale 125
Kreuzlaternen 12
Kühleranlage im alten Gaswerk . . . 23
Kühleranlage im neuen Gaswerk . 23. 89
Kühlwasser, Wiederverwertung desselben 130

L.

Laboratorium, chemisches 144
Laden der Retorten 17
Lampenwärter 13
Laufkran (mit Seilbetrieb) 59. 97
Laugenrinne 111
Ledigwäscher 24
Leistungsfähigkeit des neuen Gaswerkes 70
Leitungsquerschnitte, elektrische . 126. 128
Lichtbedarf außerhalb der elektrischen Centrale 125
Lichtgeber 15
Lichtträger 15
Licht- und Kraftverteilungsanlage . . 122
Luftkühler 22
Luftzufuhr in die Reinigerkästen . . . 28
Luxmasse 29

M.

Magazine 135
Mainzer Laternen 10
Mammutpumpenanlage 58
Materialspender 80
Mikromanometer 147
Mischgasbetrieb 60
Mondscheinlaternen 12

N.

Nachtbehälter 86
Naphthalin, Entfernung aus dem Rohgas 22. 25
Naphthalinwäscher 24. 93
Nebenprodukte bei der Gasfabrikation 17. 21
Nebenschlußregulator 117

Seite

Neues Gaswerk: 51. 62
Entwurf und Kostenanschlag . . 62
Erbauung 63
Erweiterungsfähigkeit 70
Größenbestimmung 64
Inbetriebsetzung 64
Raumverteilung 67
Wahl der Apparatensysteme . . 71
Notbeleuchtung in den Betriebsräumen . 124
Nürnberger Gasbeleuchtungsgesellschaft . 44

O.

Oberluft 19
Öfen, Beheizung und Brennstoffverbrauch 18
Ofenhaus, Beschreibung 80
Ofenhaus, Betrieb 85
Ofensysteme in den Nürnberger Gaswerken 18
Ofentemperaturen 17. 20
Öffentliche Beleuchtung 12
Öllaternen 7
Ölmaß 7
Ölverbrauch 7
Ortspolizeiliche Vorschriften 5

P.

Pelouze-Teerscheider 24
Petroleumlampen 11. 12
Pförtnerhaus 135
Pneumometer 147
Polizeiverordnung vom Jahre 1699 . 5
Preis des Gases 159
Projekt Kuppler 38
Pumpenanlage für Wasserversorgung . 129

R.

Raseneisenerz 26
Rauchabführung im Ofenhaus . . . 83
Rechnungsergebnisse für das Jahr 1904 160
Rechnungsergebnisse für das Jahr 1905 160
Regeneration (Öfen) 20
Regenerierboden (Reinigeranlage) . 27. 97
Regulatoren 99
Regenerativbrenner, Siemens'scher . 9. 10
Reingewinn der Gasanstalten 46
Reinigeranlage 95
Reinigeranlage im alten Gaswerk . . 28
Reinigeranlage im neuen Gaswerk . . 95
Reinigerkästen, Füllung und Entleerung 97
Reinigerkästen, Schaltung 27
Reinigung des Gases 23
Reinigungsmasse 26
Reservekabel, elektrische 117
Retorten 17
Retortengraphit 17
Retortenkonstruktion 17
Reutterkühler 23
Ringkühler 22
Röhrenkühler 22
Rohgas 17
Rohrdurchmesser, Berechnung der . . 153
Rohrkeller 95. 103. 126
Rohrnetzplan, Entwurf 148
Rostöfen 18
Ruhrkohlen 15

S.

Saarkohlen 15
Salzfabrikation (Ammoniakfabrik) . 108
Salzlager (Ammoniakfabrik) 111
Sammelgrube für Kondensationsprodukte 26. 103
Sandreuth, neues Gaswerk:
Erbauung 63
Inbetriebsetzung 64
Projekte 62
Sanitätsstation 139
Sättigungskasten 35. 109
Säurevorlagen (Ammoniakfabrik) . . 35. 109
Saugstation 114
Schalttafel 120
Schlacken der Generatoren 21
Schlaißen 6
Schmalspurbahn für Koksförderung . . 58
Schwefelgehalt der Kohlen 15

Seite

Schwefelwasserstoffreinigung . . . 26. 27
Schüttelförderrinnen 80
Segeltuchschläuche 97
Selbsttätige Zünd- u. Löschvorrichtungen 12
Sicherheitsregler 101
Siemens'scher Regenerativbrenner auf dem Plärrer 9. 10
Sinterkohlen 15
Skrubber 36. 57
Sortiertrommeln für Kohlen 76
Speiseleitungen, Berechnung der . . . 153
Speisen- und Getränkeabgabe 139
Stadtdruckregler 33
Standardwäscher 24
Stationsgasmesser 29
Staubabsaugung 77
Steinkohlengas 14
Straßenbeleuchtung 1699 5
Straßenbeleuchtung:
Anfang der öffentlichen bis 1762 7
Betrieb der 12
Entwicklung bis zur Gegenwart . 7
Kosten der 11
öffentliche 1836 7

T.

Tabelle über Licht- und Kraftbedarf außerhalb der Centrale 125
Teleskopbehälter für Steinkohlengas im alten Werk 32
Teleskopbehälter für Steinkohlengas im neuen Werk 32. 55
Teleskopbehälter für Wassergas . . . 59
Temperatur des Generatorgases beim Austritt aus den Generatoren 20
Temperatur der Öfen 20
Temperatur beim Vergasen 17
Teerscheider 23
Transformatoren 119
Trennung, selbsttätige, von Teer und Ammoniakwasser 103
Trockenlager (Ammoniakfabrik) . . . 111
Trogförderer 77. 80

Seite

U.

Uhren- und Reglergebäude 99
Umlaufregler 29
Umschaltventil, System Gareis in der Reinigeranlage 97
Unterluft 19

V.

Ventilation des Reinigerhauses . . . 99
Ventilation des Ofenhauses 83
Vergleich der Betriebsergebnisse im alten und neuen Gaswerk 161
Vergütung für Gas, Petroleum und elektrische Energie für Straßenbeleuchtung 13
Versuchsgasanstalt 139
Versuchsgasanstalt, eigentliche 141
Verteilungstafel bei Brecheranlage II . 128
Verteilungstaschen unter dem Waggonkipper 76
Verunreinigungen im Rohgas 21
Verwaltung des Gaswerkes 158
Vollgeneratoröfen, Münchener 20
Vordruckregler 32. 101
Vorlage (Hydraulik) 21
Vorwärmer (Ammoniakfabrik) 35

W.

Wachsfackeln 6
Wäscheranlage im alten Gaswerk . . 21
Wäscheranlage im neuen Gaswerk . 23. 25
Waggonkippvorrichtung 72
Wassergas 14. 36
Wassergasanlage des alten Gaswerkes . 50
Wassergasanstalt des neuen Gaswerkes. 53
Wassergas-Apparatenanlage 56
Wassergas-Ausbeute 37
Wassergas-Erzeugung 36
Wassergas-Generatoren 36
Wassergas-Motoren 58. 116
Wassergas-Reinigungsanlage . . . 36. 58

	Seite
Wassergas-Teleskopbehälter . . . . 36.	59
Wassergas-Uhrenhaus	59
Wasserhochbehälter	130
Wasserkühler	22
Wassermesser (Ammoniakfabrik) . . .	109
Wasser-Verbrauch und -Verteilung . .	131
Wasserversorgung	129
Werkstätten	135
Wirksamkeit der Reinigungsmasse . .	27
Wohlfahrtseinrichtungen	136

Z.

	Seite
Ziehen der Retorten	17
Zünden und Löschen der Laternen . .	12
Zünd- und Löschpersonal	13
Zusammensetzung des Steinkohlengases .	14
Zusammensetzung des Wassergases . .	14
Zusammenstellung des Gasverbrauches in 16 deutsch. Großstädt. von 1880—1902	153
Zwölfuhrlaternen	12

Verzeichnis der Abbildungen, Tafeln und Tabellen.

Seite

A.

Ammoniakfabrik, Tafel 18.
Ammoniakfabrik, Ansicht, Fig. 67 . . 110
Ammoniakfabrik im neuen Gaswerk, Innenansicht, Fig. 12 35
Ammoniakverarbeitungsanlage, Tafel 18.
Ammoniakwasserpumpen, Fig. 63 . . 107
Ankunft eines schmiedeeisernen Gasrohres von 1 m Durchmesser und 26 m Länge, Fig. 97 149
Anordnung des Magnetrades, Schwungrades und der Erregermaschine auf gemeinsamer Welle, Fig. 74 . . . 118
Apparatenanlage, Ansicht, Fig. 49 . . 93
Apparatenhaus, Ansicht vom Koksplatz aus, Fig. 50 94

B.

Bandtransporteure, Fig. 37. 78
Becherwerke, Antrieb der, Fig. 38 . . 79
Becherwerke, Rücklauf der, Fig. 34 . . 75
Becherwerke u. Bandtransporteure, Fig. 37 78
Bedienstetenwohnhaus, Fig. 87 . . . 135
Beleuchtungsarten, die verschiedenen, der Straßenbeleuchtung, Tabelle 1.
Beschickung der geneigten Retorten, Fig. 1 16
Betriebsunkosten, Entwickelung der, Tabelle 5.
Brennstundenzahl der verschiedenen Beleuchtungsarten der Straßenbeleuchtung, Tabelle 2.
Brower'sche Koksrinnen, Antrieb, Fig. 42 86

C.

Centralkraftstation, Ansicht der, Fig. 72 116

Seite

D.

Dachkonstruktion des Reinigerhauses, Fig. 55 100
Dampfkesselanlage, Fig. 25 59
Doos, Gaswerk, Fig. 19 50
Dreherei, Innenansicht, Fig. 88 . . . 136
Drehstromtransformator, Fig. 75 . . 119
Druckregler- und Gasmesseranlage im neuen Gaswerk, Fig. 7 30
Dückeranlage, Fig. 21 53

E.

Einbau von geneigten Retorten, Fig. 5 23
Einwohnerzahlen von 1871 — 1904, graph. Darst., Fig. 16 47
Eisenbahnwaggonkippvorrichtung, Tafel 7
Elektrische Centrale, Ansicht, Fig. 79 . 124
Elektrische Licht- und Kraftanlage, Tafel 19
Elektrische Licht- und Kraftanlage, Innenansicht, Fig. 73 117
Elektrische Licht- und Kraftanlage, Schaltungsschema, Tafel 20.
Entladung der geneigten Retorten, Fig. 2 18

F.

Flammenzahl der verschiedenen Beleuchtungsarten der Straßenbeleuchtung, Tabelle 3.
Füllen der Kesselwagen mit Teer, Fig. 64 108

G.

Gasabgabe, jährliche, Einwohnerzahlen und jährliche Gasabgabe pro Kopf von 1871—1904; graph. Darst., Fig. 16 47

	Seite
Gasausbeute aus 1000 kg Steinkohle, bzw. 100 kg Koks; graph. Darst., Fig. 20	51
Gasbehälter im Gaswerk an der Rothenburger-Straße, Fig. 9	32
Gasbehälter von 20000 cbm Nutzinhalt mit Saug- und Druckreglerstation am Rochusfriedhof, Fig. 71	114
Gaserzeugung, jährliche, und Kohlenverbrauch, graph. Darst., Fig. 20	51
Gaserzeugung, monatliche, in den 3 städt. Gaswerken, Tab. 10.	
Gaserzeugung und Gasverbrauch in den einzelnen Tagesstunden am 23. Dezember 1904, graph. Darst., Fig. 8	31
Gasmesser- und Druckregleranlage im neuen Gaswerk, Fig. 7	30
Gasmesser- und Reglergebäude, Ansicht, Fig. 56	101
Gasmesser- und Reglergebäude, Giebelansicht, Fig. 57	102
Gasmesser- und Reglergebäude, Seitenansicht, Fig. 58	102
Gasmesser, Zahl der, und Flammenzahl derselben, Tabelle 8.	
Gasmotoren, Anzahl der, u. Pferdestärken derselben von 1879—1904, Fig. 17	48
Gasverbrauch, jährlicher, nach seinen Verwendungsarten, Tabelle 7.	
Geldwirtschaft 1871—1904, Tabelle 6	
Generatorofen mit geneigten Retorten, Querschnitt, Fig. 3	19
Generatorofen mit 9 geneigten Retorten, Fig. 4	21
Gesamtansicht des neuen Gaswerkes in Sandreuth	156
Gleichstromcentrale in der Wassergasanstalt, Fig. 26	60

H.

	Seite
Hauptschalttafel in der elektrischen Licht- und Kraftanlage, Fig. 76	120
Hauptschalttafel, Rückansicht, Fig. 77	121
Hauptverteilungstafel für Licht und Kraft, Fig. 78	123
Haus um die Hochbehälter für Teer und Ammoniakwasser, Fig. 66	110
Hochbehälter für Teer und für Ammoniakwasser, Fig. 65	109
Hochbehälter für Teer und für Ammoniakwasser, Aufriß, Fig. 61	105
Hochbehälter für Teer und für Ammoniakwasser, Grundriß, Fig. 60	104
Hochdruckcentrifugalpumpen, Fig. 82	129
Hochdruckdampfheizung im Gasmessergebäude, Regulierung, Fig. 68	112
Hochdruckdampfheizung im Reinigerhaus, Regulierung, Fig. 69	112

J.

	Seite
Isometrische Darstellung des neuen Gaswerkes in Sandreuth, Tafel 5.	
Isometrische Darstellung des Gaswerkes an der Rothenburgerstraße, Tafel 1.	

K.

	Seite
Kippvorrichtung für Eisenbahnwaggons, Tafel 7.	
Kohlenentladung durch den Waggonkipper, Vorderansicht, Fig. 33	74
Kohlenentladung durch den Waggonkipper, Rückansicht, Fig. 32	72
Kohlenförderanlage; Trogförderer über den Kohlenbunkern im Ofenhaus, Fig. 35	76
Kohlenförderanlage: Rücklauf der Becherwerke, Fig. 34	75
Kohlenförderanlage: Zusammenstellung, Tafel 8.	
Kohlenschuppen: Ansicht, Fig. 36	77
Kohlenschuppen: Giebelansicht, Tafel 11a	
Kohlenschuppen: Querschnitt: Becherwerke und Bandtransporteure, Fig. 37	78
Kohlenschuppen mit Schüttelförderrinnen, Tafel 10.	
Kohlentransport im alten Gaswerk, Fig. 27	63
Kohlenverbrauch, jährliche Gaserzeugung und Gasausbeute, graph. Darstellung, Fig. 20	51
Koksbrech- und Sortieranlage, Tafel 14.	

	Seite
Kokshochbahn, Fig. 43	87
Kokskleinverkauf im alten Gaswerk, Fig. 31	71
Kokskleinverkauf, Längsschnitt durch die Halle für den, Tafel 15.	
Kokslöschen im alten Gaswerk, Fig. 28	66
Koksseparation im alten Gaswerk, Fig. 29	68
Kokstransport- und Aufbereitungsanlage, Grundrisse, Tafel 12.	
Kokstransport- und Aufbereitungsanlage, Aufrisse, Tafel 13.	
Koksverkauf an der Koksbrech- und Sortieranlage, Fig. 44	88
Koksverkauf im alten Gaswerk, Fig. 30	69
Kondensationsanlage, Fig. 49	93
Kosten der Straßenbeleuchtung, Tabelle 4.	
Kühler-, Sauger- und Wäscheranlage, Grundriß, Fig. 46	90
Kühler-, Sauger- und Wäscheranlage, Längsschnitt, Fig. 47	91
Kühler-, Sauger- und Wäscheranlage, Querschnitt, Fig. 48	92

L.

Lageplan des Privatgaswerkes an der Rothenburgerstraße im Jahre 1846, Fig. 13	42
Lageplan des städt. Gaswerkes an der Rothenburgerstr. i. Jahre 1871, Fig. 14	44
Lageplan des städtischen Gaswerkes an der Rothenburgerstraße im Jahre 1874, Fig. 15	45
Lageplan des städischen Gaswerkes an der Rothenburgerstraße im Jahre 1898, Fig. 18	49
Lageplan des neuen Gaswerkes in Sandreuth, Tafel 6.	

M.

Mammutpumpenanlage, Fig. 83	130
Magazine, Tafel 21.	
Monatliche Gaserzeugung in den drei städtischen Gaswerken von 1871 bis 1904, Tabelle 10.	

N.

	Seite
Nadelventil für die Hochdruck-Dampfheizung, Fig. 70	113
Neues Gaswerk, Gesamtansicht	156
Neues Gaswerk in Sandreuth, Isometrische Darstellung, Tafel 5.	
Neues Gaswerk in Sandreuth, Lageplan, Tafel 6.	

O.

Ofenhaus: Anbau, Aufenthalts- und Baderäume, Fig. 41	84
Ofenhaus: Ansicht, Tafel 11.	
Ofenhaus: Giebelansicht, Tafel 11a.	
Ofenhaus im Bau, Fig. 40	83
Ofenhaus: Querschnitt, Fig. 39	81

P.

Pförtnerhaus, Fig. 86	134
Pumpenanlage für Teer und für Ammoniakwasser, Fig. 62a	107

R.

Regenerierboden, Fig. 55	100
Reglergebäude, Ansicht, Fig. 56	101
Reglergebäude, Giebelansicht, Fig. 57	102
Reglergebäude, Seitenansicht, Fig. 58	102
Regulierung der Hochdruckdampfheizung im Gasmessergebäude, Fig. 68	112
Regulierung der Hochdruckdampfheizung im Reinigerhaus, Fig. 69	112
Reinigeranlage, Tafel 16.	
Reinigeranlage im neuen Gaswerk, Innenansicht, Fig. 6	28
Reinigerhaus, Ansicht vom Koksplatz aus, Fig. 53	98
Reinigerhaus, Ansicht, Tafel 16a.	
Reinigerhaus im Bau, Fig. 54	99
Retorten, Einbau der geneigten, Fig. 5	23
Rohrkanal, Querschnitt, Fig. 45	89
Rohrkanal, unterirdischer, für Dampf- und elektrische Leitungen, Fig. 80	126
Rohrkeller im Gasmesser- und Reglergebäude, Fig. 59	103
Rohrkeller im Reinigerhause, Fig. 52	97

	Seite
Rothenburgerstraße, Gaswerk an der, isometrische Darstellung, Tafel 1.	

S.

Sammelgrube für Teer- und Ammoniakwasser, Fig. 62	106
Sanitätsstation, Innenansicht, Fig. 91 .	138
Saugeranlage, Grundriß, Fig. 46 . .	90
Saugeranlage, Längsschnitt, Fig. 47 .	91
Saugeranlage, Querschnitte, Fig. 48 .	92
Schaltungsschema der elektrischen Licht- und Kraftanlage, Tafel 20.	
Schieber, Anordnung der, am Dücker durch den Ludwigs-Donau-Mainkanal, Fig. 22	54
Schlosserei, Innenansicht, Fig. 88 . .	136
Schüttelförderrinnen, Tafel 10.	
Speisen-, Gebäude für, und Getränkeabgabe, Fig. 89	137
Speisen- und Getränkeabgabe, Innenansicht, Fig. 90	137
Stadtdruckregler, System Gareis, Fig. 11	34
Stationsgasmesser, Tafel 17.	
Staubabsaugung, Zusammenstellung, Tafel 9.	
Straßenbeleuchtung, die verschiedenen Beleuchtungsarten, Tabelle 1.	
Straßenbeleuchtung, Brennstundenzahl der verschiedenen Beleuchtungsarten, Tabelle 2.	
Straßenbeleuchtung, Flammenzahl der verschied. Beleuchtungsarten, Tab. 3.	
Straßenbeleuchtung, Kosten der, Tab. 4.	

T.

Tagesverbrauch, Darstellung des höchsten und niedrigsten, an Gas, Tabelle 9.	
Teleskopgasbehälter von 44000 cbm Nutzinhalt, Tafel 2.	
Teleskopgasbehälter von 44000 cbm Nutzinhalt im Bau, Fig. 23 . . .	55
Teerpumpen, Fig. 63	107
Trogförderer über den Kohlenbunkern im Ofenhaus, Fig. 35	76

U.

Umschalteventil in der Reinigeranlage, Fig. 51	96

V.

Verlegung eines schmiedeeisernen Gasrohres von 1 m Durchmesser und 26 m Länge in der Straße „An den Rampen," Fig. 98	151
Versuchsgasanstalt, Ansicht, Fig. 94 .	143
Versuchsgasanstalt, Querschnitt A—B, Fig. 95	144
Versuchsgasanstalt, Querschnitt C—D, Fig. 96	145
Versuchsgasanstalt und chem. Laboratorium, Grundriß, Fig. 92 . . .	140
Versuchsgasanstalt und chem. Laboratorium, Längsschnitt, Fig. 93 . . .	142
Verwaltungsgebäude, Ansicht, Fig. 85 .	133
Verwaltungsgebäude, Grundriß, Fig. 84	132
Verteilungstafel bei Brecheranlage II, Fig. 81	127
Vordruckregler im neuen Gaswerk, Fig. 10	33

W.

Wäscheranlage, Grundriß, Fig. 46 . .	90
Wäscheranlage, Längsschnitt, Fig. 47 .	91
Wäscheranlage, Querschnitte, Fig. 48 .	92
Wassergasanstalt, Gesamtansicht, Fig. 24	57
Wassergasanstalt, Grundriß, Tafel 3.	
Wassergasanstalt, Längsschnitt, Tafel 4.	
Werkstätten und Magazine, Tafel 21.	

Anhang.

Ofenhaus des neuen Gaswerkes.
Verteilungsplan.
Rohrnetzplan.
Beleuchtungsplan.
Gebäude an der Sandreuthstraße.

Denkschrift.

I.

Die öffentliche Beleuchtung.

Demnach Ein Hoch Edler / Hochweiser Rath dieser Stadt / Unsere gebietende Herren / mit sonderbarem Mißfallen vernehmen müssen / was massen zu Nachtzeit einig böses schädliches Gesind auf denen Gassen sich vermerken lasse / welches auf Raub und Diebereyen das Absehen richte / auch zu solchem End in die Häußer sich zu schleichen beginne / umb vermuthlichen Mord und ander Unheil / wo es zu Stand kommen kann / darinn zu verüben / dahero Ihre Hochedle Herrl. nicht haben ermangelt / zu Ihrer lieben Burgere und Angehörigen Sicherheit von Obrigkeitlichen Amtswegen sorgfältig zu verordnen / daß durch die bestellte Soldaten-Wachten / auch andere gehörige Personen / vermittels fleißigen patrolirens / straifens / und sonsten / auf solcherley böse Leuthe genaue Aufsicht getragen / und denen von Ihnen befahrenden Händeln und Schaden möglichst vorgebogen werde; Hoch Edelgedachte Ihre Herrl. aber hierzu sehr dienlich und notwendig zu seyn erachten / daß dero ehemaligen Mandaten gemäß / Niemand / es seye bey früher oder spater Nacht / ohne bey sich habendes angezündtes Liecht in der Laterne / auf denen Straßen sich befinden und antreffen lassen solle / Als wollen Ihre Hoch Edle Herrl. erwehnte Ihre hiebevor schon publicirte wohlgemeinte Mandata für ietzo wiederholen / und Ihren Burgern / Innwohnern und Angehörigen Ernstlich und bey Straff befohlen haben / daß bey Nachtszeiten weder sie selbsten / noch ihre Kinder / Dienstboten / Ehehalten / oder Zu-

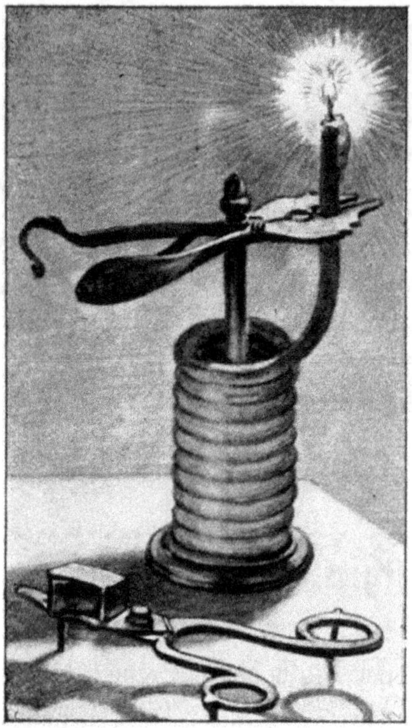

gehörige/ohne bey sich habendes angezündtes Liecht in der Laterne / über die Gassen nicht gehen / noch auf den Strassen sich antreffen lassen / jedoch der Blendlaternen / welche den entgegenkommenden das Gesicht benehmen / bey empfindlicher Straff / allerdings enthalten sollen /.

Dann wo Diesen wohlgemeinten Verbot zu entgegen ohne Liecht im Finstern zu Schaden kommen / oder von den Soldaten und andern hierzu bestellten Wachten / betretten und bey ermangelnder genugsamer Entschuldigung seines Nächtlichen Ausgehens ohne Laterne / in Gewahrsam oder Gefängnuß gebracht / auch nach Befinden mit Straff angesehen werden würde / der oder dieselbe werden solches sodann Niemanden anders / als Ihnen selbsten und Ihrem Ungehorsam beyzumessen haben. Anbey soll aber doch bey gleichmässiger Straff verbotten seyn / mit brennenden Holzfackeln / Schlaissen / oder Kien / als welches umb deß / in denen Häußern und bey Stallungen befindlichen Heues und Streu willen gefährlich seyn will / über die Gassen und Strassen nicht zu gehen / sondern soll man / zu Verhütung Feuersgefahr / der Laterne allein / außer wo etwan nach Beschaffenheit iezuweilen Wachsfackeln wollen gebrauchet werden / sich bedienen/.

Wornach sich männiglich zu richten / und vor Schimpf und Schaden zu hüten wissen wird.

Decretum in Senatu,
den 23. Septembr. 1699.

Am 19. Oktober 1762 wurden 7 Öllaternen am Rathause und an der Zentralfeuerwache in Betrieb gesetzt. Die Kosten dieser Laternen mit Ölmaß und sonstigem Zubehör, sowie einschließlich deren Aufstellung betrugen 73 Gulden, 40 Kreuzer.

Eine öffentliche Straßenbeleuchtung mittelst Laternen besitzt Nürnberg seit dem Jahre 1792. Diese Laternen hingen meistens an quer über die Straße gespannten Ketten in ähnlicher Weise, wie man heute die elektrischen Bogenlampen zu befestigen pflegt.

Ein Bericht der Polizeiverwaltung aus dem Jahre 1836 gibt folgendes an:

Im hiesigen Polizeibezirk werden bei mangelndem Mondenlicht täglich 451 Laternen zur gewöhnlichen Straßenbeleuchtung in Wirksamkeit gesetzt, davon sind:

I. 231 Stück Hanglaternen mit runden Fenstern, für die per Stunde und Stück 2 Loth Öl gereicht werden. II. 128 Hanglaternen mit breiten Fenstern, von denen jede auf die Stunde $1^1/_2$ Loth Öl erhält. III. 8 Stück Armlaternen mit doppelten Feuern zu 2 Loth Öl per Stück und Stunde. IV. 1 Stück Armlaterne mit kleinem doppelten Feuer zu $1^1/_2$ Loth Öl per Stunde. V. 83 Stück Armlaternen mit einfachem Feuer zu 1 Loth Öl per Stück und Stunde.

Hievon kommen in der Stadt innerhalb

		im Burgfrieden:	der Ringmauern:
von	I.	58 Stück	173 Stück
„	II.	10 „	118 „
„	III.	— „	8 „
„	IV.	— „	1 „
„	V.	1 „	82 „

Die in den Burgfriedendistrikten werden nur in den Wintermonaten, d. i. vom Oktober bis Anfang, höchstens Mitte März in Wirksamkeit gesetzt.

Der Gesamt-Ölaufwand zur Beleuchtung für die Stadt beträgt daher für die Stunde 19 Pfund, 14½ Loth.

In den letzten 3 Jahren von 1832—1835 waren 751 zu beleuchtende Nächte und 4111 Brennstunden angenommen, so daß im Durchschnitt auf das Jahr 250⅓ Nächte, dann 1370⅓ Brennstunden kommen, welche einen Ölaufwand von 266 Centner, 50 Pfund, 25 Loth in Anspruch nehmen.

Nürnberg, den 16. Februar 1836.

gez.: Röder.

Schon 1835 regte der damalige zweite Bürgermeister von Nürnberg — Johannes Scharrer — die **Einführung der Gasbeleuchtung** dahier an, es dauerte jedoch bis zum Jahre 1846, bis mit dem Bau eines Gaswerkes begonnen wurde.

Dieses Gaswerk, ein Privatunternehmen, wurde am 1. Dezember 1847 in Betrieb genommen und ermöglichte zunächst die Aufstellung von 638 Laternen für die öffentliche Beleuchtung. Damit war Nürnberg die erste Stadt in Bayern, welche diese neue Beleuchtungsart hatte.

Bei der Übernahme des Gaswerkes durch die Stadt am 15. Oktober 1871 betrug die Zahl der Straßenlaternen 1110 und am Ende desselben Jahres bereits 1217. Umfang und Ausstattung der ganzen Beleuchtungsanlage ließen viel zu wünschen übrig. Schon im ersten Jahre des städtischen Betriebes des Gaswerkes wurden 91 neue Laternen aufgestellt, eine große Anzahl Holz-Kandelaber und Blechlaternen durch gußeiserne Kandelaber und Laternen ersetzt und an Stelle der mangelhaft konstruierten Laternenhähne und Brennervorrichtungen neue, besseren Systems verwendet. Bis zum 31. Oktober 1881 erhöhte sich die Zahl der Straßenlaternen auf 1909; es wurden somit in 10 Jahren im Durchschnitt 70 neue Laternen im Jahre aufgestellt (s. Tabellen 1, 2 und 3).

Von großem Einflusse auf die Ausdehnung und Verbesserung der Straßenbeleuchtung war die am 15. Mai 1882 eröffnete Landes-Industrie-Ausstellung und die kurz vorher in Betrieb gesetzte Pferdebahn.

Es wurden 119 neue Laternen aufgestellt; auf dem Plerrer fand ein großer Siemens'scher Regenerativ-Gasbrenner, welcher der Leuchtkraft von 20 gewöhnlichen Flammen entsprach, auf hohem Kandelaber Aufstellung; eine Anzahl Laternen wurden mit Richtungstafeln, auf denen die Namen der Straßen angegeben waren, ausgestattet.

Lebhaftes Interesse erregte die **Inbetriebsetzung von elektrischen Bogenlampen** auf dem Josefsplatze und in der Kaiserstraße am 7. Juni 1882.

Zum Betrieb dieser Beleuchtungsanlage diente eine in der Almosenmühle aufgestellte Schuckert'sche Flachring-Dynamo-Maschine in Verbindung mit einer Turbine, welche durch den stark abfallenden Fischbach getrieben wurde.

Diese Bogenlampen wurden auf Anregung des verstorbenen Kommerzienrates Sigismund Schuckert aufgehängt, der schon seit den 70er Jahren Versuche gemacht hatte, die Straßen Nürnbergs mit elektrischen Bogenlampen zu beleuchten, und es gebührt Nürnberg der Ruhm, als erste deutsche Stadt eine elektrische Bogenlicht-Beleuchtung auf öffentlichen Straßen besessen zu haben.

Durch die 3 Bogenlampen von je 6 Amp. wurden 16 Gaslaternen ersetzt.

Bis zum Ende des Jahres 1884 war die Zahl der Gaslaternen auf 1983 gestiegen.

Im Jahre 1885 wurde auf dem Plerrer ein zweiter Siemens'scher Regenerativ-Gasbrenner aufgestellt. In der Plobenhofstraße, auf der Museumsbrücke und in einem Teil der Königsstraße wurden 15 gewöhnliche Laternen gegen 15 dreiflammige Mainzer Laternen ausgewechselt. Die Anlage von 61 neuen Laternen erhöhte deren Gesamtzahl auf 2044.

Während des Jahres 1886 sind wieder 27 alte Laternen durch dreiflammige Mainzer Laternen ersetzt worden. Ende 1889 brannten schon 2382 Laternen. Es wurden 16 gewöhnliche Laternen gegen dreiflammige Mainzer Laternen ausgewechselt, und vor dem Laufertor ein Kandelaber mit einer vierflammigen Mainzer-Laterne aufgestellt.

Bis Ende 1895 erhöhte sich die Zahl der aufgestellten Laternen auf 2982.

Straßenbeleuchtung.

Die verschiedenen Beleuchtungsarten.

1. Oktober 1871 bis 31. Dezember 1904.

Tabelle

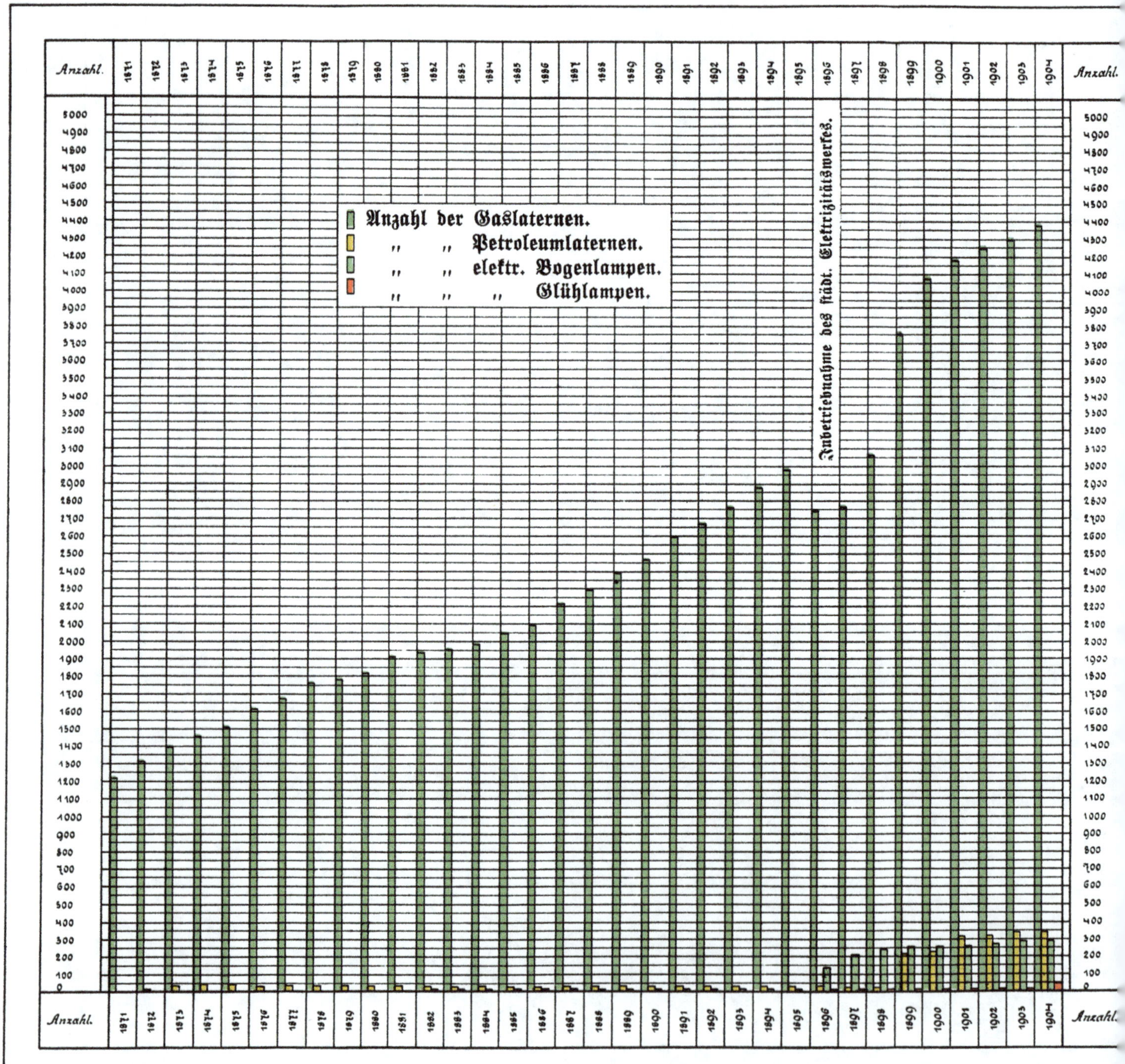

Straßenbeleuchtung.

Brennstundenzahl der verschiedenen Beleuchtungsarten.

1. Oktober 1871 bis 31. Dezember 1904. **Tabelle 2.**

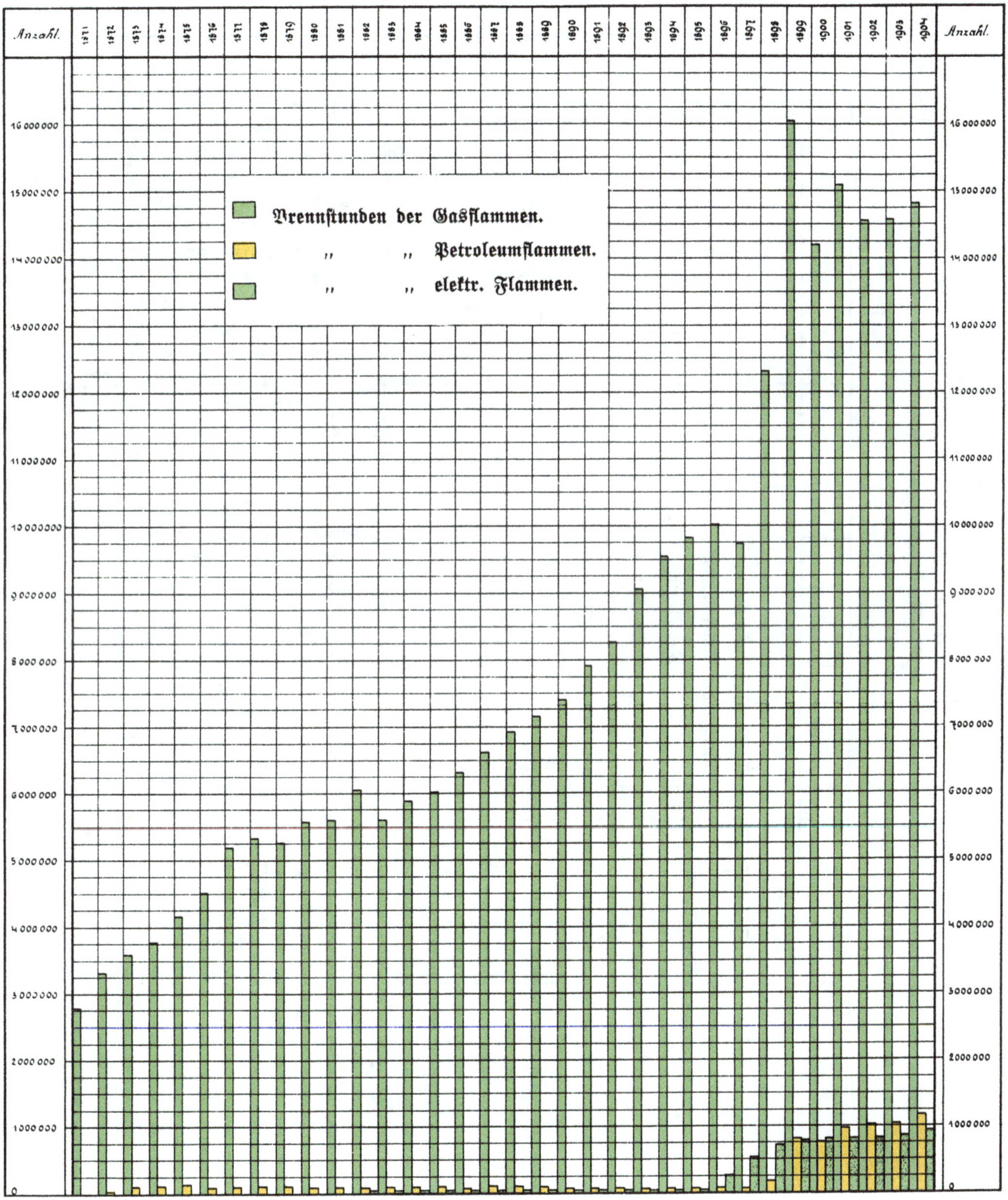

Straßenbeleuchtung.

Flammenzahl der verschiedenen Beleuchtungsarten.

1871 bis 31. Dezember 1904.

Tabelle 3.

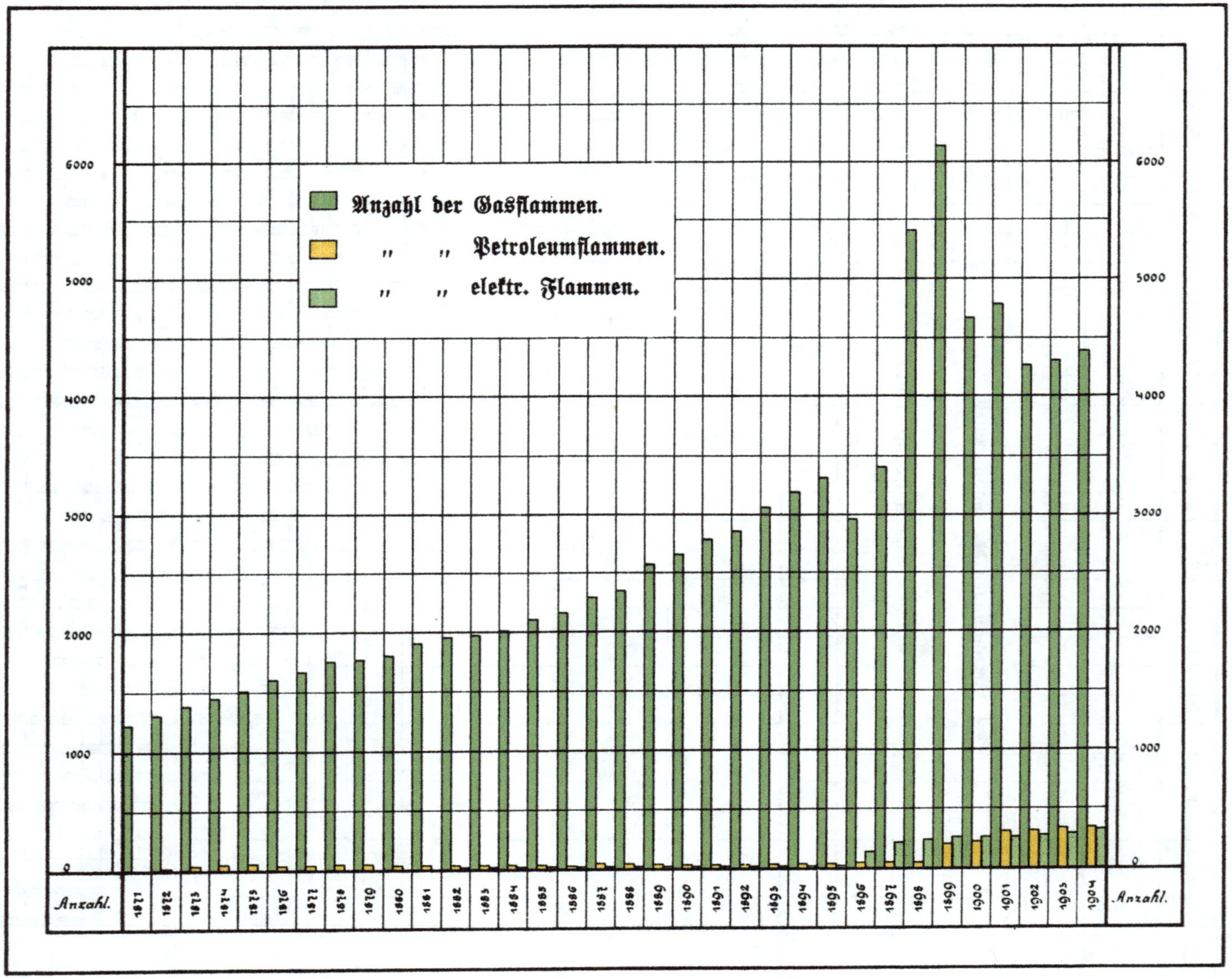

Kosten der Straßenbeleuchtung.

1. Oktober 1871 bis 31. Dezember 1904.

Tabelle 4.

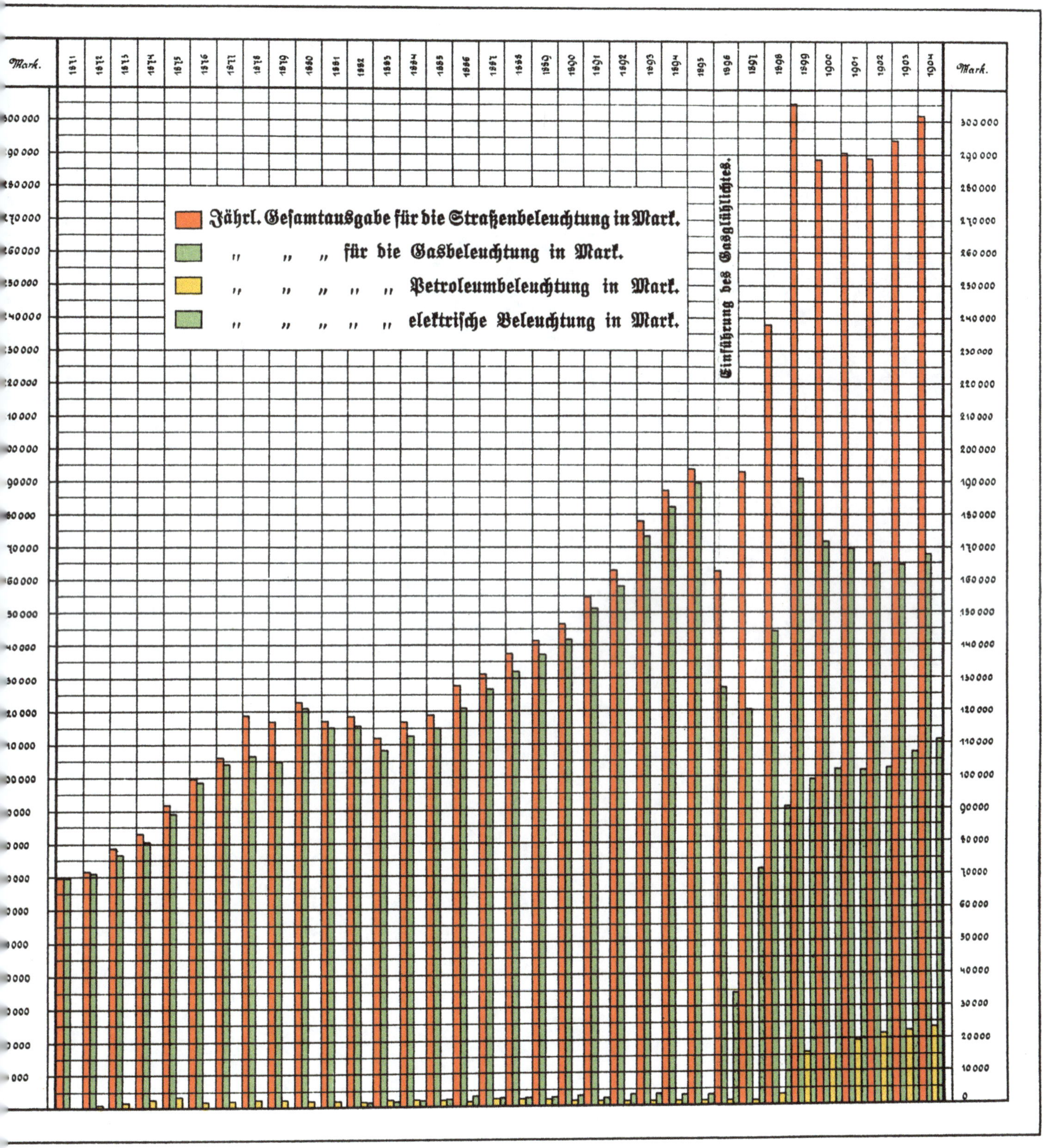

Im Jahre 1896 erfuhr die öffentliche Beleuchtung durch die Einführung der elektrischen Beleuchtung eine wesentliche Umgestaltung.

Durch die Einrichtung von 140 Bogenlampen konnten 371 Gaslaternen außer Betrieb gesetzt werden.

Die im Monat März desselben Jahres angestellten Versuche mit der Gasglühlichtbeleuchtung waren so günstig, daß noch im Laufe des Jahres 683 Laternen mit je zwei Gasglühkörpern versehen wurden. Hierzu kamen noch 135 neue Laternen, so daß am 31. Dezember 1896 noch immer 2746 Gaslaternen in Betrieb waren.

Bei annähernd der gleichen Zahl verblieb es im Jahre 1897; es wurden zwar 163 neue Gaslaternen aufgestellt, aber die gleiche Zahl durch die Vermehrung der elektrischen Beleuchtung nebst Kandelabern und Konsolen entfernt.

Am 13. Oktober 1898 war die Gasglühlichtbeleuchtung der Straßen vollständig durchgeführt, und zwar waren 27 Laternen mit je einem Glühkörper, 3034 mit je zwei Glühkörpern und eine Laterne mit 3 Glühkörpern ausgestattet. 80 Laternen mit 159 Glühkörpern wurden durch die Vermehrung der elektrischen Beleuchtung nebst Kandelabern und Konsolen entfernt.

Im Jahre 1900 waren 4072 Straßenlaternen und 260 elektrische Bogenlampen in Betrieb, am Schluß des Jahres 1904 bereits 4367 Gasglühlichtlaternen und 289 elektrische Bogenlampen; außerdem brannten noch 344 Petroleumlampen und 47 elektrische Glühlampen.

Die Petroleumlampen sind meist in den Außenbezirken der Stadt aufgestellt, und wurde die Zahl derselben namentlich durch die in den Jahren 1898 und 1899 erfolgte Einverleibung zahlreicher Vorortsgemeinden bedeutend vermehrt. Wo es irgend tunlich ist, werden die Petroleumlampen durch Gaslaternen ersetzt.

Die Kosten der Straßenbeleuchtung Nürnbergs vom Tage der Übernahme des Gaswerkes durch die Stadt bis Ende 1904 sind aus der Tabelle 4 zu entnehmen.

Darnach sind im Jahre 1904 rund

Mk.	167484	für die	Gasbeleuchtung
„	23170	„ „	Petroleumbeleuchtung
„	111151	„ „	elektrische Beleuchtung

Mk. 301805 insgesamt für die Straßenbeleuchtung der Stadt verausgabt worden.

Die Ausgaben für die Beleuchtung sind von Mk. 69348 im Jahre 1871 auf 301805 Mk. im Jahre 1904 gestiegen.

Gegen das Ende des Jahres 1904 wurden Versuche mit selbsttätigen Zünd- und Löschvorrichtungen gemacht, um zu ermitteln, ob diese Art der Zündung, deren Verwendung zunächst für die Außenbezirke der Stadt gedacht ist, für Straßenlaternen sich empfiehlt und gegenüber der gewöhnlichen Zündung von Hand wesentliche Vorteile bietet. Diese Versuche sollen im nächsten Jahre (1905) in größerem Umfange wie bisher fortgesetzt werden.

Eine Übersicht der gesamten Straßenbeleuchtung Nürnbergs gibt der Beleuchtungsplan. (siehe Anhang).

Der Betrieb der öffentlichen Beleuchtung wird wie folgt gehandhabt: Gezündet wird im Winter bei Sonnenuntergang, im Frühjahr und Herbst 1/4 Stunde und im Sommer 1/2 Stunde nach Sonnenuntergang, wenn nicht außergewöhnliche Witterung ein früheres Anzünden verlangt.

Gelöscht werden 4360 Gaslaternen wie folgt:

924	Gasglühlichtlaternen,	sogenannte Zwölfuhrlaternen, nachts 12 Uhr, oder bei eintretendem Mondschein früher,
1202	„	sogenannte Kreuzlaternen — durch ein rotes † gekennzeichnet — bei Tagwerden oder bei eintretendem Mondschein früher,
2234	„	gekennzeichnet durch ein M = Mondscheinlaternen — brennen die ganze Nacht, das ist bis zum Tagesanbruch.

Tag und Nacht brennen:

7 Gasglühlichtlaternen im Steinbühler Tunnel,
24 Laternen in Bedürfnisanstalten,
2 Laternen in Wetterhäuschen,
66 offene Flammen in Zeituhren,
18 offene Flammen in Bedürfnisanstalten,
331 Petroleumlampen werden als †- und 13 solche als M-Laternen behandelt.

Von den elektrischen Lampen brennen 162 Bogenlampen und 28 Glühlampen ganznächtig und 124 Bogen- und 19 Glühlampen halbnächtig; eine auf dem Platze vor dem Gewerbemuseum aufgestellte Bogenlampe wird z. Z. nicht gezündet.

Für die Bedienung der öffentlichen Beleuchtung waren am Jahresschlusse 1904 beschäftigt:

95 Mann zum Zünden und Löschen der Laternen; hievon versehen 30 Mann die Reinigung und Instandhaltung derselben. 10 Lampenwärter und 12 Lampenwärterinnen besorgen das Zünden, Löschen, Reinigen und Instandhalten der Petroleumlaternen.

8 Lampenwärter des städtischen Elektrizitätswerkes bedienen und zünden die elektrischen Lampen, während das Ausschalten derselben von den Gasbeleuchtungswärtern mitbesorgt wird.

Die Aufsicht über die öffentliche Beleuchtung üben 1 Oberaufseher und 2 Aufseher aus.

Es wird noch bemerkt, daß das Gaswerk gegen eine Vergütung von 10 Pfg. für den Kubikmeter des verbrauchten Gases und das Elektrizitätswerk gegen eine solche von 20 Pfg. für die Kilowattstunde des Stromverbrauches den gesamten Aufwand für den Unterhalt und die Bedienung der Straßenbeleuchtung mittelst Gas bezw. Elektrizität bestreiten.

Die Besorgung der öffentlichen Beleuchtung mit Petroleum ist dem städtischen Gaswerk gegen Erstattung der aufgewendeten Kosten übertragen.

II.

Allgemeines.

Das in den Gaswerken Nürnberg erzeugte Gas ist Steinkohlengas, daneben ein geringer Anteil Wassergas. Zur Versorgung des Gasbedarfes der Stadt findet vornehmlich das erstere Verwendung, während das letztere lediglich der Ergänzung und Sicherung des Steinkohlengasbetriebes und zum Betrieb der Maschinen des Werkes zu dienen bestimmt ist.

Die durchschnittliche Beschaffenheit des in den letzten Jahren in den Nürnberger Gaswerken erzeugten Gases weist die nachstehende Zusammensetzung auf:

	Steinkohlengas	Wassergas
Wasserstoff	49,4 %	51,8 %
Methan	33,3 „	0,5 „
Kohlenoxyd	8,0 „	36,7 „
Olefine und Benzol	4,1 „	— „
Stickstoff	2,8 „	4,8 „
Kohlensäure	2,0 „	6,2 „
Sauerstoff	0,4 „	— „
	100,0 %	100,0 %

	Steinkohlengas	Wassergas	
Spezifisches Gewicht	0,454	0,533	
Leuchtkraft (150 Liter Argand)	17,4	—	Hefnerkerzen
Unterer Heizwert (bei 0° C. 760 mm Barometerst.)	5141	2523	Wärmeeinheiten.

Von den in dem Gase enthaltenen Einzelbestandteilen sind die Olefine oder die schweren Kohlenwasserstoffe und das Benzol, heizende und zugleich leuchtkräftige Gase, als die sogenannten „Lichtgeber“ anzusprechen, während der Wasserstoff, das Methan und das Kohlenoxyd als die sogenannten „Lichtträger“ lediglich zur Heizkraft des Gases beitragen.

Das Steinkohlengas wird durch trockene Destillation von Steinkohlen in geschlossenen Retorten, das Wassergas aus Koks und Wasserdampf in besonderen Generatoren gewonnen. Als Rohmaterial für die Steinkohlengaserzeugung erweisen sich bestimmte Kohlensorten, die „Gaskohlen,“ als mehr oder minder geeignet. Dieselben zählen in die Klasse der sogenannten „backenden Sinterkohlen,“ Kohlen jüngeren Ursprungs, für deren Zusammensetzung ein Sauerstoffgehalt innerhalb gewisser Grenzen charakteristisch ist.

Eine brauchbare Gaskohle soll reichliches Gas guter Qualität und gleichzeitig einen gut verwertbaren Koks abgeben. Das im Gaswerk Nürnberg zur Vergasung verwendete Kohlenmaterial, welches verschiedenen Zechen des Saar- und Ruhrgebietes entstammt, zeigt folgende durchschnittliche Zusammensetzung:

	Saarkohlen	Ruhrkohlen
Kohlenstoff	75,55 %	74,99 %
Wasserstoff	4,85 „	4,69 „
Sauerstoff und Stickstoff	9,96 „	7,11 „
Schwefel	1,10 „	1,09 „
Wasser	1,03 „	0,99 „
Asche	7,51 „	11,13 „
	100,00 %	100,00 %
Koks	68,43 %	71,02 %
Fixer Kohlenstoff	60,92 „	59,89 „
Flüchtige Bestandteile	30,54 „	27,99 „

Außer den genannten Kohlen gelangen in besonderen Fällen noch „Bogheadkohlen“ als sogenannte Zusatzkohlen in geringem Maße zur Verwendung, welche in reichlicher Menge ein heiz- und leuchtkräftiges Gas, im Gegensatz aber zu den Gaskohlen einen weniger befriedigenden Koks liefern.

Neben der äußeren Trockenbeschaffenheit des Kohlenmaterials ist dessen chemische Zusammensetzung von wesentlicher Bedeutung für die Beschaffenheit und Menge

Fig. 1. Beschickung von geneigten Retorten.

des erzeugten Gases sowohl, als auch für diejenige der entstehenden Kondensationsprodukte. Erfahrungsgemäß werden hier insbesondere der Gehalt an Sauerstoff und Wasserstoff in der Kohle von bestimmendem Einfluß. Zu beachten ist ferner die Menge des in der Kohle enthaltenen flüchtigen Schwefels, da ein hoher Gehalt an solchem den Wert eines sonst brauchbaren Materials im Hinblick auf die Reinigungskosten des Gases herabsetzt.

Die Destillation der Kohlen erfolgt unter Luftabschluß in Retorten aus feuerfestem Material „Chamotte,“ welche in Ofen aus demselben Material eingebaut sind. In den Retorten werden die Kohlen von den Feuergasen des Ofens umspült und einer dauernden Ofentemperatur zwischen 1100—1300° C. ausgesetzt. Die Temperatur in der Retorte selbst ist eine veränderliche und erheblich niedrigere; sie erreicht ungefähr 800° C.

In bestimmten Zwischenräumen werden die Retorten mit einer der Retortentemperatur angepaßten Kohlenmenge beschickt. Nach dem Beschicken oder „Laden“ werden die Retortenmündungen mittelst geeigneter Deckel wieder luftdicht verschlossen.

Die in den einzelnen Zeiten einer Destillationsperiode von der Kohle abgegebenen Gase sind sehr verschiedener Art und Menge und mehr oder minder beständig; sie bilden zusammen das sogenannte „Rohgas,“ welches mittelst eines an der Retortenmündung angebrachten Steigrohres aus derselben abgeleitet wird.

Die Beschaffenheit und Menge des erzeugten Gases ist außer von der Kohlenbeschaffenheit selbst wesentlich abhängig von der Vergasungstemperatur, ferner von der Vergasungsdauer und der jeweiligen Größe der Ladung. Auch der während der Destillation in der Retorte herrschende Druck ist von bestimmter Einwirkung auf den Vergasungsvorgang.

Als Rückstand des Vergasungsprozesses verbleibt in der Retorte der Koks, das vornehmste Nebenerzeugnis der Fabrikation. Der Koks wird vor jeder neuen Beschickung der Retorte durch „Ziehen“ aus derselben entfernt.

Bei hoher Vergasungstemperatur findet in der Retorte durch Zersetzung von Kohlenstoffverbindungen eine Abscheidung von Kohlenstoff aus dem Gase statt, welcher sich als „Graphit“ an den Retortenwandungen absetzt. Derselbe trägt zunächst zur Dichthaltung der Retorte bei und wird von Zeit zu Zeit entfernt, wenn er durch allzustarken Ansatz den Innenraum der Retorte verringert und auf die Wärmeleitung störend wirkt.

Die Form der Retorten ist in der Regel eine cylindrisch-ovale, und deren Lage im Ofen bei den bisher gebräuchlichen Ofenkonstruktionen eine horizontale oder geneigte. Neuerdings sind auch mit Vertikalretorten wieder Versuche aufgenommen worden. Es sind in der Regel je 6—9 Retorten in einem Ofen vereinigt.

Von größter Wichtigkeit für die Ökonomie der Fabrikation ist die Art der Beheizung der Retorten. Als Heizmaterial dient der bei der Destillation zurückbleibende Koks je nach der Ofeneinrichtung entweder unmittelbar oder nach seiner Verwandlung in Generatorgas.

Für die Ofenkonstruktion selbst ist eine möglichst sparsame Ausnützung des Brennstoffes Hauptbedingung. Die Öfen älteren Systems, in welchen der Koks unmittelbar auf dem Roste verbrannt wird, liefern in dieser Hinsicht ein wenig günstiges Ergebnis, da bei diesen bedeutende Wärmemengen teils zur Erwärmung der Verbrennungsluft verbraucht werden, teils unausgenützt im Schornstein verloren gehen. Der Brennstoffverbrauch beträgt in solchen Öfen demzufolge 25—30 %

Fig. 2. Entladung von geneigten Retorten.

des vergasten Kohlengewichts. Man ist daher bei den neueren Ofensystemen ausschließlich zur Beheizung mit gasförmigem Brennstoff übergegangen, dessen Anwendung eine geeignetere Regulierung der Verbrennungsluft und dadurch eine bessere Ausnützung der erzeugten Wärme gestattet. Diese sogenannten Generatoröfen sind mit besonderen Generatoren versehen, in welchen der Koks mehr oder weniger vollkommen in Heizgas übergeführt wird, und welche man als Voll- oder Halbgenerator-Öfen unterscheidet.

Bei den ersteren, welche hauptsächlich in Frage kommen, liegt der Generator entweder unter dem Ofen oder vor demselben, damit seine Beschickung mit dem Koks aus den Retorten leicht erfolgen kann. Die unter dem Generatorrost eintretende Luft, „Unterluft," verbrennt den Koks zunächst zu Kohlensäure; diese wird beim Durchstreichen der darüber liegenden glühenden Koksschicht in Kohlenoxyd umgewandelt und gelangt sodann in den Verbrennungsraum, woselbst die zur Verbrennung der Gase erforderliche Luft, „Oberluft", zugeführt wird.

Unter dem Generatorrost befindet sich ein Wasserschiff, aus welchem durch die Wärmeausstrahlung des Generators dauernd Wasser verdampft und dadurch eine Kühlung des Rostes bewirkt wird. Man leitet ferner unter den Rost Wasserdampf, welcher in einem

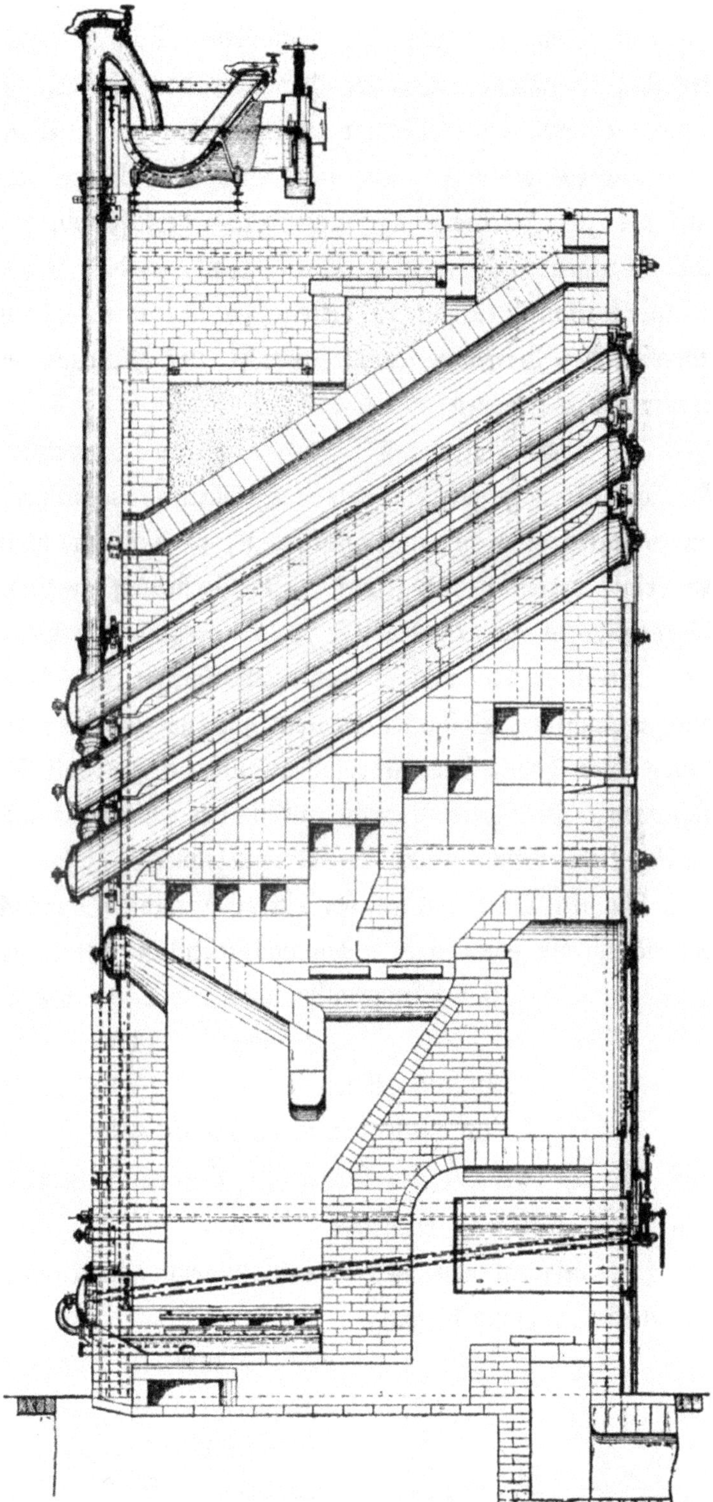

Fig. 3. Querschnitt eines Generatorofens mit geneigten Retorten.

durch die Ofengase erwärmten geschlossenen Dampfentwickler erzeugt wird. Ein Teil des Wasserdampfes wird von der über das Wasserschiff streichenden Unterluft aufgenommen und im Generator unter Bildung von Wasserstoff zersetzt.

Die Generatoröfen sind mit einer Einrichtuug versehen, welche es ermöglicht, daß die zur Verbrennung zugeführte Oberluft durch Aufnahme der Wärme aus den abziehenden Ofengasen vorgewärmt wird. Die untere Hälfte des Ofens, „Regeneration", enthält zu diesem Zwecke eine Anordnung wechselweise neben- bezw. übereinander laufender Kanäle, welche zur Führung der Oberluft bezw. der Verbrennungsgase dienen.

Die obere Hälfte des Ofens enthält die Retorten. In diesem Teile begegnen sich die Generatorgase und die vorgewärmte Verbrennungsluft. Die Verbrennung im Retortenraum ist eine vollständige, so daß eine günstige Ausnützung des Brennmaterials erzielt werden kann. Der Verbrauch an Brennmaterial stellt sich in den Generatoröfen auf 12 bis 15 % der vergasten Kohlen.

Im alten Gaswerk an der Rothenburgerstraße befanden sich Halbgeneratoröfen und Münchener Vollgeneratoröfen mit horizontalen Retorten im Gebrauch. Im neuen Werk haben Generatoröfen „System Coze" mit schrägen Retorten Verwendung gefunden. Die letzteren ermöglichen ein schnelleres und bequemeres Beschicken bei gleichzeitiger Beschränkung der Arbeitslöhne.

In den Öfen wurden bei einem normalen durchschnittlichen Kohlensäuregehalt der Rauchgase von 18,7 % die nachstehenden Temperaturen gemessen:

im Ofengewölbe unten	1290	bis	1420 °	C.
„ „ oben	1160	„	1225 °	„
in den Zügen	1000	„	1070 °	„
im vorletzten Abgaskanal	490	„	555 °	„

Die Temperatur des Generatorgases bei seinem Austritt aus dem Generator wurde zu 1040 ° C. ermittelt.

Zu verschiedenen Zeiten entnommene Generatorgasproben hatten die durchschnittliche Zusammensetzung:

Kohlensäure	9,6 %
Kohlenoxyd	20,0 „
Wasserstoff	11,2 „
Stickstoff	59,2 „
	100,0 %

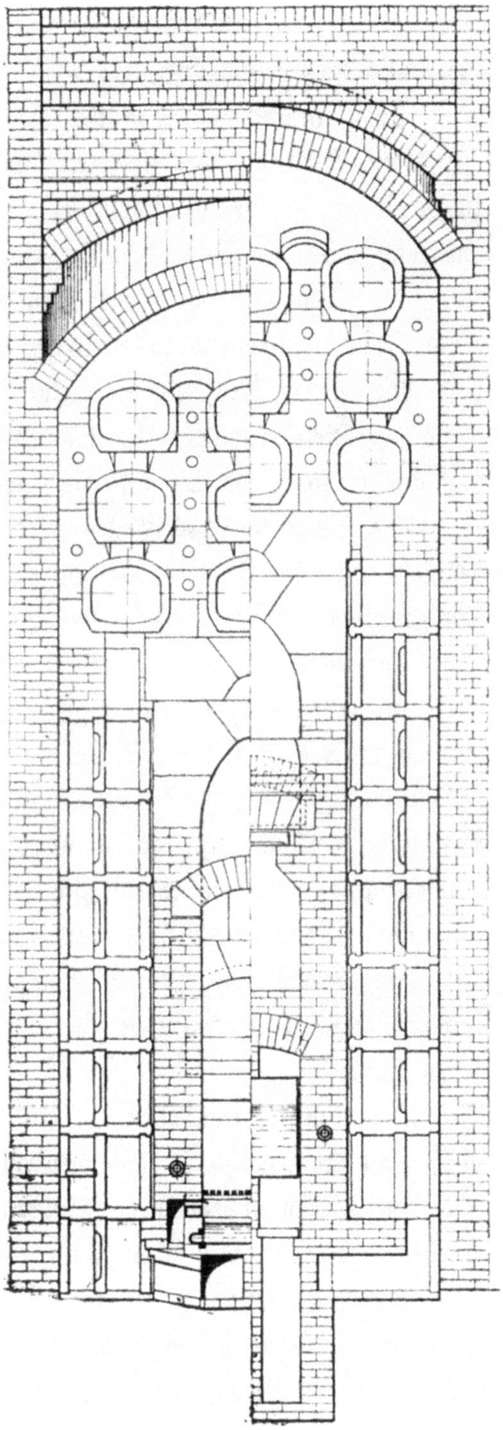

Fig. 4. Generatorofen mit 9 geneigten Retorten.

Die Retorten werden fünfmal in 24 Stunden mit einer Kohlenmenge von 270 kg beladen; die Beschickung der Generatoröfen mit Koks erfolgt jeweils beim Ziehen der Retorten, das Schlacken der Generatoren geschieht alle 24 Stunden.

Das in der Retorte entbundene Rohgas enthält je nach den Destillationsbedingungen eine mehr oder minder große Menge teils verunreinigender, teils verwertbarer Bestandteile in Dampfform, welche aus dem Gas ausgeschieden werden müssen.

Die erste Reinigung des Gases erfolgt durch Abkühlung, welche bereits in den Steigrohren der Retorten beginnt. Es wird hier ein Teil Teer und Ruß abgesetzt, was unter Umständen Verstopfungen der Steigrohre herbeiführen kann.

Eine Hauptabscheidung teeriger und wässeriger Verunreinigungen findet in der Vorlage oder „Hydraulik" statt.

Dieses ist ein über dem Ofen angeordneter Kasten aus Eisenblech oder Gußeisen von besonderer Form, welcher zur Hälfte mit Teer gefüllt und mit einstellbarem Überlauf versehen ist, so daß der Flüssigkeitsspiegel in der Vorlage unabhängig vom Zulauf auf konstanter Höhe gehalten werden kann.

Das Gas gelangt durch die Steigrohre, deren Verlängerungen als „Tauchrohre" unter den Flüssigkeitsspiegel der Vorlage reichen, in diese selbst und durchstreicht die in derselben befindliche Teerschicht, wodurch es von etwaigen mitgerissenen festen Verunreinigungen befreit wird. Gleichzeitig werden durch die Abkühlung beträchtliche Teile Teer und Ammoniakwasser in der Vorlage abgeschieden.

Das Eintauchen der Rohre in die Flüssigkeit verfolgt, wie die Bezeichnung „Hydraulik" besagt, den weiteren Zweck, einen Abschluß gegen den Retortenraum zu bewirken, um beim Öffnen der Retorten während des Ladens und Ziehens ein Entweichen des Gases nach rückwärts, oder ein Eintreten von Luft zu verhindern.

Die Tauchhöhe wird mit Rücksicht auf den Druck in den Retorten möglichst gering, aber mindestens so groß gewählt, daß bei Drucksteigerungen ein Zurücktreten von Gas in die Retorten nicht stattfinden kann.

Die Öfen des alten Werkes waren zu je dreien mit einer gemeinsamen Vorlage ausgerüstet; von den Öfen des neuen Werkes besitzt jeder eine besondere Vorlage.

Die Ableitung des Gases und der Kondensationsprodukte aus der Vorlage geschieht entweder gemeinschaftlich oder getrennt in verschiedenen Röhren nach der Kondensation.

Das Gas hat in der Vorlage eine Abkühlung auf etwa 80° C. erfahren und wird mit etwa 60° C. der eigentlichen Kühleranlage, „Kondensation", zugeführt, wo ein weiterer Teil der teerigen und wässerigen Kondensate zur Abscheidung gelangt.

Die Abkühlung soll mit Rücksicht auf eine getrennte Absonderung einzelner Bestandteile allmählich und so ausreichend vor sich gehen, daß keine nachträgliche Ausscheidung mehr an unerwünschten Stellen stattfindet.

Mit besonderer Aufmerksamkeit muß hierbei für eine genügende Entfernung des Naphthalins aus dem Gase Sorge getragen werden, welches sonst leicht zu betriebsstörenden Verstopfungen der Rohrleitungen und nachfolgenden Apparate Anlaß geben kann.

Die Kondensationsapparate sind je nach der Art des Kühlmittels entweder Luft- oder Wasserkühler. Die ersteren bestehen in ihrer gebräuchlichsten Form aus zwei konzentrisch angeordneten Röhren aus Gußeisen oder Schmiedeeisen, zwischen welchen das Gas von oben nach unten und die Kühlluft an der Außen- bezw. Innenfläche des äußeren und inneren Rohres in die Höhe strömt.

Neben diesen Ringkühlern verwendet man seltener Röhrenkühler, senkrecht stehende eiserne Rohre, welche in verschiedener Zahl und Größe neben- oder hintereinander geschaltet werden.

In den Wasserkühlern, entweder ebenfalls von cylindrischer oder auch von kastenartiger Form, wird das Gas durch Wärmeaustausch mit von Wasser gekühlten

Flächen gekühlt. Diese Kühler enthalten in vertikaler oder horizontaler Anordnung Kühlrohre, durch welche das Wasser in einer dem Gasstrom entgegengesetzten Richtung geschickt wird, so daß jeweils das kälteste bezw. das wärmste Gas und Wasser miteinander in Berührung kommen.

Die Kühleranlage bestand im alten Gaswerk aus 2 Röhren- und 3 Ringluftkühlern. Im neuen Werk sind in der Vorkühlung in zwei Systemen je 2 Paar

Fig. 5. Der Einbau von geneigten Retorten.

Ringluftkühler und 1 Paar Wasser-Röhrenkühler hintereinander geschaltet, während 2 kastenförmige Nachkühler „Reutterkühler“ in der Wäscheranlage Verwendung finden.

In den Kühlern wird zwar die Hauptmenge des Teers aus dem Gase abgeschieden, ein Anteil bleibt aber in feinen Nebeln noch in dem Gase enthalten und muß in besonderen „Teerscheidern“ aus demselben entfernt werden. Die Wirksamkeit der Teerscheider beruht darin, daß die Teerteilchen durch Teilung des Gases in feine Ströme und durch Anprall gegen feste Flächen in Tropfenform abgeschieden werden.

Die zuerst von „Pelouze“ konstruierten und darnach benannten Teerscheider enthalten Glocken mit mehrfacher Blechwand von cylindrischem oder polygonalem Querschnitt, welche das Gaseinmündungsrohr umgeben und in den darunter befindlichen Teerabschluß eingesenkt sind. Die Bleche sind mit Durchbohrungen, bzw. mit Schlitzen versehen und derart gegeneinander versetzt, daß die Öffnungen des einen auf die nichtdurchbohrten Flächen des andern treffen.

Das Gas nimmt seinen Weg von innen nach außen durch die Siebbleche, wobei sich die Teerabscheidung in der oben angedeuteten Weise vollzieht. Diese ist eine so wirksame, daß das Gas nach Verlassen des Apparates bis auf Spuren von Teer befreit ist.

Die Teerscheider haben verschiedenfache Abänderungen in der Weise erfahren, daß dieselben gleichzeitig als Waschapparate ausgebildet worden sind.

Der nächste Reinigungsprozeß des Gases verfolgt die Entfernung der wertvollen Bestandteile Ammoniak und Cyan, sowie verschiedener noch im Gase vorhandener Verunreinigungen auf nassem Wege. Diesem Zwecke dienen die „Ammoniakwäscher“ und die „Naphthalin- und Cyanwäscher.“ In diesen Apparaten wird das Gas nach dem einzelnen Zwecke mit Wasser, Anthracenöl, oder einer Eisensalzlösung gewaschen.

Die Wäscher oder Skrubber sind der Form nach entweder Kolonnen- oder Kammerapparate.

Die Einrichtung dieser Apparate erstrebt eine möglichst innige Berührung der Waschflüssigkeit mit dem Gase, was auf verschiedene Weise erreicht wird. Die Waschflüssigkeit wird entweder durch die Art ihrer Ausströmung im Gasraum zerstäubt, oder man versieht die Wäscher selbst mit Einlagen von Blech- oder Holzhorden von mannigfachster Anordnung, über welche die von oben in den Wäscher eintretende Waschflüssigkeit möglichst verteilt dem von unten einströmenden Gas entgegengeführt wird.

Als sehr wirksam haben sich ferner die sogenannten Plattenwäscher „Ledig“ und die rotierenden Wäscher „Standard“ erwiesen. Die ersteren bestehen aus übereinander angeordneten viereckigen Kammern, in welchen Büschel von nebeneinandergereihten Blechen auf- und abbewegt werden, wodurch das Gas und das Berieselungswasser eine ständige Verteilung erfahren. Die letzteren sind von runder Form und in einzelne, neben einander liegende Kammern eingeteilt, in welchen durch eine Welle die auf derselben angebrachten Wascheinlagen in rotierende

Tabelle 5.

Entwicklung der Betriebsunkosten für je 100 cbm erzeugten Gases
vom Tage der Übernahme des Gaswerkes durch die Stadt am 31. Oktober 1871 bis zum 31. Dezember 1904.

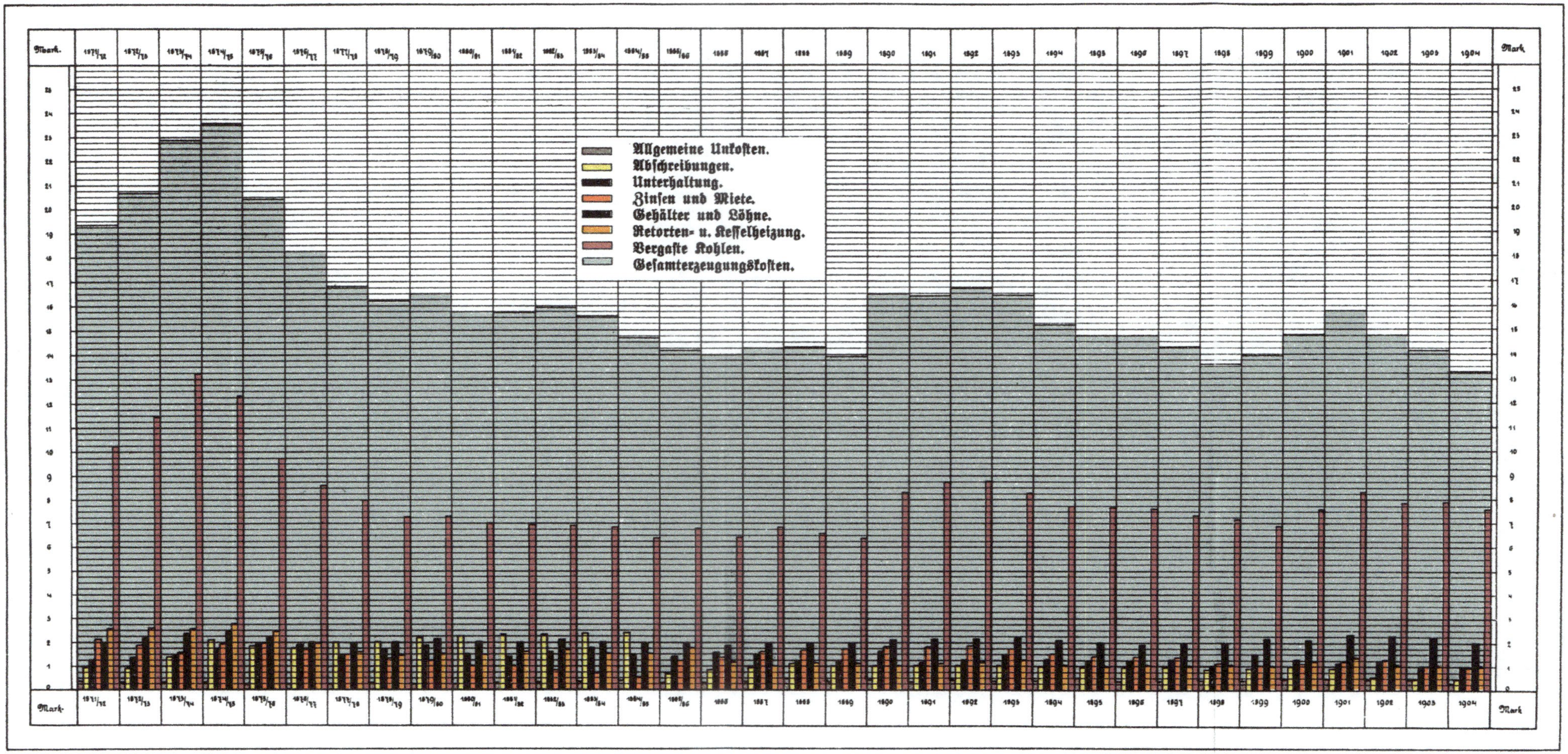

Bewegung versetzt werden, wodurch diese abwechselnd in der unteren Hälfte der Kammer mit der Waschflüssigkeit, in der oberen Hälfte mit dem Gasstrom in Berührung kommen. Die Ein- und Ableitung der Waschflüssigkeiten in die Wäscher erfolgt je nach dem Zwecke entweder durch dauernden Zu- und Ablauf, oder durch Ein- und Auspumpen.

Zur Auswaschung des Ammoniaks aus dem Gase dienen die Wäscher sämtlicher Konstruktionen, während als Naphthalin- und Cyanwäscher mit Vorliebe die Kammerwäscher „Ledig“ und „Standard“ in Gebrauch sind.

Die Wäscheranlage im alten Gaswerk war nur für Ammoniakwaschung eingerichtet und bestand aus drei Hordenwäschern mit Einlagen nach „Zschokke“ bzw. mit Blechhorden und zwei Ledigwäschern. Im neuen Werk haben Wäscher der letzteren Konstruktion, von welcher gute Erfahrungen vorlagen, Verwendung gefunden.

Die Anordnung der Wäscher ist eine solche, daß das von Teer befreite Gas in zwei Systemen fortschreitend je in einen Naphthalin- und Cyanwäscher, in einen Nachkühler und in einen Ammoniakwäscher gelangt.

Die Entfernung des noch im Gase enthaltenen Naphthalins geschieht in den beiden unteren Kammern des Ledigwäschers durch Waschen mit Anthracenöl, welches nach einer bestimmten Anreicherung mit Naphthalin umgepumpt wird.

Die vier oberen Kammern desselben Wäschers dienen zur Auswaschung des Cyans. Dasselbe tritt in den einzelnen Kammern mit einer Eisenvitriollösung in Berührung, aus welcher sich unter Mitwirkung des im Gase enthaltenen Ammoniaks eine Eisencyan-Ammoniak-Verbindung schlammförmig abscheidet. In solcher Form kann dieses Produkt entweder unmittelbar oder nach weiterer Verarbeitung zum Verkaufe gebracht werden.

Die Eisenvitriollösung wird nach ihrem Verbrauche durch Einpumpen neuer Waschflüssigkeit ersetzt, während der Schlamm in dazu bestimmte Behälter abgelassen wird.

Das Naphthalin und das Cyan werden auf diese Weise vollständig aus dem Gase entfernt.

Zur Durchführung des Cyanwaschverfahrens ist ein bestimmter Ammoniakgehalt des Gases und eine Temperatur des letzteren von etwa 30° C. erforderlich.

Ehe das Gas in die Ammoniakwäscher eintritt, muß es auf eine Temperatur von 12—15° C. gekühlt werden. Es geschieht dies in dem darauf folgenden Reutterkühler, einem kastenförmigen Wasserkühler mit horizontal angeordneten Kühlrohren. Derselbe kann im Gasraum mit Wasser berieselt und dann gleichzeitig als Wäscher benützt werden.

In den eigentlichen Ammoniakwäschern wird das Gas mit Klarwasser gewaschen, wobei es im Interesse einer möglichst vollständigen Gewinnung des Ammoniaks so durch die Kammern geführt wird, daß das reinste Gas mit dem reinsten Wasser in Berührung kommt (Gegenstrom). Das Ammoniak wird in den Wäschern bis auf etwa 5 Gramm in 100 Kubikmeter entfernt, während das Ammoniakwasser je nach der Gastemperatur in dem Apparate einen Gehalt von 3—4 ° Bé aufweist. Dasselbe wird zusammen mit dem in der Kondensation abgeschiedenen Ammoniakwasser nochmals als Berieselungswasser in den Reutterkühler gepumpt, wo es durch weitere Aufnahme von Ammoniak aus dem Gase sich anreichert und dadurch zur Entlastung des Ammoniakwäschers beiträgt.

In dem in der Kondensation und von den Wäschern abgegebenen Ammoniakwasser wird gleichzeitig der größte Teil der Kohlensäure und ebenso ein beträchtlicher Teil des Schwefelwasserstoffs aus dem Gase entfernt.

Auf die Beschaffenheit des Gases sind die Vorgänge in den Kühl- und Waschapparaten insofern von Einfluß, als bei ungeeigneter Kühlweise oder zu starker Waschung des Gases aus demselben Kohlenwasserstoffe, welche sonst gasförmig bleiben würden, abgeschieden werden.

Die aus den einzelnen Apparaten stammenden Kondensationsprodukte, Teer und Ammoniakwasser, gelangen durch einen sichtbaren, mit Glasglocke verschlossenen Ablauf in die „Kondenstöpfe“ und von da durch eine gemeinschaftliche Ableitung in eine Sammelgrube. In letzterer trennen sich der Teer und das Ammoniakwasser infolge ihres verschiedenen spezifischen Gewichtes selbsttätig und laufen bei bestimmtem Höhenstande in die hierfür vorgesehenen Gruben über.

Die letzte Reinigung des Gases bezweckt die Entfernung des Schwefelwasserstoffs aus dem Gase und ferner die Aufnahme des Cyans, sofern dessen Abscheidung nicht nach dem nassen Verfahren stattgefunden hat.

Als Reinigungsmaterial dient Eisenoxydhydrat, welches entweder als natürlich vorkommendes Raseneisenerz oder in präparierter Form zur Verwendung gelangt. Um das Material für den Gasdurchgang locker zu machen und dem Gase eine größere Reinigungsfläche zu bieten, wird demselben nötigenfalls noch ein Teil Sägespähne zugemischt. Die Wirksamkeit dieser Reinigungsmasse beruht darauf, daß der Schwefelwasserstoff des Gases von dem Eisenoxydhydrat unter Bildung von

Tabelle 6.

Die Geldwirtschaft.

1. Oktober 1871 bis 31. Dezember 1904.

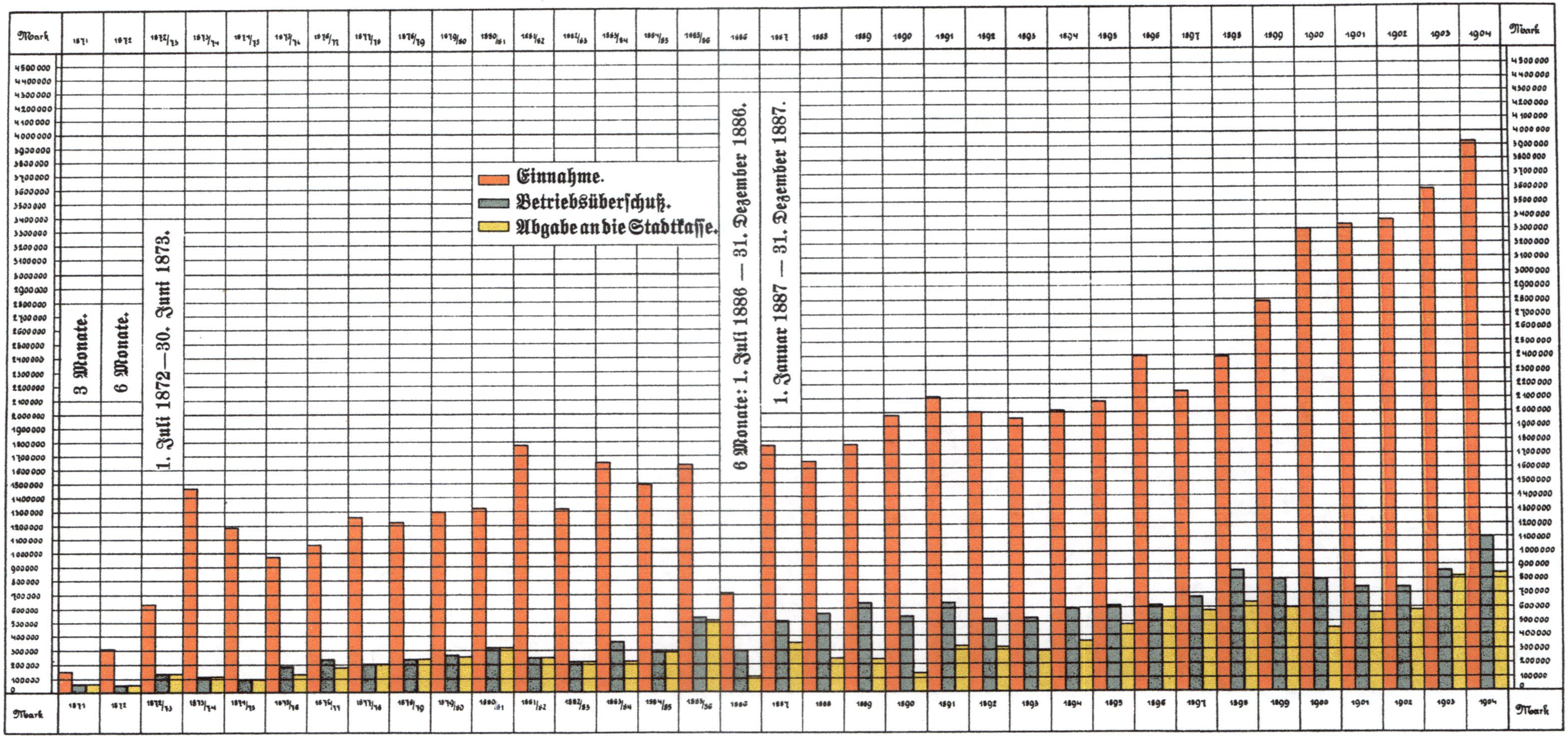

Schwefeleisen aufgenommen wird. Das letztere kann durch Einwirkung von Sauerstoff unter Abscheidung von Schwefel und Aufnahme von Wasser wieder in ursprüngliches Eisenoxydhydrat zurückverwandelt werden, wodurch die Masse wieder von neuem verwendbar wird. Man bezeichnet diesen Vorgang als Regeneration der Masse.

Die Aufnahme des Cyanwasserstoffs aus dem Gase erfolgt unter Bildung von Ferrocyan, welches als Berliner Blau einen wertvollen, verkäuflichen Bestandteil der Masse bildet.

Die Wirksamkeit einer Masse ist außer von ihrem Gehalt an Eisenoxydhydrat auch von der Beschaffenheit des Gases in Bezug auf einen gewissen Ammoniakgehalt, sowie dessen Temperatur und dessen Durchgangsgeschwindigkeit abhängig.

Die Reinigung findet in den Reinigerkästen statt, einer Reihe viereckiger, gußeiserner Kästen mit abnehmbaren schmiedeeisernen Deckeln. Der Verschluß derselben wird durch eine ringsum geführte Sperrwassertasse, in welche die Deckel eintauchen, bewirkt. Im Innern sind die Reiniger durch mehrere Lagen lose aufliegender Holzhorden, auf welche die Reinigermasse aufgeschichtet wird, in Abteilungen getrennt. Die Gaseingänge sind unten durch Plattenverschluß gegen das Hereinfallen von Masse geschützt.

Das Gas tritt in den Kasten ein, streicht durch die einzelnen Lagen der Reinigungsmasse und gibt hierbei den Schwefelwasserstoff ab.

Gewöhnlich sind mehrere Kästen hintereinander angeordnet. Die Masse in dem ersten Kasten ist nahezu verbraucht und gibt bereits unreines Gas ab, bleibt aber noch in Betrieb, um vollständig ausgenützt zu werden und gleichzeitig Cyan anreichern zu können. Die Aufnahme des letzteren findet indessen ebenfalls nur so lange statt, als gleichzeitig Schwefelwasserstoff von der Masse gebunden wird.

Im zweiten Kasten, welcher zum größten Teil noch reine Masse enthält, wird das Gas vollständig gereinigt, während die übrigen Kästen zur Reserve dienen.

Ist die Masse eines Kastens durch Aufnahme einer bestimmten Menge Schwefel verbraucht, so wird dieselbe ausgetragen und nach dem Regenerierboden geschafft. Auf diesem wird sie in dünnen Schichten ausgebreitet und unter Anfeuchtung mit Wasser dem Luftzutritt ausgesetzt. Es kann hierbei infolge der Reaktionsvorgänge in der Masse ein starkes Heißwerden bis zum Brennen derselben eintreten, was durch geeignetes Bespritzen mit Wasser vermieden werden muß. Nach erfolgter Regeneration kann die Masse wieder zur Reinigung verwendet werden.

Eine teilweise Regeneration der Masse kann auch im Kasten selbst in der Weise bewirkt werden, daß man dem Gase vor der Reinigung mittelst einer Gebläsevorrichtung einen geringen Anteil (etwa 2%) Luft zuführt. Die Wirksamkeit der Masse kann dadurch wesentlich erhöht werden, doch können bei zu starker Luftzuführung auch Nachteile für die Beschaffenheit der Masse entstehen.

Die Masse ist in der Regel als verbraucht anzusehen, wenn in derselben ein

Fig. 6. Reinigeranlage im neuen Gaswerk (Innenansicht).

Schwefelgehalt von etwa 50% aufgenommen worden ist. Die gleichzeitige Blauanreicherung stellt sich auf etwa 10%.

Die Reinigungsanlage des alten Werkes enthielt in zwei Gruppen 4 Reiniger von zusammen 15 qm bezw. 32 qm Grundfläche.

Im neuen Werk sind in zwei Systemen 6 Reiniger von zusammen 600 qm Grundfläche hintereinander geschaltet.

Die durchschnittliche Leistung der Schwefelwasserstoffreinigung ohne Luftzufuhr ergibt für einen Eintrag und einen Kubikmeter Masse die wirksame Reinigung von etwa 8000 Kubikmeter Gas. Als Reinigungsmasse gelangt „Luxmasse", mit Alkali präpariertes Eisenoxydhydrat, zur Verwendung.

Bei der Gasfabrikation leisten außer den im Vorhergehenden aufgeführten Einrichtungen noch verschiedene andere Apparate und Maschinen Dienste, von welchen einige näherer Erwähnung bedürfen. Zu denselben gehören die Gassauger, die Regulatoren und die Stationsgasmesser.

Die Apparate, durch welche das Gas seinen Weg nimmt, bieten demselben je nach ihrer Art einen mehr oder minder großen Widerstand und vermehren dadurch den Druck, welcher namentlich auf die Gaserzeugung in den Retorten nachteilig wirken kann. Um dieses zu vermeiden, schaltet man Gassauger in das Apparatensystem in der Regel zwischen der Kühleranlage und dem Teerscheider ein, welche nach der Vorlage hin eine saugende, nach der entgegengesetzten Richtung hin eine Druckwirkung ausüben. Man verwendet Kolben-Dampfstrahl- oder rotierende Gassauger. Besonders häufig findet man die letzteren als „Dreiflügelige Gassauger" in Gebrauch. Drei um eine feststehende Achse schwingende Flügel werden durch eine im Innern des Gehäuses excentrisch liegende Welle bewegt. Die Flügel schließen dicht an die Wandungen des Pumpengehäuses an und stellen beim Drehen in der Eingangsleitung eine Druckverminderung, in der Ausgangsleitung eine Druckerhöhung her.

Als Treibkraft für die Sauger werden Dampfmaschinen, gewöhnlich mit denselben unmittelbar gekuppelt, verwendet.

Die Regulierung der Maschinen ist von besonderer Wichtigkeit, da einerseits die Gaszuführung von den Retorten infolge des Ziehens und Ladens ungleichmäßig ist, während andererseits erhebliche Druckveränderungen für den Betrieb der einzelnen Apparate störend wirken. Die Maschinen werden deshalb mit Hilfsvorrichtungen versehen, welche entweder eine Regulierung des Gases zu den Saugern, oder eine solche des Dampfes zu den Antriebsmaschinen gestatten.

Dem ersteren Zwecke dienen „Umlaufregler", durch welche mittelst eines Umgangrohres dauernd ein Teil des im Überschuß angesaugten Gases von der Druck- zur Saugleitung zurückgeführt wird. Die zweite Art der Regelung wird durch „Hahn'sche Regler" in der Weise betätigt, daß die durch den wachsenden Gasdruck entstehende Auf- und Abbewegung einer Glocke die Verstellung einer Drosselklappe der Dampfzuleitung bewirkt.

Das nach Verlassen der Reinigung zum Gebrauch fertige Gas wird dem „Stationsgasmesser" zugeführt, um dort gemessen zu werden.

Der Stationsgasmesser enthält in einem cylindrischen gußeisernen Gehäuse, welches zu drei Vierteln mit Wasser gefüllt ist, eine um eine horizontale Achse drehbare Blechtrommel, welche durch Scheidewände in vier nach der Längsrichtung verlaufende Kammern von bestimmtem Inhalt geteilt ist. Die letzteren werden beim Drehen der Trommel entweder durch das Wasser abgesperrt oder stehen abwechselnd mit der Gaseingangs- bezw. Ausgangsleitung in Verbindung.

Fig. 7. Gasmesser- und Druckregleranlage im neuen Gaswerk.

Die Messung des Gases erfolgt derart, daß die einzelnen, mit Gas gefüllten Kammern am Eingang abgesperrt und gleichzeitig am Ausgang geöffnet werden, wobei das Gas in den von der Meßkammer getrennten äußeren Raum und in das Ausgangsrohr entweicht.

Die Anzahl der Trommelumdrehungen bezw. die Menge des durchgegangenen Gases wird durch ein mit der Trommelwelle in Verbindung stehendes Zeigerwerk fortlaufend aufgeschrieben.

Während die Gaserzeugung in den einzelnen Tagesstunden etwa die gleiche bleibt, ist der Gasverbrauch zu verschiedenen Zeiten naturgemäß sehr unterschiedlich. Gewöhnlich wird das im Laufe des Tages und der späten Nachtstunden erzeugte Gas angesammelt, um den Teil der während der Abendstunden abgegebenen Gasmenge, welche die in der gleichen Zeit erzeugte überschreitet, zu ersetzen.

Die Aufspeicherung des Gases geschieht in Gasbehältern.

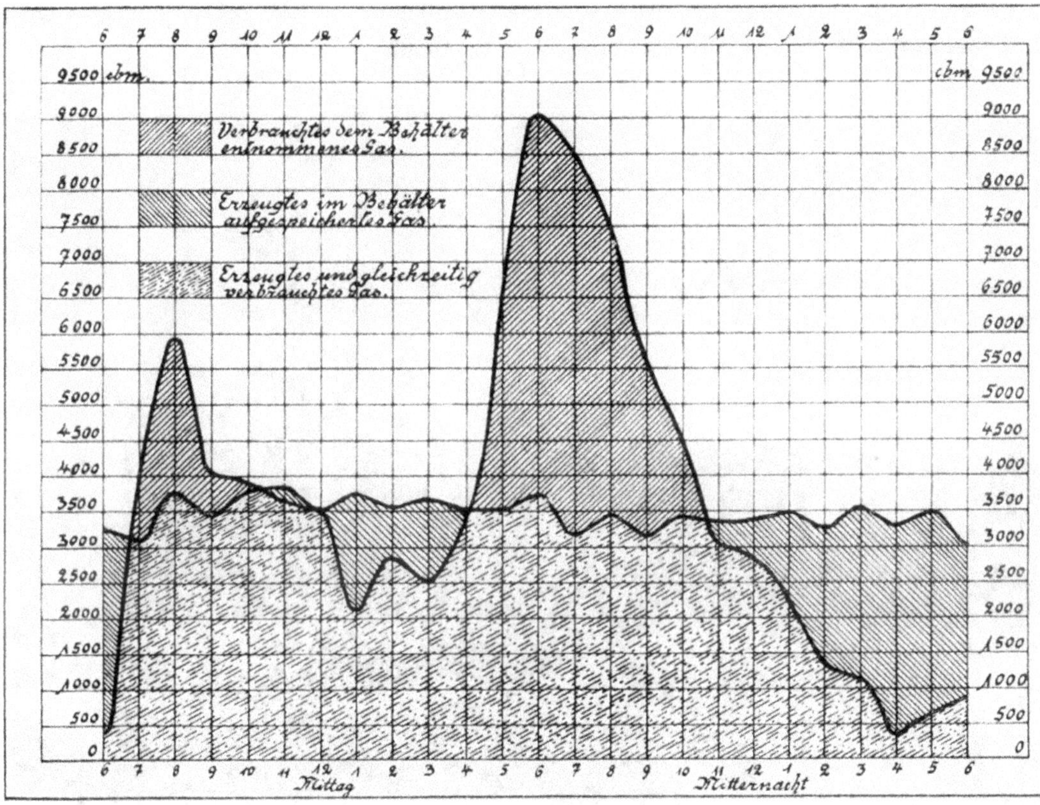

Fig. 8. Darstellung der Gaserzeugung und des Gasverbrauches in den einzelnen Tagesstunden am 23. Dezember 1904.

Diese sind cylinderförmige nach oben geschlossene Behälter aus Eisenblech, welche in Wasserbassins aus Eisen, Mauerwerk oder Beton eingelassen sind, deren Wasserspiegel den unteren Abschluß für die Behälterglocke bildet. Die Behälterglocken sind entweder einfach oder mehrteilig in die Höhe ausgeführt, derart, daß sich die einzelnen Glocken teleskopartig auseinanderschieben. Der untere Rand der Glocke ist als eine außensitzende „Schöpftasse“ ausgebildet, welche beim Steigen der Glocke sich mit Wasser füllt und den in die Tasse eingehakten Teleskopmantel mit in die Höhe hebt. Das in der Schöpftasse vorhandene Sperrwasser bewirkt einen vollständigen Abschluß der Verbindungsstellen.

Die Behälterglocken sind gegen Winddruck, bezw. gegen Schwankungen durch Führungsgerüste gesichert, an welchen sie vermittelst Rollen in geeigneter Weise bewegt werden können.

Im alten Gaswerk befanden sich 3 Gasbehälter mit zusammen rund 31000 Kubikmeter Fassungsraum.

Im neuen Werk ist bis jetzt 1 Behälter mit zweifacher Teleskopierung und einem Rauminhalt von 44000 Kubikmeter aufgestellt.

Fig. 9. Gasbehälter im Gaswerk an der Rothenburgerstraße.

Aus den Gasbehältern wird das Gas dem Rohrnetz der Stadt zugeleitet. Der durch die Glocken erzeugte Gasdruck ist indessen ein schwankender und wesentlich höherer, als der für den Verbrauch erforderliche; wollte man denselben beibehalten, so würde dies zu erheblichen Gasverlusten durch Undichtheiten der Rohrleitungen und zu Unregelmäßigkeiten im Betrieb der Beleuchtungs- und Beheizungseinrichtungen führen. Zur Herabminderung des Behälterdruckes und zur Regelung des Stadtdruckes nach dem Bedarf zu den verschiedenen Tageszeiten dienen Vordruckregler und Stadtdruckregler. Die Stadtdruckregler bestehen im wesentlichen aus einem in die Rohrleitung eingebauten Kegelventil, welches beim Heben oder Senken den Durchgangsquerschnitt für das Gas und damit dessen Druck in der Leitung entsprechend verändert. Die Ventilbewegung selbst wird durch eine unter dem Gasdruck der Stadtleitung stehende Glocke, mit welcher das Ventil verbunden ist, betätigt. Durch Belastung mit Gewichten oder Wasser kann der Druck der Glocke in beliebiger Weise geregelt werden.

Im Gaswerk Nürnberg sind 3 Vordruckregler und 3 Stadtdruckregler, „System Gareis", vorgesehen, welche den Druck der Gasabgabe entsprechend regeln, ein weiterer selbsttätiger Sicherheitsregler gestattet mit Umgehung der Behälter Gas in die Stadt zu senden und tritt dann in Tätigkeit, wenn durch irgend welchen Umstand die Gasabgabe aus den Behältern unterbrochen werden sollte.

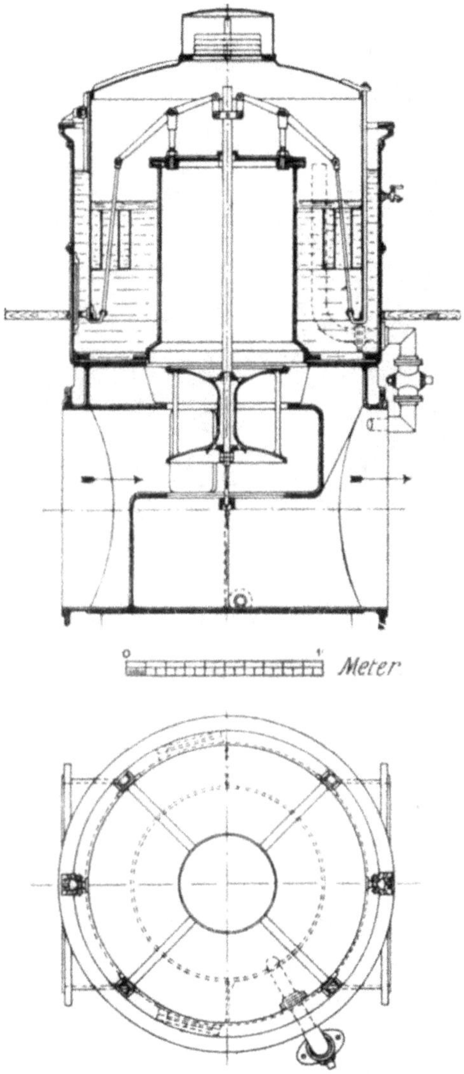

Fig. 10.
Vordruckregler im neuen Gaswerk.

Die Kontrolle über den richtigen Gang der Regulatoren und Gassauger wird durch Druckregistrierapparate erleichtert, die für gewöhnlich Wassermanometer darstellen, in welchen ein Schwimmer entsprechend dem Gasdruck auf- und abbewegt wird. Die Apparate sind mit einer Schreibvorrichtung versehen, die sich an eine mit Papier überzogene Trommel anlegt, welche in 24 Stunden eine Umdrehung macht und damit eine Aufzeichnung über die stattgehabten Druckverhältnisse gibt.

Einen besonderen Teil des Gaswerksbetriebes nehmen die Ammoniakwasserverarbeitung und die Wassergaserzeugung ein.

Die Verarbeitung des in den Behältern angesammelten Rohgaswassers erfolgt entweder zu verdichtetem Ammoniakwasser, zu schwefelsaurem Ammoniak oder zu

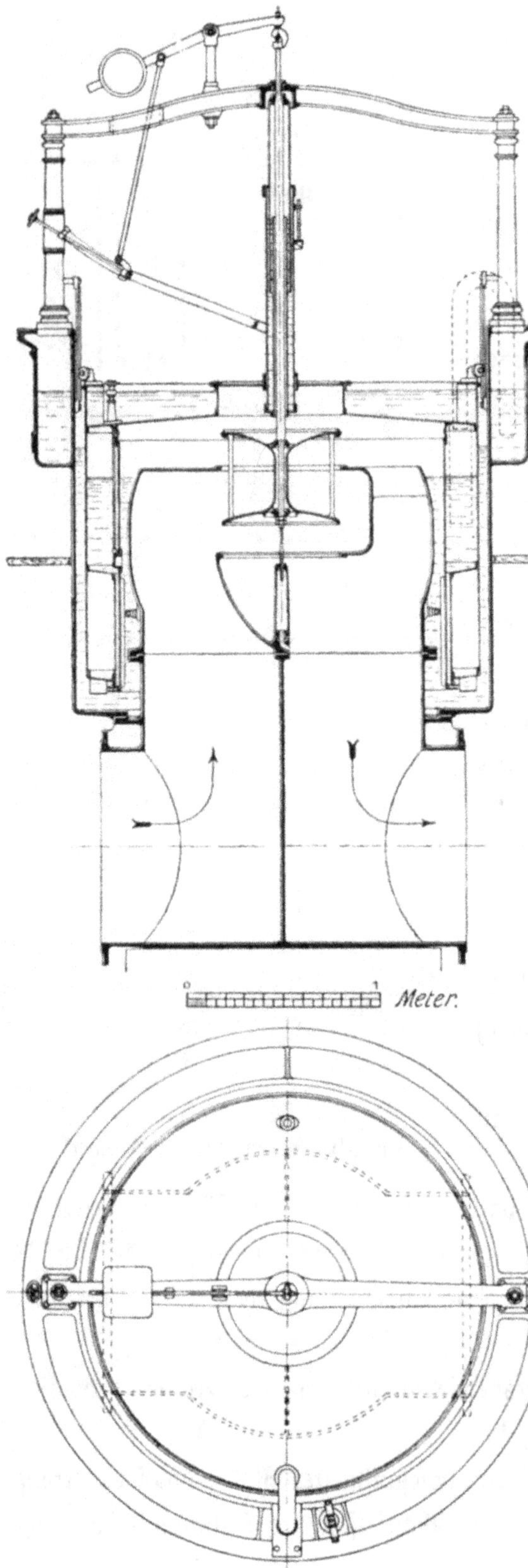

Fig. 11. Stadtdruckregler „System Gareis."

Salmiakgeist und richtet sich für die einzelnen Gaswerke nach dem lokalen Absatzwert der betreffenden Erzeugnisse. Für das Gaswerk Nürnberg kommt die Herstellung von schwefelsaurem Ammoniaksalz in Frage. Die Fabrikation desselben gestaltet sich wie folgt:

Das Ammoniakwasser wird aus dem Hochbehälter in einen „Feldmannschen Abtreib-Apparat" geführt. Derselbe ist ein Kolonnenapparat und enthält in seinem oberen Teile eine Reihe übereinander liegender Kammern, in welche von unten Dampf eingeleitet wird, während das Ammoniakwasser von oben dem Dampfe entgegenfließt und durch geeignete Vorrichtungen mit demselben in innige Berührung gebracht wird. Das Ammoniakwasser wird in den einzelnen Kammern aufgekocht und dadurch von den flüchtigen Ammoniakbestandteilen, welche nach oben entweichen, befreit.

Im unteren Teile des Apparates wird das noch in dem Wasser enthaltene gebundene Ammoniak durch Kalk befreit und sodann in einer weiteren Kolonne das frei gewordene Ammoniak aus dem Wasser mit Dampf abgetrieben. Das verbrauchte Wasser, welches nur noch unbedeutende Mengen von Ammoniak enthält, läuft aus dem Apparat dauernd ab und wird zur Absetzung des Kalks in Klärgruben geführt. Die ausgetriebenen Gase gelangen aus der Kolonne durch ein Ausgangsrohr unter die Bleiglocke eines mit verdünnter Schwefelsäure gefüllten Sättigungskastens, woselbst das Ammoniak zu schwefelsaurem Ammoniak gebunden wird.

Fig. 12. Ammoniakfabrik im neuen Gaswerk (Innenansicht).

Die nicht absorbierten Gase, Schwefelwasserstoff, Kohlensäure u. s. w. bleiben unter der Glocke eingeschlossen und werden mit dem Wasserdampf in eine Säurevorlage und sodann in einen Vorwärmer geleitet. In diesem wird das dem Abtreib-Apparat zufließende Ammoniakwasser durch die Abgase vorgewärmt, worauf die letzteren weiter durch einen Kühler und einen Wäscher, sowie durch 2 Schwefelwasserstoffreiniger in den Kamin abgeführt werden.

Das in dem Sättigungskasten gebildete schwefelsaure Ammoniak fällt bei einer bestimmten Konzentration der Absorptionsflüssigkeit aus derselben salzförmig aus;

es wird mit Schaufeln ausgeschöpft und auf ein verbleites Abtropflager gefördert, um zunächst von der noch anhaftenden Lauge befreit zu werden. Zum weiteren Austrocknen wird das Salz in einer mit Dampf betriebenen Zentrifuge ausgeschleudert und kann nunmehr als verkaufsfertiges Erzeugnis zum Lager gebracht werden.

Es erübrigt noch eine kurze Erläuterung über die Herstellung des Wassergases.

Das Wassergas stellt eine besondere Art des Generatorgases dar und wird in einem schachtartigen Generator in der Weise erzeugt, daß Wasserdampf beim Durchstreichen einer glühenden Koksschicht zersetzt wird, wobei sich unter weiterer Umsetzung mit dem Kohlenstoff des Koks als Hauptbestandteile Wasserstoff und Kohlenoxyd neben untergeordneten Mengen von Kohlensäure und Stickstoff bilden.

Die Gaserzeugung ist derart, daß der im Generator aufgeschichtete Koks abwechselnd durch Heißblasen mit Luft auf eine bestimmte Glut gebracht, und nach dem Verschließen des Generators mit Wasserdampf vergast wird.

Bei den im Gaswerk Nürnberg im Gebrauch befindlichen Generatoren nach „Dellwick-Fleischer", welche für eine stündliche Gaserzeugung von 250—300 cbm und 500—600 cbm eingerichtet sind, ist die Arbeitsweise eine solche, daß auf die Warmblaseperiode jeweils etwa 3/4—1 Minute, auf die Gasungsdauer etwa 6—7 Minuten entfallen. Die Luft wird mittelst eines Gebläses unten in den Generator eingeblasen. Es soll während des Heißblasens eine möglichst vollständige Verbrennung des Koks zu Kohlensäure herbeigeführt werden, was man durch hohen Winddruck zu erreichen sucht. Nachdem das Gebläse ausgerückt und der Generator luftdicht verschlossen worden ist, wird der Dampf eingeblasen, dessen Menge bei bestimmtem Druck durch eine in die Dampfleitung eingesetzte Scheibe von bestimmter Öffnung geregelt wird. Es wird in der Regel zweimal von unten und einmal von oben gegast.

Die Beschaffenheit des erzeugten Gases, welche in einem mehr oder minder hohen Gehalt an Kohlensäure zum Ausdruck gelangt, ist wesentlich abhängig von der Generatortemperatur und ferner beeinflußt von dem im Generator herrschenden Dampfdruck und der dadurch bedingten Durchgangsgeschwindigkeit der Gase, der Stückgröße und Beschaffenheit des verwendeten Koks und der Schichthöhe desselben.

Aus dem Generator gelangt das Gas zu seiner Abkühlung und Waschung in einen Skrubber und von da in einen kleineren Gasbehälter, welcher zum Ausgleich der stoßweisen Gaserzeugung dient. Zur Befreiung von Schwefelwasserstoff wird das Gas des weitern in derselben Weise wie das Steinkohlengas behandelt.

Die durchschnittliche Wassergasausbeute aus 1 kg im Generator vergasten Kohlenstoffs stellt sich nach den letzten Betriebsergebnissen auf 2,24 cbm.

Das Wassergas besitzt einen geringeren Heizwert wie das Steinkohlengas, hingegen ist die Verbrennungstemperatur der Wassergasflamme eine höhere als diejenige der Leuchtgasflamme, da das Wassergas schneller verbrennt und dessen Flamme dadurch eine geringere Abkühlung durch Ausstrahlung erleidet.

Die Wassergasanstalt ist als eine vollständig selbständige Anlage ausgebildet.

III.

Die Errichtung eines Gaswerkes in Nürnberg.

Die Errichtung eines Gaswerkes in Nürnberg geht auf das erste Drittel des vergangenen Jahrhunderts zurück.

Damals, im Jahre 1835 regte der zweite Bürgermeister Johannes Scharrer die Einführung der Gasbeleuchtung dahier an, und auf seine Veranlassung legte der Lehrer des damaligen Polytechnikums „Kuppler" am 28. Dezember 1835 den Entwurf einer Gaswerksanlage vor, in welcher jährlich 4800 Zentner Steinkohlen destilliert werden sollten. Die Kosten wurden auf 18000 Gulden veranschlagt, und ein Betriebsergebnis von 15% herausgerechnet.

Bei einer Ausdehnung der Anlage für die Destillation von 28800 Zentner Steinkohlen sind die Kosten der Anlage auf 72000 Gulden und der Betriebsgewinn zu 21¾, bezw. 30⅔% des Anlagekapitals angenommen.

Als Platz für die Errichtung des Gaswerkes war der Stadtgraben in der Nähe des jetzigen Marientors in Aussicht genommen.

Kuppler gibt hierzu folgende Erläuterungen:

Der vorteilhafteste Platz für das Gaswerk — so nenne ich kurzweg das Etablissement, welches das Leuchtgas aus Steinkohlen bereitet — ist der nahe an dem Turm Lit. J 9 befindliche Teil des Zwingers; wird es an dieser Stelle angelegt, so entstehen dadurch die Vorteile, daß:

a) die Hauptröhre ohne merkbare Krümmung durch die Lorenzerstraße bis zur Ecke des einen Turmes der Lorenzkirche, wo sie sich dann verzweigt, geführt werden kann, und

b) die Zisterne des Gasbehälters in den Boden eingesenkt werden kann und doch einen Abschluß in dem Stadtgraben hat.

Dadurch vermindern sich aber die Baukosten, weil die Zisterne selbst leichter herzustellen ist und das darüber aufzuführende Gebäude nur halb so hoch zu werden braucht. In diesem Lokale wird also der Ofen mit der Esse erbaut, in welchem die Retorten sich befinden, worin die Destillation der Steinkohlen vor sich geht, die Wasch- und Kühlapparate aufgestellt, die Zisterne für den Gasbehälter gegraben und gemauert und das Gebäude darüber erbaut. Der nahe liegende Turm Lit. J 9 könnte mit geringen Kosten zur Wohnung des Inspektors — der sich in der Nähe des Gaswerkes befinden muß — eingerichtet werden.

Die Hauptröhre läuft bis zur Lorenzerkirche und gibt längs dieser Strecke das Leuchtgas:

a) an das Bauamt,
b) an die polytechnische Schule,
c) an das Hornsche Wirtshaus,
d) an das Theater,
e) an die Wohnungen der Herren: C. Binder, Kolb, v. Schwarz ꝛc. ab.

An der Ecke der Lorenzkirche teilt sich die Hauptröhre in drei Zweige: der erste läuft bis zum Hallplatz, der zweite bis zum Museum, der dritte bis zum kgl. Postgebäude. Dieser letztere Zweig ist jedoch nur in dem Fall nötig, wenn sich längs der Königsstraße im Anfange nicht hinreichend genug Konsumenten des erzeugten Leuchtgases finden sollten. Vom Hallplatze, dem Ende des ersten Zweiges, läuft dann eine Nebenleitung bis zum Frauentor. Das Ende des zweiten Zweiges geht in eine oder zwei Nebenleitungen aus, wovon die erstere das Museum, die andere, wenn es gefordert wird, das Colleg mit Leuchtgas versieht. Alle Bewohner der Königsstraße, vom Frauentor bis zum Museum, können an dieser Beleuchtungsweise teilnehmen, und daß diese Straße ohnehin mit Gas erleuchtet wird, versteht sich von selbst. Wird der dritte Zweig nötig, so kann dieser die Wohnungen in der Karolinenstraße, das kgl. Postgebäude und das Röselsche Kaffeehaus mit Leuchtgas versehen.

Sollten sich eine größere Anzahl Abnehmer, als die anliegende Kostenberechnung festsetzt, unterzeichnen, so kann, ohne die festgesetzten Dimensionen des Apparates zu erweitern, die Anzahl der abzugebenden Lichter bis 1200 ausgedehnt werden, wodurch sich die primitiven Ausgaben um etwa 1500 Gulden wegen Vergrößerung des Ofens und der Durchmesser der Röhren und die Betriebskosten um etwa 3500 Gulden vermehren, dagegen die Einnahme einen reinen Überschuß von etwa 3400 Gulden gibt, das einer Dividende von beinahe 18 % gleich wäre, wenn das Anlagekapital auf etwa 24000 Gulden gesetzt wird.

Das Leuchtgas an die Konsumenten wird nicht nach Lichtflammen, sondern nach Kubikfußen abgegeben, weil auf diese Weise, vermöge des angebrachten Gasmessers in jedem Hause die Kontrolle für den Produzenten und Konsumenten des Leuchtgases leichter zu führen ist. 1000 Kubikfuß Gas werden 26 Pfund Talglichtern gleich gesetzt (1 Pfund 24 Kreuzer) und in Verbindung mit demselben das Leuchtgas mit 25 % Abzug berechnet, also 1000 Kubikfuß für 7 Gulden 48 Kreuzer abgelassen.

Jeder Teilnehmer hat beiläufig anzugeben:

1) wieviel Lichter er täglich gebrauche,
2) von welcher Lichtsorte dieselben sein sollen, ob von 6, 8 oder 12 Talglichtern per Pfund,
3) bis zu welcher Zeit dieselben brennen sollen, ob bis 9, 10, 11 Uhr oder noch länger.

Hiebei werden

Argandische Lampen 6 Talglichtern, 8 per Pfund, und

Liverpoollampen 8—10 Talglichtern gleichgesetzt.

Weil anzunehmen ist, daß das Unternehmen, einen Teil der Stadt mit Gas zu erleuchten, sobald das zur Ausführung gekommen, viele Teilnahme erregen und dann eine Vergrößerung der Anlage nötig werden wird, so habe ich in dieser Voraussetzung einen zweiten Plan entworfen, nach welchem die frequentesten Teile der Stadt und zwar die Straße vom Frauentor bis zum neuen Tor und vom Spittlertor bis zum Laufertor, mit Gas erleuchtet sind. In diesem Falle befindet sich das Gaswerk ebenfalls in dem Teil des Zwingers nahe dem Turm Lit. J 9, Gasbehälter sind jedoch 3 angelegt und zwar in der Art, daß sie miteinander durch die Röhrenverbindungen kommunizieren.

Der erste Gasbehälter befände sich im Gaswerk selbst, der zweite in dem Graben beim weißen Turm und der dritte im Fünferhaus beim Rathausgebäude. Das Röhrensystem wäre so angeordnet, daß mittelst der Haupt- und Nebenröhren die Königsstraße, Karolinenstraße, Roßmarkt, Kaiserstraße, Markt, Dielinggasse, Bindergasse, Egydienplatz, innere und äußere Laufergasse, Weinmarkt, Neuentorstraße, Karlsstraße, Josefsplatz, Ludwigsstraße beleuchtet werden.

Die aus dieser Ausdehnung der Anlage hervorgehenden Vorteile, welche aus dem Kostenanschlage näher zu ersehen sind, veranlassen mich zu bemerken, daß man schon bei der kleinen, zuerst aufgeführten Anlage, wenn sie ausgeführt wird, darauf Rücksicht nehme, den Hauptröhren die für später vorzunehmende Erweiterung erforderlichen Dimensionen zu geben, was einen Mehrkostenaufwand von 3775 Gulden erfordert. Die Erweiterung kann dann ohne Anstand partienweise erfolgen, sobald nämlich der in dem Gaswerke aufgestellte Gasbehälter nicht mehr ausreicht, wird der zweite im Fünferhaus erbaut und das davon abhängige Röhrensystem eingelegt; ist auch dieser nicht mehr ausreichend, so wird endlich auch der dritte Gasbehälter errichtet, die dazu erforderlichen Röhren eingelegt und somit die ganze Anlage geschlossen.

In den bezeichneten Straßen können dann durch die Beleuchtung der anliegenden Privat- und öffentlichen Häuser und der Straßen täglich soviel Gasflammen, die etwa 5000 Talglichtern 8 per Pfund gleich sind, verbraucht werden; wahrscheinlich dürfte sich aber in kurzem der Begehr bis auf 6000 steigern. Auch diesem Verlangen kann dann entsprochen werden, ohne die Apparate zu vergrößern, indem nur die Zahl der Retorten um 4 Stück vermehrt wird, wodurch sich die primitiven Ausgaben um etwa 3000 Gulden und die Betriebskosten um etwa 14000 Gulden vermehren, dagegen die Einnahme einen reinen Überschuß von etwa 26500 Gulden gibt, was eine Dividende von $35^1/_3$% gäbe. Man könnte also in diesem Falle zum Vorteile des Publikums den Koks um 1 Gulden per Zentner verkaufen und den Konsumenten des Leuchtgases dasselbe mit $33^1/_3$% ablassen und sodann noch eine Dividende von 14% erheben.

Die in dem vorstehenden, sowie in den Kostenberechnungen enthaltenen Data sind zum Teil das Resultat meiner schon vor 18 Jahren über diesen Gegenstand angestellten vielseitigen Versuche und zum Teil gingen dieselben aus meinen indessen fortgesetzten Beobachtungen über das Fortschreiten dieser Beleuchtungsweise, welche vorzugsweise während meines letzten Aufenthaltes in England sehr bereichert wurden, hervor, und ich kann daher zum Schluß noch die Versicherung geben, daß meine Berechnungen hinsichtlich der primitiven Ausgaben eher zu groß, als zu klein angenommen sind.

Nürnberg, den 28. Dezember 1835.

gez.: Kuppler.

Scharrer zweifelte, daß der von Kuppler herausgerechnete Reingewinn erzielt werde und schickte dem damals als Autorität im Gasfach anzusehenden Kommissionsrat Rudolf Blochmann in Dresden das Projekt zur Begutachtung.

In Blochmanns Gutachten vom 15. Januar 1836 wurde das Projekt Kupplers abfällig beurteilt.

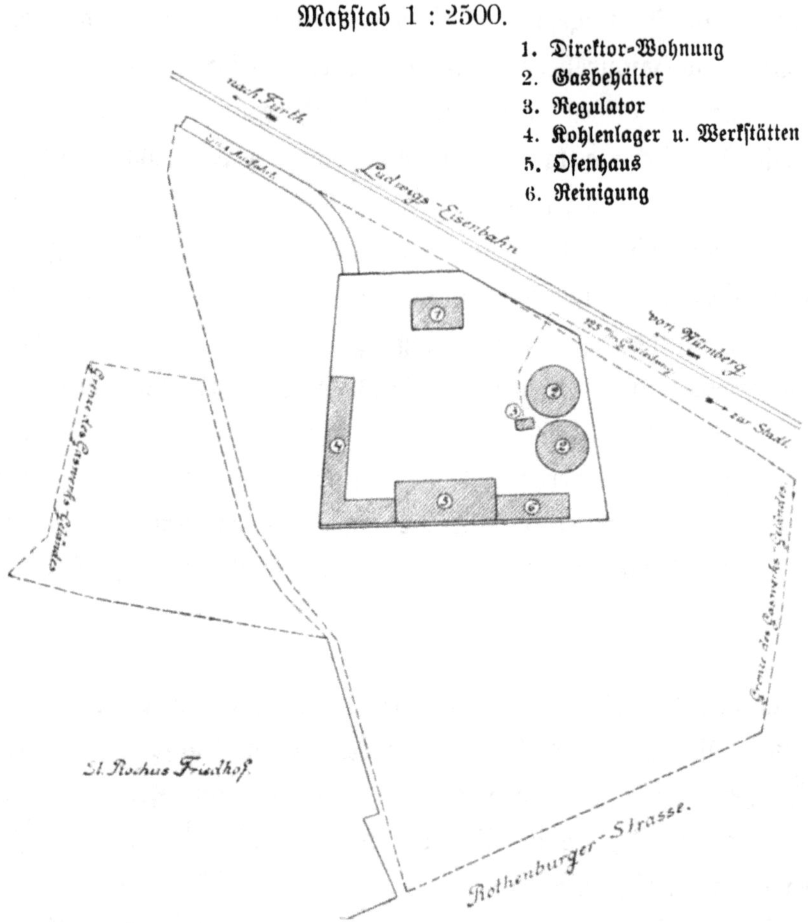

Fig. 13. Lageplan des Privatgaswerkes an der Rothenburgerstraße im Jahre 1846.

Was die überschickten Pläne und Kostenanschläge betrifft — heißt es in dem Gutachten — so habe ich sie nach mehrseitiger Prüfung und Berechnung nicht angemessen und vorteilhaft gefunden. Die in den Anschlägen aufgestellten Berechnungen für die Apparate sind größtenteils zu gering und der Entwurf, wenn auch ausführbar, doch nicht von Dauer. Die Rohrleitungen haben kein richtiges, der Stadt angemessenes System. Die Berechnungen des Gewinnes sind viel zu hoch gestellt, die Abnahme von Gas zu leicht genommen. In dem Ganzen spricht sich ein aus nur im Kleinen gemachten Versuchen gewonnenes Resultat und eine allzu sanguinische Berechnungsweise aus.

Im April 1836 lieferte Blochmann seinerseits ein Projekt, dem eine tägliche Gasabgabe von 4000 Kubikfuß zu Grunde gelegt und dessen Kosten auf 84 544 Gulden veranschlagt waren. Er hatte für dieses Projekt Versuche über die Verwendung der Kronacher Steinkohle, die einzige, die für Nürnberg in Frage kommen konnte, angestellt und gefunden, daß 1 Zentner dieser Kohle 450 Kubikfuß Gas von gleicher Leuchtkraft wie die in Dresden verwendete Kohle aus dem Plauenschen Grunde und 72 Pfund vorzüglich schönen und dichten Koks von 8% Aschegehalt liefert. Die Gasanstalt sollte an dem Platz, den Kuppler bestimmt hatte, im Stadtgraben in der Nähe des jetzigen Marientors, errichtet werden, vorläufig 10 Retorten erhalten, aber auf 20 Retorten ausdehnungsfähig sein.

Jedoch auch dieses Projekt wurde nicht angenommen, und es dauerte noch bis zum Jahre 1846, bis mit einer Karlsruher Firma ein Vertrag über die Errichtung eines Gaswerkes in Nürnberg zustande kam.

James Barlow, Charles Forster u. Ziegler bauten diese Anstalt 400 m südwestlich vom Rande der Altstadt am Bahnhof der Nürnberg-Fürther Eisenbahn und gaben die sämtlichen Rechte und Verbindlichkeiten am 28. April 1847 an den Zivilingenieur G. Dollfuß in Stuttgart. Der Bau begann am 3. September 1846 und am 1 Dezember 1847 wurde das Gaswerk in Betrieb genommen.

Unterm 25. Dezember 1847 erließ der Stadtmagistrat eine auf die Einführung der Gasbeleuchtung bezügliche Bekanntmachung, in welcher unter anderm gesagt wurde:

> „In wenig Tagen wird von der Direktion der Gasbeleuchtung für Nürnberg solche eröffnet und dadurch ein Bedürfnis befriedigt werden, das schon lange allgemein gefühlt wurde. Unserer Stadt ist die Ehre beschieden, die erste in Bayern zu sein, der vorläufig auf ihren größeren und belebteren Straßen und Plätzen diese so sehr gewünschte bessere Beleuchtung zu Teil wird. Nürnberg hatte die erste Kettenbrücke in Bayern, die erste deutsche Eisenbahn (mit Dampfkraft befahren) und beide Werke erfreuen sich allgemeiner, ungeschwächter Teilnahme, wie der Achtung des Publikums, möge das neue und dritte großartige Unternehmen, ebenfalls das erste in Bayern, in dem Zeitalter des Lichts, in gleicher Weise von demselben aufgenommen werden.
>
> gez.: Dr. Binder.

Am 27. Juli 1849 wurde eine Aktiengesellschaft unter dem Namen „Nürnberger Gasbeleuchtungsgesellschaft“ gebildet und diese trat das Unternehmen dann

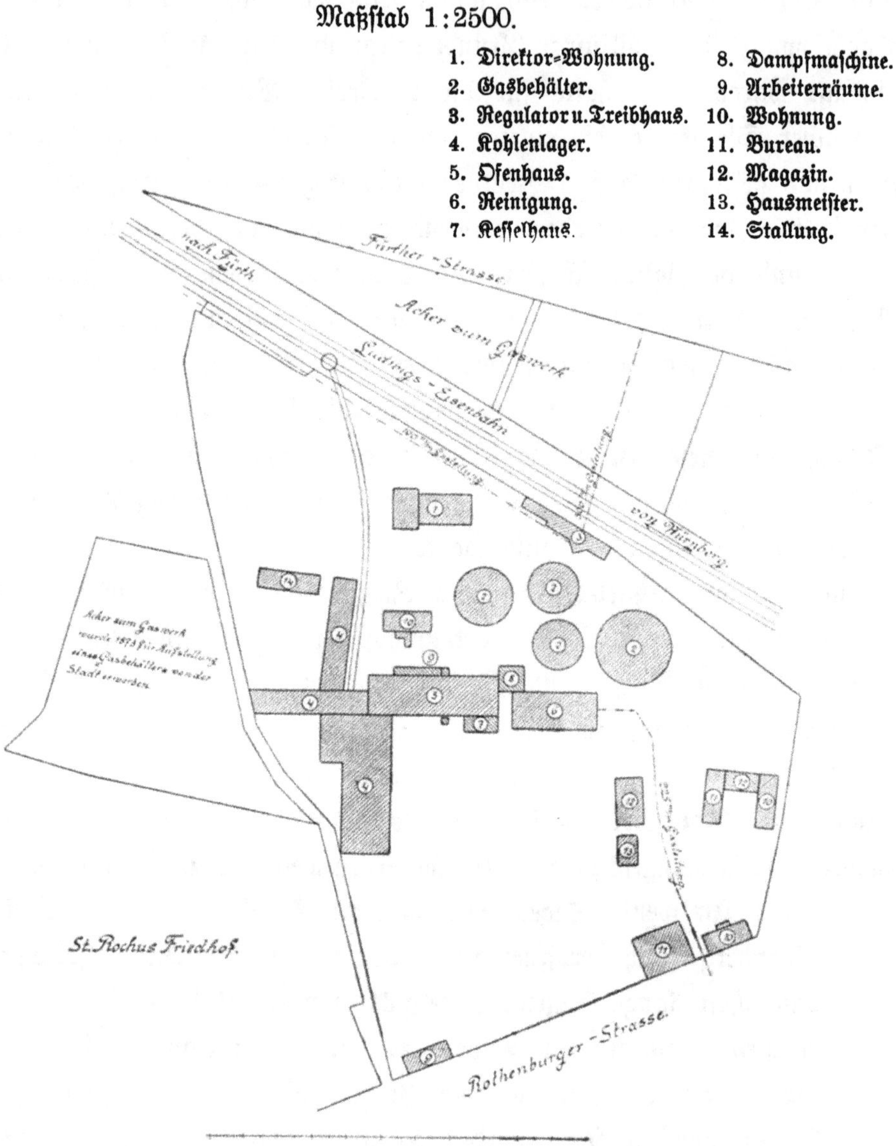

Fig. 14. Lageplan des Privatgaswerkes an der Rothenburgerstraße bei der Übernahme durch die Stadt im Jahre 1871.

an „Spreng, Johann Nepomuk, Kaufmann aus Karlsruhe, Sonntag, Friedrich August, Kaufmann aus Nürnberg und Maier-Kapferer, Josef, Direktor des Gaswerkes, aus Freyburg“ ab. Im Jahre 1862 wurde die Firma „Spreng, Sonntag und Maier in Sprengs und Maiers Erben umgewandelt.

Gaswerk

Tafel 1.

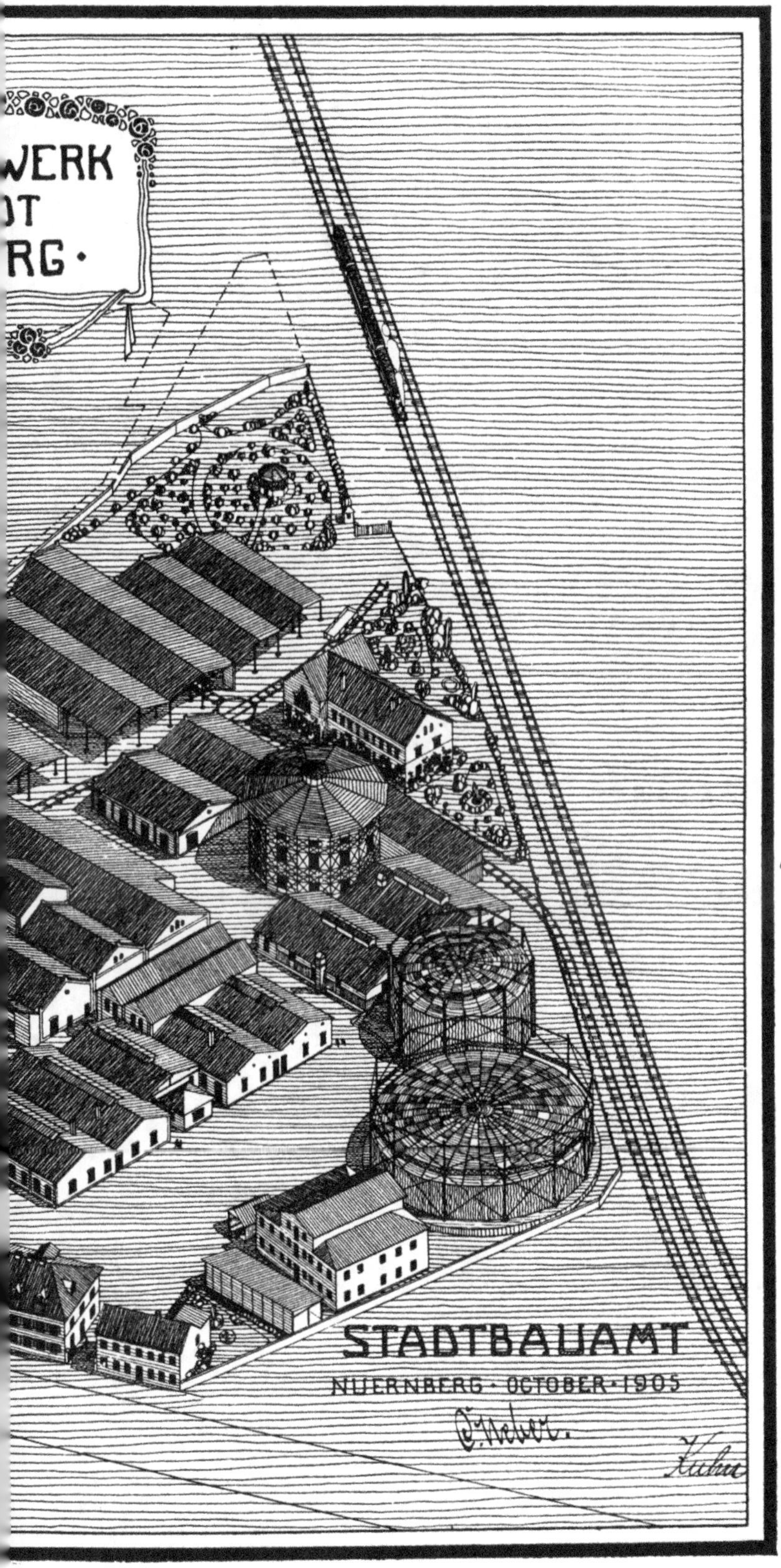

nburgerstraße.

Das Privilegium datierte von 1846 und dauerte 25 Jahre; nach Ablauf dieser Zeit hatte die Stadt das Recht, die Anstalt käuflich zu erwerben.

Maßstab 1:2500.

1. Direktorwohnung.
2. Gasbehälter.
3. Regulator.
4. Kohlenlager.
5. Ofenhaus.
6. Reinigung.
7. Kesselhaus.
8. Maschinenhaus.
9. Arbeiterräume.
10. Wohnung.
11. Bureau.
12. Magazin.
13. Uhr.
14. Stallung.
15. Regenerierraum.
16. Sammelgrube.
17. Photometer.
18. Werkstätten.
19. Wage.

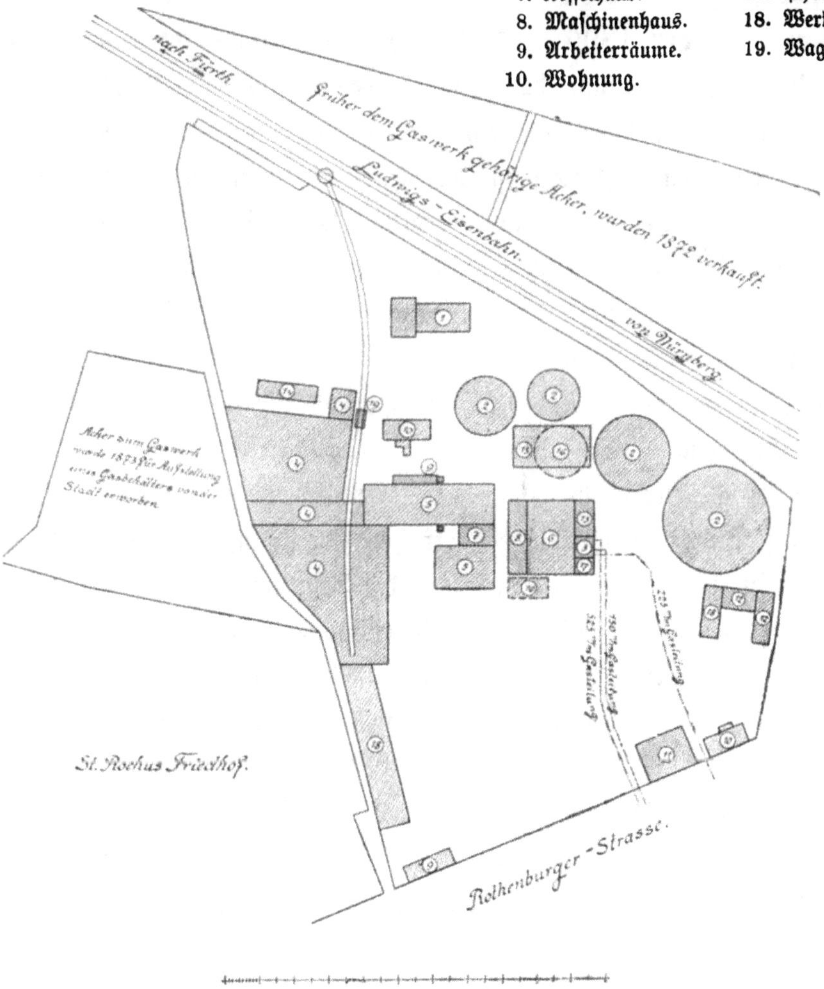

Fig. 15. Lageplan des städtischen Gaswerkes Nürnberg im Jahre 1874.

Von großer Wichtigkeit für die Stadt war es, daß sie, von diesem sich vorbehaltenen Rechte Gebrauch machend, im Jahre 1871 das Gaswerk von Sprengs und Maiers Erben um den Preis von 640000 Gulden erwarb, um es der Leitung eines aus Mitgliedern der beiden städtischen Kollegien gebildeten Verwaltungsrates und eines Direktors zu unterstellen.

Damals wurden in der Anstalt jährlich 2 500 000 cbm Gas erzeugt.

Die Inanspruchnahme des Werkes und dessen Leistungen sind seitdem fortwährend gestiegen, und mußte die Fabrikanlage fortgesetzt erweitert werden.

Es sind im Jahre 1891 schon 7 300 000 cbm Gas erzeugt worden, während 2593 Laternen der öffentlichen Straßenbeleuchtung dienten; das Jahr 1895 weist eine Gaserzeugung von 8 640 000 cbm und eine Laternenzahl von 2982 auf. Als dann im Frühjahr 1896 das städtische Elektrizitätswerk eröffnet wurde, war man vielfach der Anschauung, daß die Verwendung des elektrischen Stromes zur Beleuchtung einer Anzahl verkehrsreicher Straßen, dann zur Privatbeleuchtung und zum Motorenbetrieb einen Rückgang der Nachfrage nach Gas und eine Minderung des Gasverbrauches zur Folge haben werde. Diese Meinung hat sich als irrig erwiesen. Neben dem sich gedeihlich entwickelnden Elektrizitätswerk konnte das Gaswerk nicht nur bestehen, es hatte vielmehr einer stets wachsenden Nachfrage nach Gas zu genügen. (s. Fig. 16).

Zwar hatte der Gasverbrauch in der zweiten Hälfte des Jahres 1896 infolge der damals beginnenden Einführung von Gasglühlichtbrennern im einzelnen abgenommen und es betrug die Zahl der öffentlichen Gaslaternen — infolge der teilweisen Einführung der elektrischen Straßenbeleuchtung — nur 2746, allein der Gasverbrauch im allgemeinen und die Zahl der Abnehmer ist gestiegen und hat eine Gaserzeugung von 9 101 790 cbm notwendig gemacht. Zu diesem Erfolge hat die zunehmende Einführung von Gasmotoren in den verschiedensten Gewerbebetrieben, dann von Gas-, Koch-, Heiz- und Badeöfen wesentlich beigetragen.

Im Jahre 1898 waren bereits 10 624 950 cbm Gas notwendig und — neben den elektrischen Bogenlampen (244) — 3051 Gaslaternen für die öffentliche Straßenbeleuchtung in Betrieb. Der sich ständig erweiternde Betrieb des Gaswerkes lieferte nunmehr einen erheblichen Reingewinn für die Stadt, deren Vertretung sich mit Rücksicht auf die gedeihliche Entwicklung des Werkes veranlaßt sah, am 1. Juli 1899 den Preis für Leuchtgas auf 18 Pfg., für Gas zu technischen Zwecken auf 12 Pfg. für den Kubikmeter herabzusetzen. (s. Tab. 5 u. 6). Zu gleicher Zeit wurde auch mit der Einführung des Gasbezuges durch Gasselbstmesser (Automaten) begonnen, wobei für den Kubikmeter abgegebenen Gases 14 Pfg. berechnet und die ganze Einrichtung, bestehend aus dem Selbstmesser, der Beleuch-

Tabelle 7.

Darstellung des jährlichen Gasverbrauches nach seinen Verwendungsarten vom Tage der Übernahme des Gaswerkes durch die Stadt am 1. Oktober 1871 bis zum 31. Dezember 1904.

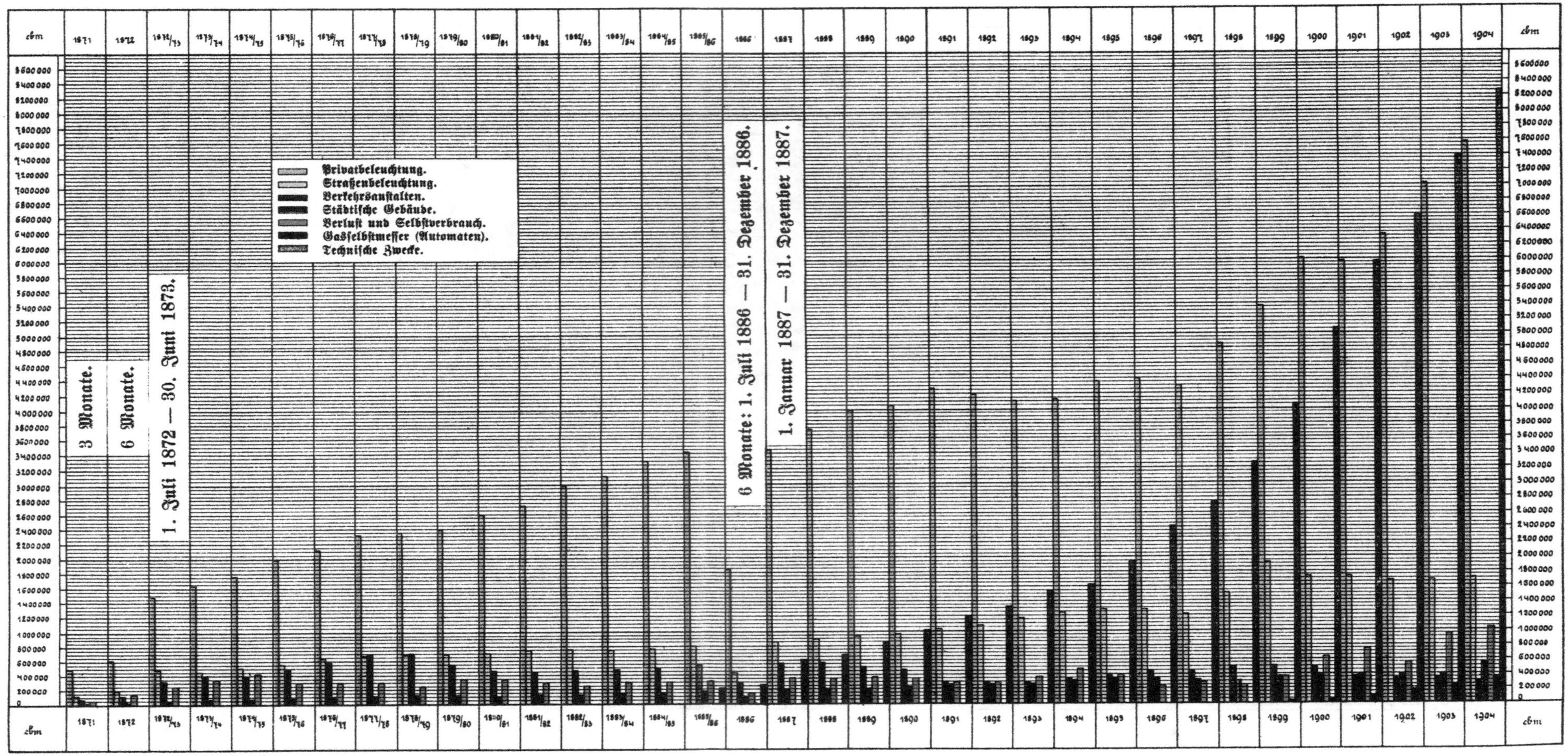

Zahl der Gasmesser und Flammenzahl derselben.

1878 bis 31. Dezember 1904.

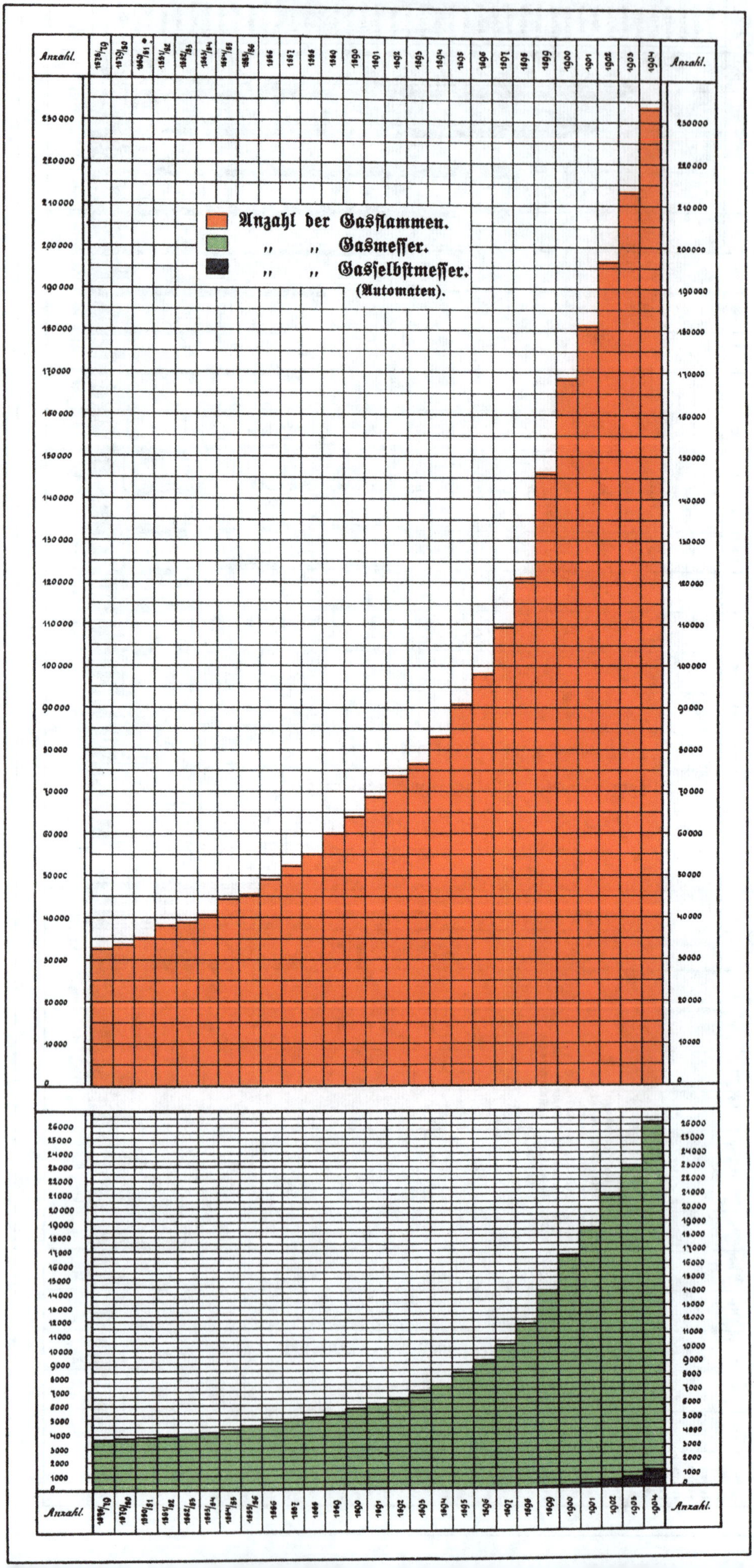

Tabelle 8.

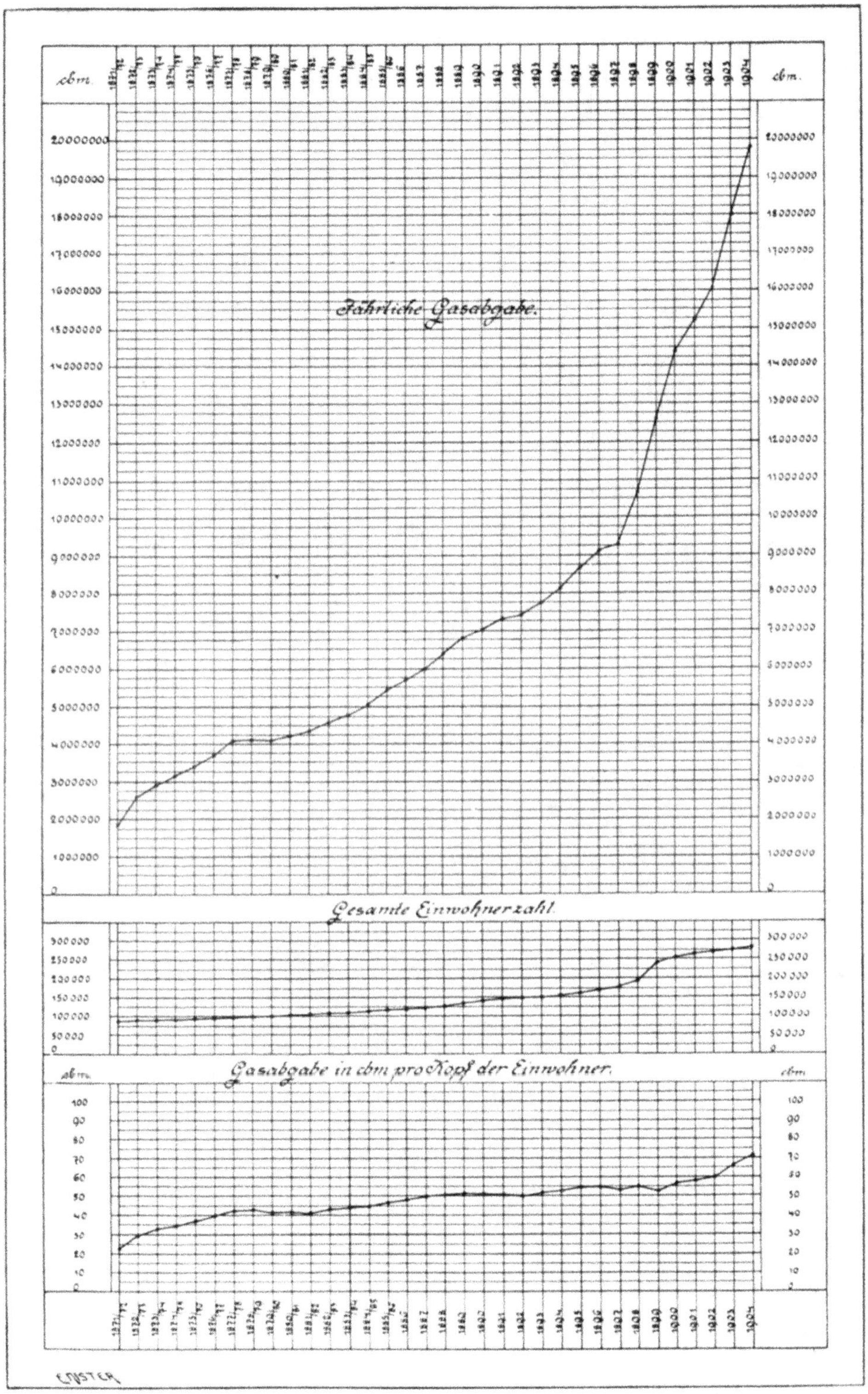

Fig. 16. Darstellung der jährlichen Gasabgabe von 1871 bis Ende 1904, der Einwohnerzahl und der jährlichen Gasabgabe pro Kopf der Einwohnerzahl während desselben Zeitraumes.

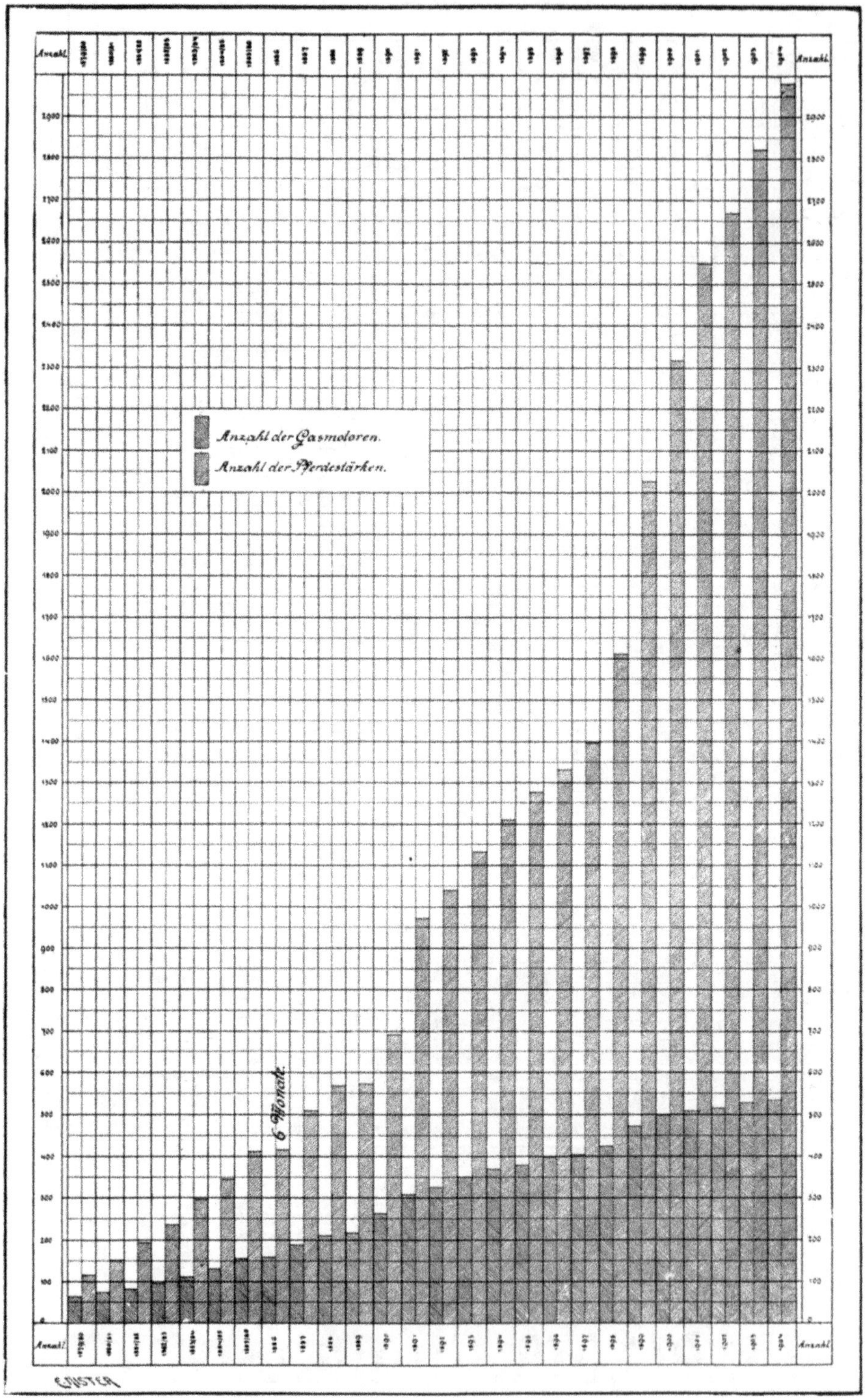

Fig. 17. Anzahl der Gasmotoren und Pferdestärken derselben
— 1879 bis 31. Dezember 1904. —

tungsanlage für höchstens 3 Flammen, der Gas-, Koch- und Beheizungseinrichtung vom Gaswerke geliefert und dem Abnehmer leihweise und mietfrei überlassen wird.

Maßstab 1:2500.

1. Direktorwohnung.
2. Gasbehälter.
3. Regulator.
4. Kohlenlager.
5. Ofenhaus.
6. Reinigung.
7. Kesselhaus.
8. Maschinenhaus.
9. Arbeiterraum.
10. Wohnung.
11. Bureau.
12. Magazin.
13. Uhren.
14. Remise.
15. Regenerierraum.
16. Sammelgrube.
17. Photometer.
18. Werkstätten.
19. Wage.
20. Steinlager.
21. Kondensation.
22. Ammoniakfabrik.
23. Kamin.
24. Pumpenhaus.
25. Gasmotor.
26. Koksbrechmaschinen.
27. Löschturm.
28. Aborte.
29. Koks-Wäsche.
30. Aich-Lokal.

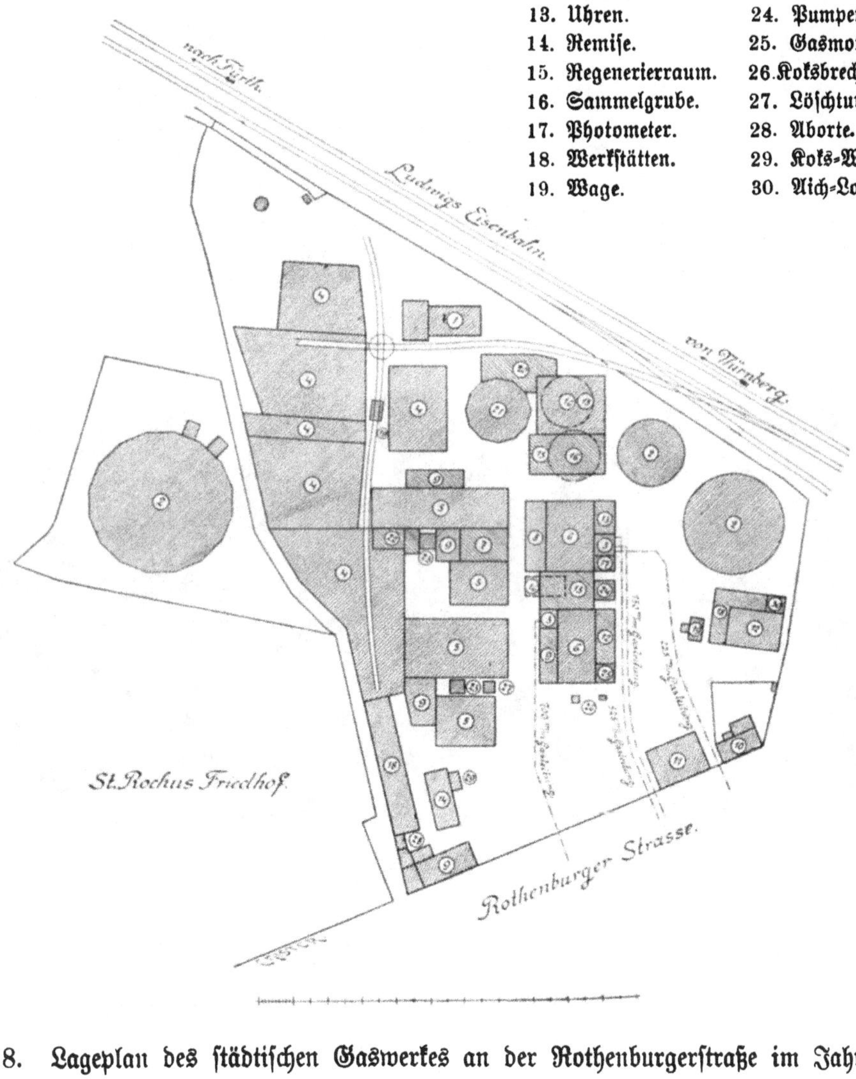

Fig. 18. Lageplan des städtischen Gaswerkes an der Rothenburgerstraße im Jahre 1898.

(s. Tab. 7 und 8). Man ging hierbei von der Absicht aus, nicht allein den Gasverbrauch zu steigern, sondern auch Leucht- und Kochgas den kleinen und kleinsten Haushaltungen, insbesondere den Arbeiterkreisen zugänglich zu machen. Eine weitere

Steigerung des Gasverbrauches war insbesondere auch als Folge der am 1. Jan. 1899 erfolgten Einverleibung zahlreicher Vorortsgemeinden mit Sicherheit zu erwarten.

Daß der hiernach zu erwartenden größeren Nachfrage nach Gas im alten Werk auf einem nicht ganz 5 Tagwerk umfassenden Grundstück auf die Dauer nicht entsprochen werden könne, war nicht zu bezweifeln. Wohl hat man dort noch Hilfsanlagen, insbesondere eine kleine Wassergasanlage, errichtet und das in der

Fig. 19. Gaswerk Doos.

ehemaligen Gemeinde Doos liegende Privatgaswerk der Aktiengesellschaft „Gaswerke Doos—Hersbruck“ um den Betrag von 250000 Mark erworben, doch konnten diese Maßnahmen nur für kurze Zeit Abhilfe schaffen. Unter diesen Umständen haben sich die städtischen Kollegien schon im Herbste 1898 grundsätzlich für die Erbauung eines neuen Gaswerkes ausgesprochen und die Erwerbung einer entsprechenden Grundfläche beschlossen.

Das neue Gaswerk sollte zunächst für eine Jahresleistung von 15000000 cbm

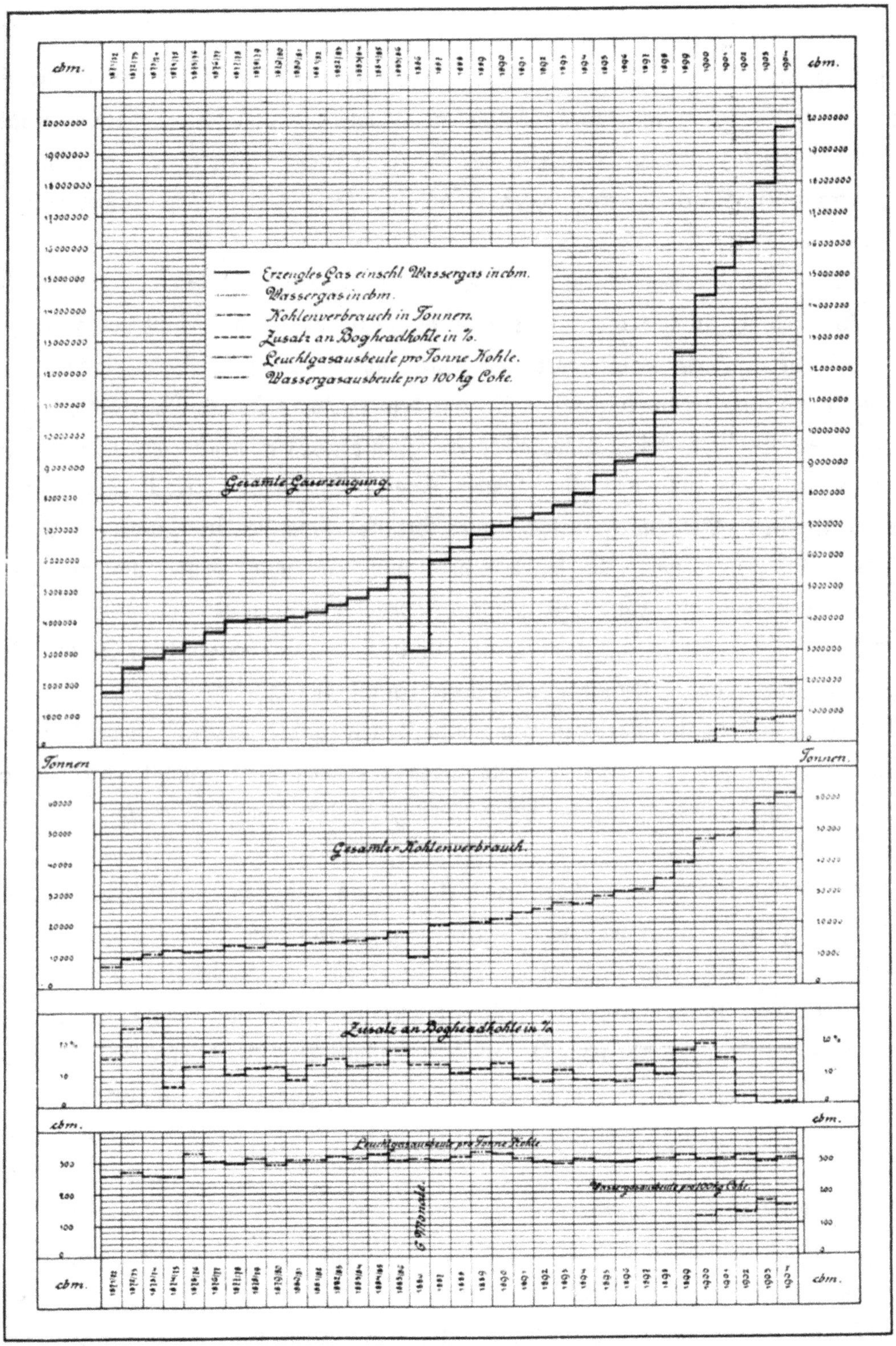

Fig. 20. Darstellung der jährlichen Gaserzeugung, des Kohlenverbrauches und der Gasausbeute aus 1000 kg Steinkohlen, bezw. aus 100 kg Koks während der Jahre 1871 bis 31. Dezember 1904.

eingerichtet werden, so jedoch, daß jederzeit eine Erweiterung bis zu einer Leistung von 30000000 cbm im Jahre möglich sei. Dabei war beabsichtigt, nach Eröffnung des neuen Werkes alsbald den Betrieb des bestehenden Werkes an der Rothenburgerstraße (s. Tafel 1) einzustellen und über diese Grundfläche anderweitig zu verfügen.

Die Wahl des Platzes für das neue Werk bot erhebliche Schwierigkeiten. Es war ein Gelände notwendig, welches nicht allzuweit vom Hauptrohrstrang am Plerrer entfernt, dazu wohl abgerundet war und die Möglichkeit bot, unmittelbar an die Bahn und wenn tunlich, auch an den Ludwigs-Donau-Main-Kanal anzuschließen, ein Gelände, dessen alsbaldiger Anschluß an das städtische Entwässerungsnetz durchführbar war und das für später eine entsprechende Erweiterung des zu erbauenden Gaswerkes zuließ. Ein solches Gelände fand sich in Sandreuth, Steuergemeinde Gibitzenhof vor. Es wurden dort nach und nach Grundstücke von einem Gesamtflächeninhalt zu rund 50 Tagwerk oder 176350 qm erworben. Dieser Grundbesitz bildet ein in sich geschlossenes Ganzes, das im Süden vom Sandreutherweg, im Osten vom Ludwigs-Donau-Main-Kanal, im Westen von der Bahnlinie nach München begrenzt wird und die Möglichkeit zum Anschluß sowohl an die Bahn, wie an den Kanal bot. Die Lage desselben zum Hauptrohrstrang am Plerrer ist eine sehr günstige, die Entwässerung in den städtischen Hauptkanal sofort durchführbar.

Wegen Herstellung einer Industrie-Geleiseverbindung von diesem Platze zu dem damals noch im Bau begriffenen Zentral-Rangierbahnhofe wurde alsbald — im Juli 1899 — mit den zuständigen Bahnbehörden ins Benehmen getreten. Es erschien das mit Rücksicht auf den späteren Betrieb, aber auch behufs der leichteren und billigeren Beischaffung von Materialien notwendig. Nach längeren Verhandlungen kam zwischen der Stadtgemeinde und der kgl. Staatseisenbahnverwaltung ein Vertrag über die Herstellung dieses Industrie-Geleises zustande 9. November 1901. / 9. Dezember 1901.

Die Geleisanlage wurde zunächst in provisorischer Weise hergestellt und ermöglichte den unmittelbaren Verkehr der Eisenbahnwagen vom Zentral-Rangierbahnhofe zum Gelände des Gaswerk-Neubaues.

Durch die Beschlüsse der beiden städischen Kollegien vom 9. und 13. Februar 1900 wurde ein Programm für die Neuanlage eines Gaswerkes aufgestellt und auf Grund desselben sind sodann drei der leistungsfähigsten, hier in Betracht

Darstellung des höchsten und des niedrigsten Tagesverbrauches an Gas

vom 1. Oktober 1871 bis 31. Dezember 1904.

Tabelle 9.

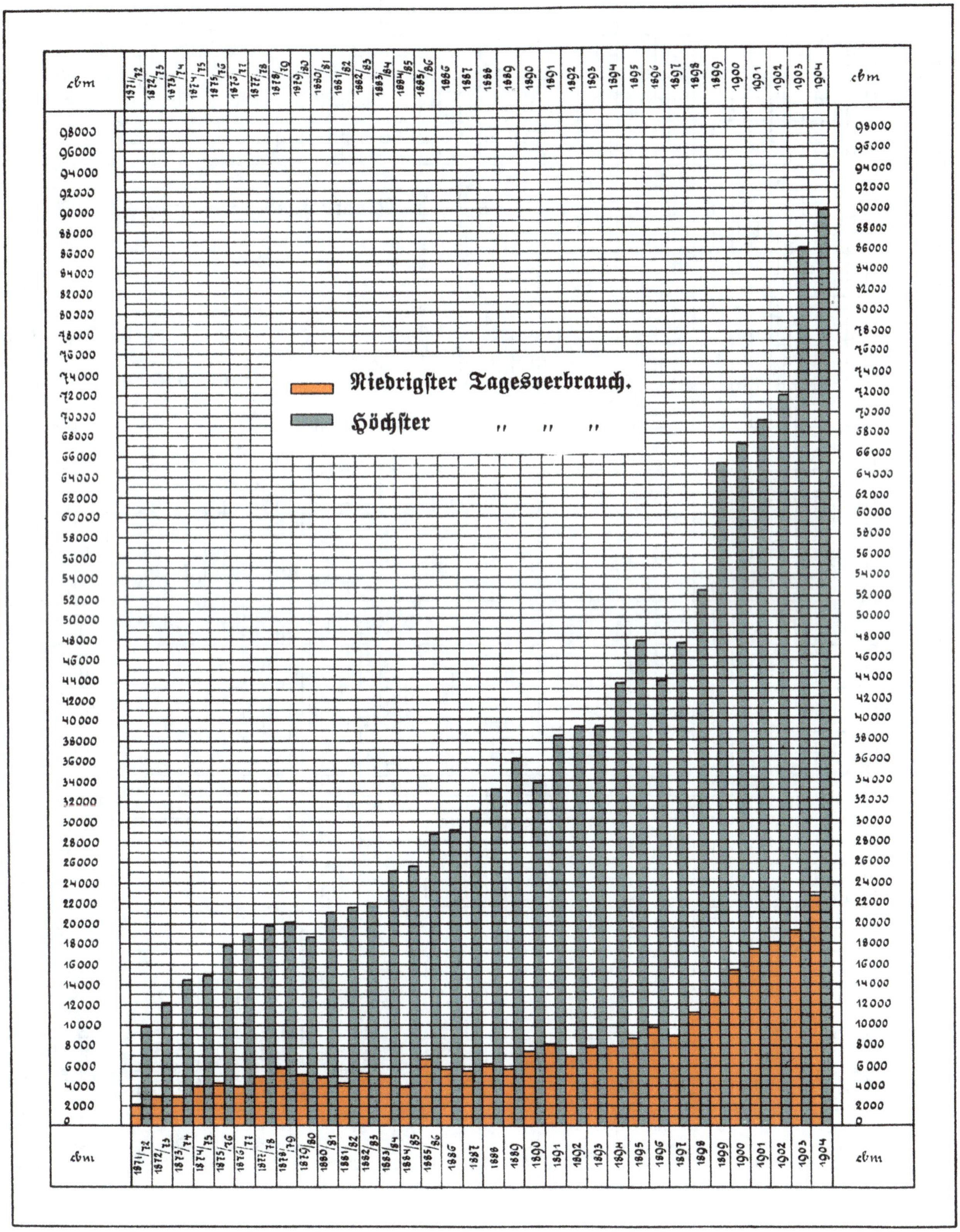

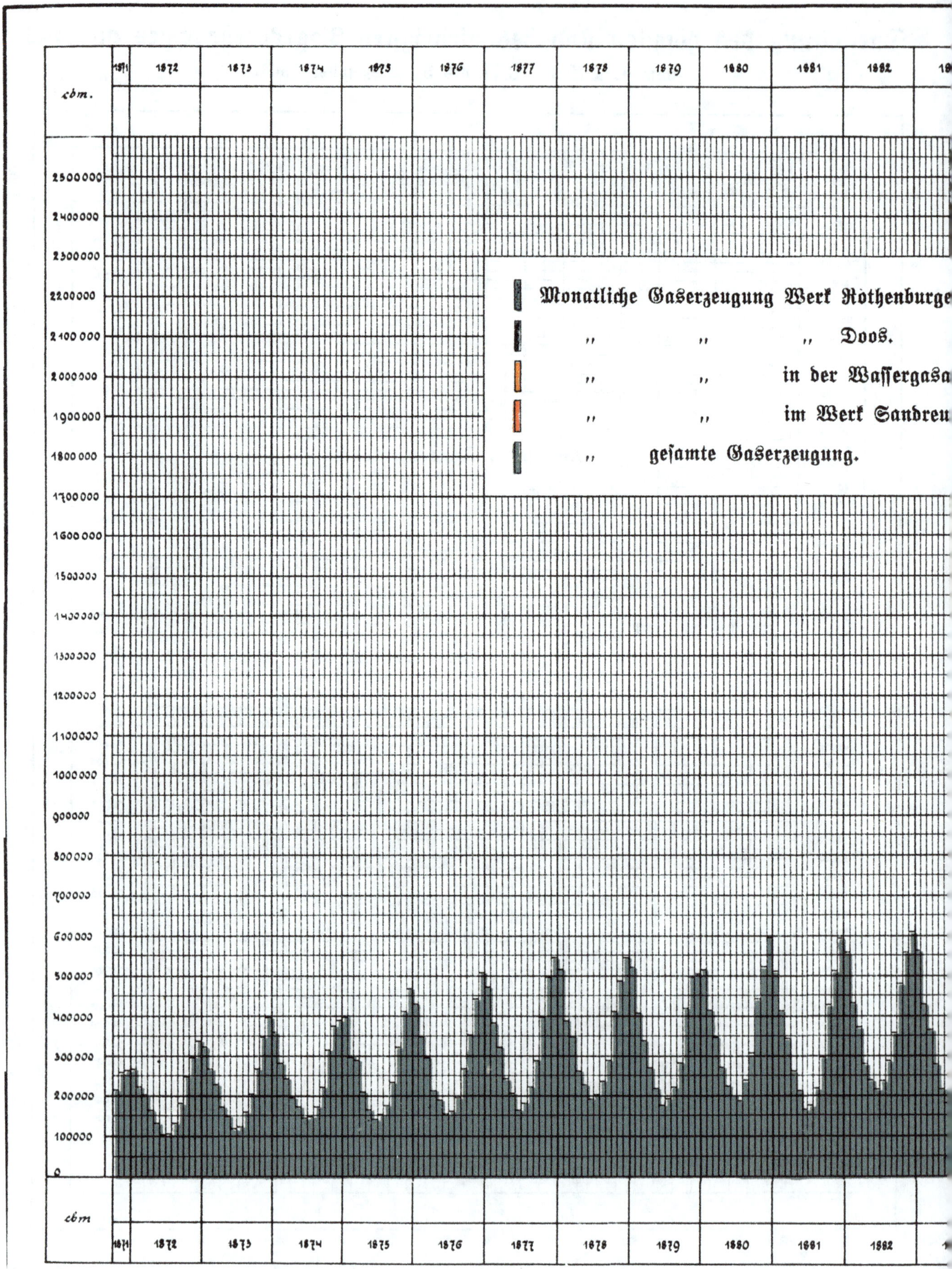
cbm.
1871
1872
1873
1874
1875
1876
1877
1878
1879
1880
1881
1882
2500000
2400000
2300000
2200000
2100000
2000000
1900000
1800000
1700000
1600000
1500000
1400000
1300000
1200000
1100000
1000000
900000
800000
700000
600000
500000
400000
300000
200000
100000
0
Monatliche Gaserzeugung Werk Röthenburge
„ „ „ Doos.
„ „ in der Wassergasa
„ „ im Werk Sandreu
„ gesamte Gaserzeugung.
cbm

Monatliche Gaserzeugung in den 3 städtischen Gaswerken Roth

vom 1. Oktober 1871 bis 31. Dezember

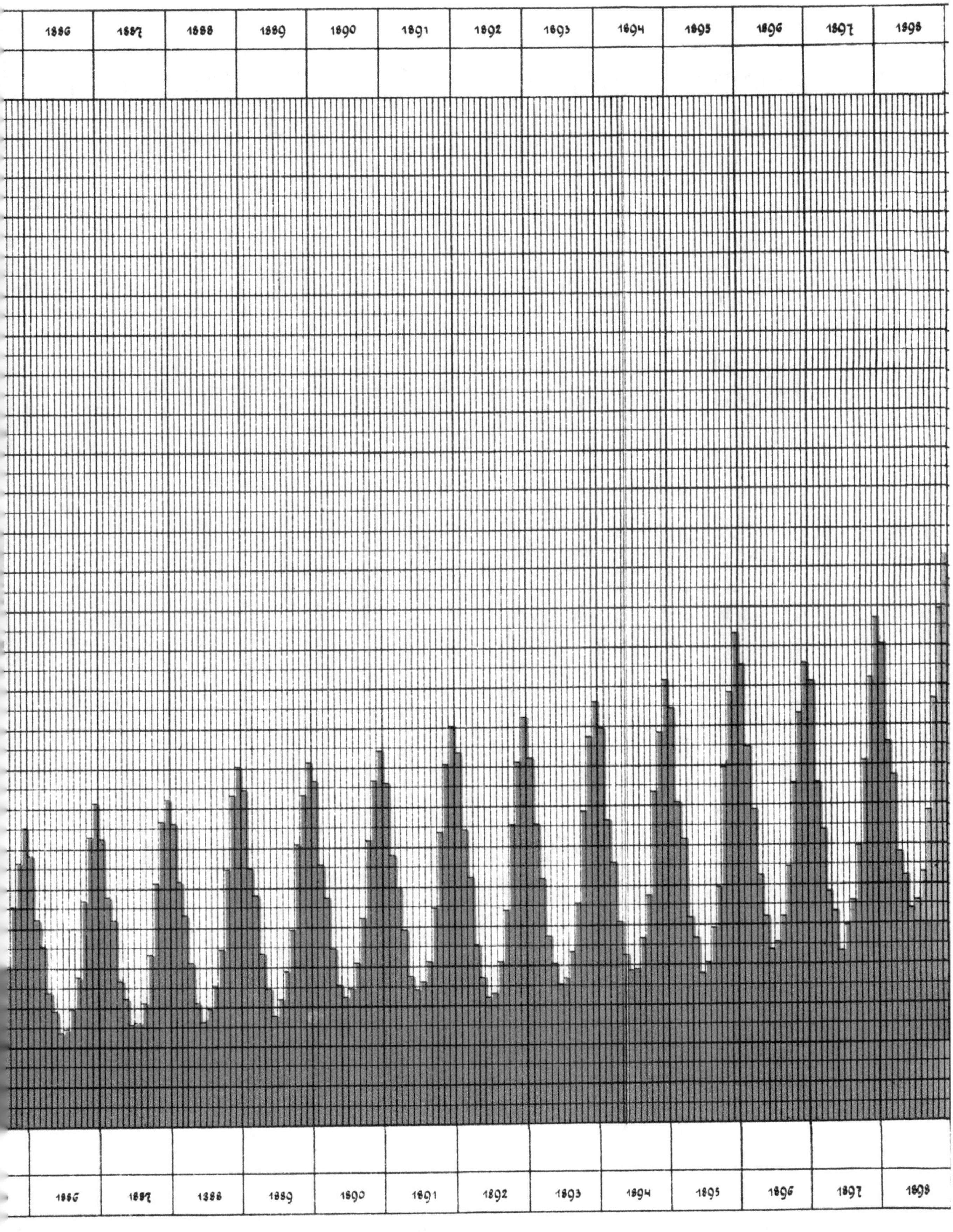

Rothenburgerstraße, Doos und Sandreuth

ember 1904.

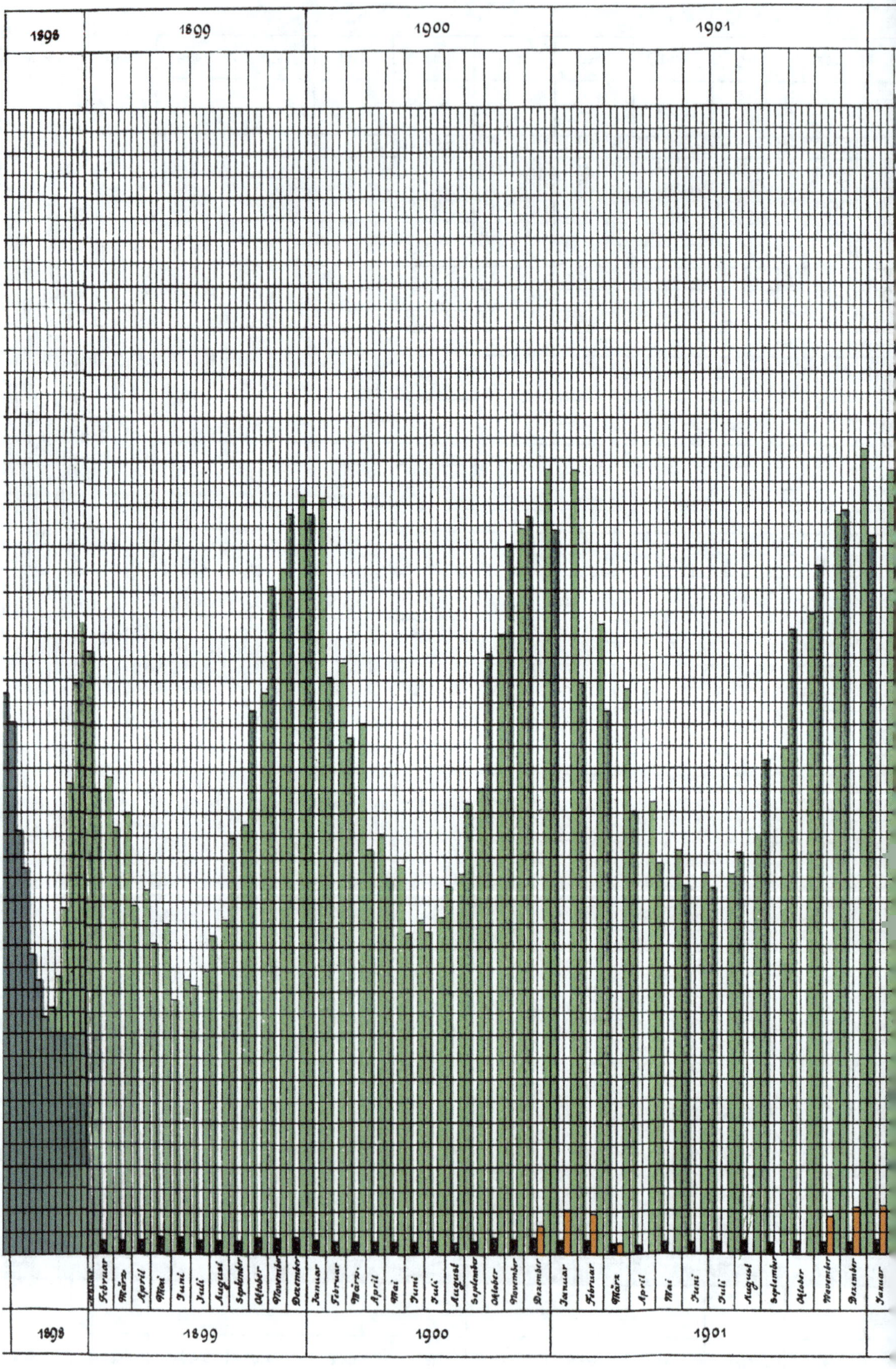

Tabelle 10.

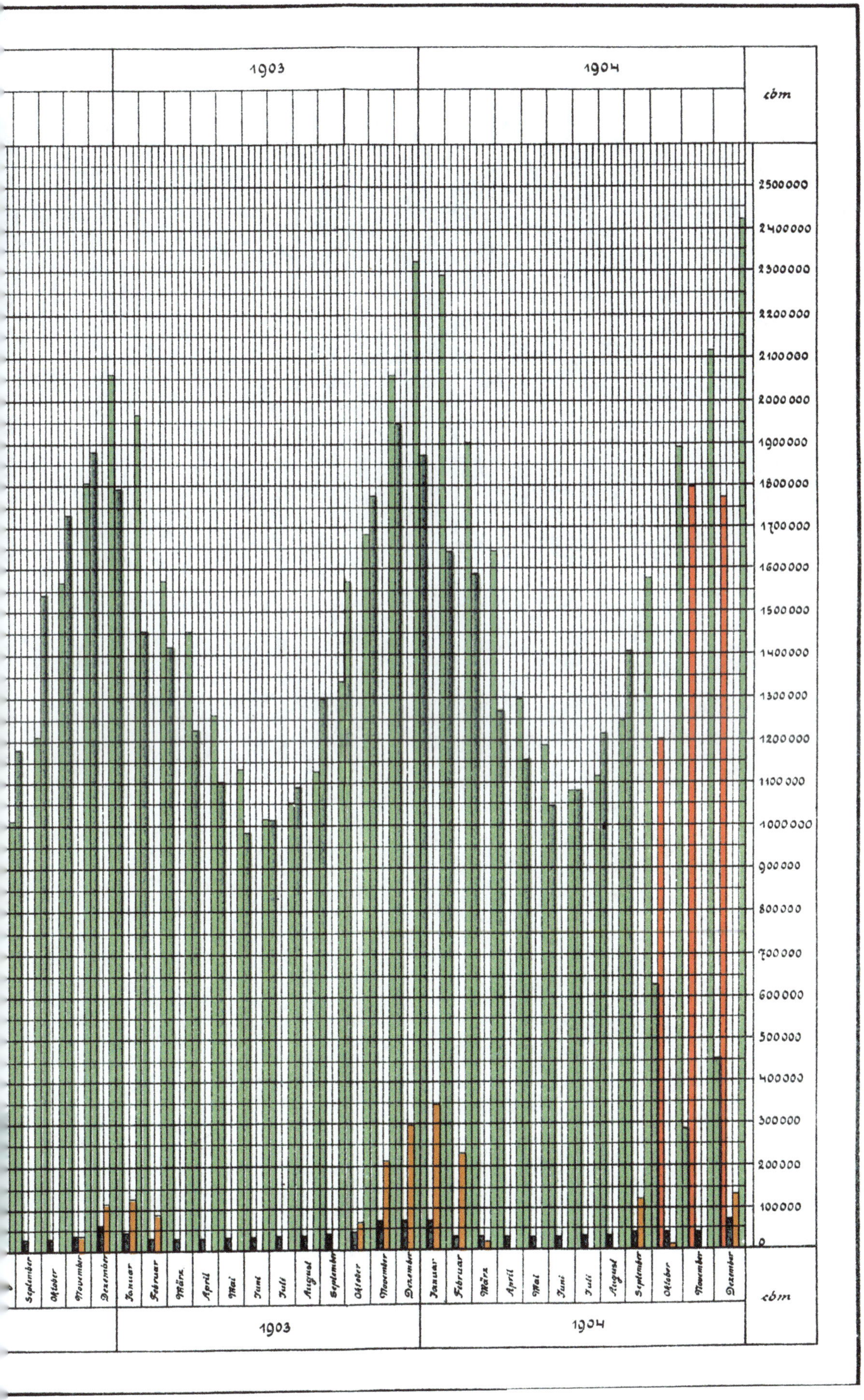
1903
1904
cbm
2500000
2400000
2300000
2200000
2100000
2000000
1900000
1800000
1700000
1600000
1500000
1400000
1300000
1200000
1100000
1000000
900000
800000
700000
600000
500000
400000
300000
200000
100000
0
September
Oktober
November
Dezember
Januar
Februar
März
April
Mai
Juni
Juli
August
September
Oktober
November
Dezember
Januar
Februar
März
April
Mai
Juni
Juli
August
September
Oktober
November
Dezember
cbm
1903
1904

kommenden deutschen Firmen zur Ausarbeitung und Einreichung entsprechender Projekte veranlaßt worden. Anschließend hieran wurde von den städtischen Kollegien mit den Beschlüssen vom 23. März und 3. April 1900 die Errichtung einer eigenen Abteilung für den Gaswerksneubau beschlossen und im Laufe des Jahres durchgeführt. Mit Ablauf des Monats Mai 1900 waren 3 Projekte für ein neues Steinkohlengaswerk in Nürnberg eingelaufen. Daß die Durcharbeitung derselben, dann die Aufstellung eines endgiltigen Planes für das neue Gaswerk und die bauliche, maschinen- und gastechnische Ausführung dieses Werkes einen erheblichen Zeitraum in Anspruch nehmen werde, lag klar zutage. Mit Rücksicht hierauf und

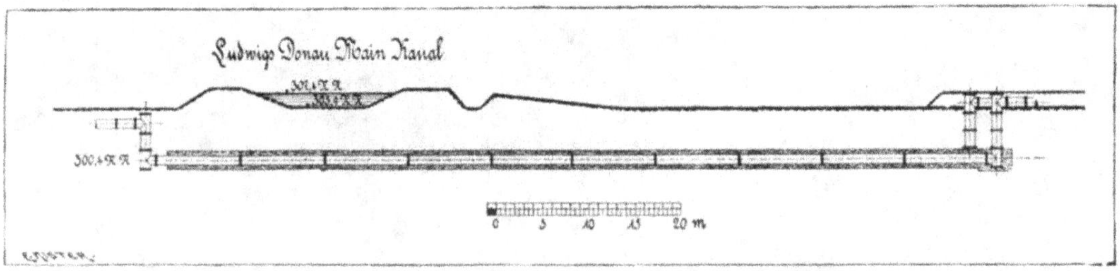

Fig. 21. Dückeranlage; Rohrverbindung zwischen dem neuen und alten Gaswerk.

auf die stets steigende Nachfrage nach Gas (s. Tabellen 9 und 10) wurde beschlossen, zunächst auf dem für den Neubau bestimmten Gelände einen Gasbehälter von 44000 cbm Fassungsraum herzustellen und denselben mit dem bestehenden Gaswerk durch eine Rohrleitung von 1 Meter Durchmesser zu verbinden und so alsbald für den Betrieb des alten Gaswerkes nutzbar zu machen.

Des weiteren wurde beschlossen, im Anschluß an den neu zu erbauenden Gasbehälter sofort eine Wassergasanlage mit einer Leistung von 5000000 cbm jährlich zu dem Zweck zu errichten, während der Bauzeit der Nachfrage nach Gas genügen zu können und nach Fertigstellung des neuen Gaswerkes ein Hilfs- und Ergänzungswerk zu demselben zu besitzen, ein Werk, welches auch die erforderliche Kraft zur Erzeugung von Elektrizität zum Betriebe der Beleuchtungsanlagen und der Maschinen des neuen Werkes liefern sollte.

In dieser Weise werden neben den wirtschaftlichen Vorteilen auch die vorzüglichen technischen Eigenschaften der Wassergasapparate ausgenützt. Diese Apparate gewähren eine große Anpassungsfähigkeit an die Schwankungen des Leuchtgasverbrauchs und gestatten sonach die Retortenöfen voll, bzw. besser zu belasten, als wenn diese allein die Schwankungen der Erzeugung aufzunehmen hätten. Außerdem sind sie leicht und mit wenig Arbeitern zu bedienen, was bei Arbeiterausständen von Bedeutung ist, und gestatten das Gas aus Grobkoks herzustellen, so daß bei unzureichenden kleinen Vorräten die Erzeugungsfähigkeit der Gasanstalt besser gesichert ist.

Am 5. November 1900 wurde mit der Herstellung der Behälterstandfläche auf dem für den Gaswerksneubau bestimmten Gelände begonnen. Es wurde für

Fig. 22. Anordnung der Schieber am Dücker durch den Ludwigs-Donau-Mainkanal.

zweckmäßig erachtet, abweichend von dem früher angenommenen Standorte den Gasbehälter nach dem Ludwigs-Donau-Main-Kanal zu verschieben. Die Festsetzung der Höhenlage des Gaswerksgeländes, die sich einesteils nach der Gestaltung des künftigen Großschiffahrtskanals, sowie nach der Einführungskote des Industriegeleises zu richten hatte, geschah im Einvernehmen mit der kgl. Bahnbehörde und dem Stadtbauamte und führte zu dem Ergebnis, daß die gesamte für das neue Gaswerk bestimmte Grundfläche schrittweise mit der baulichen Entwickelung der Gaswerksanlage durch

Tafel 2.

Aufriß.

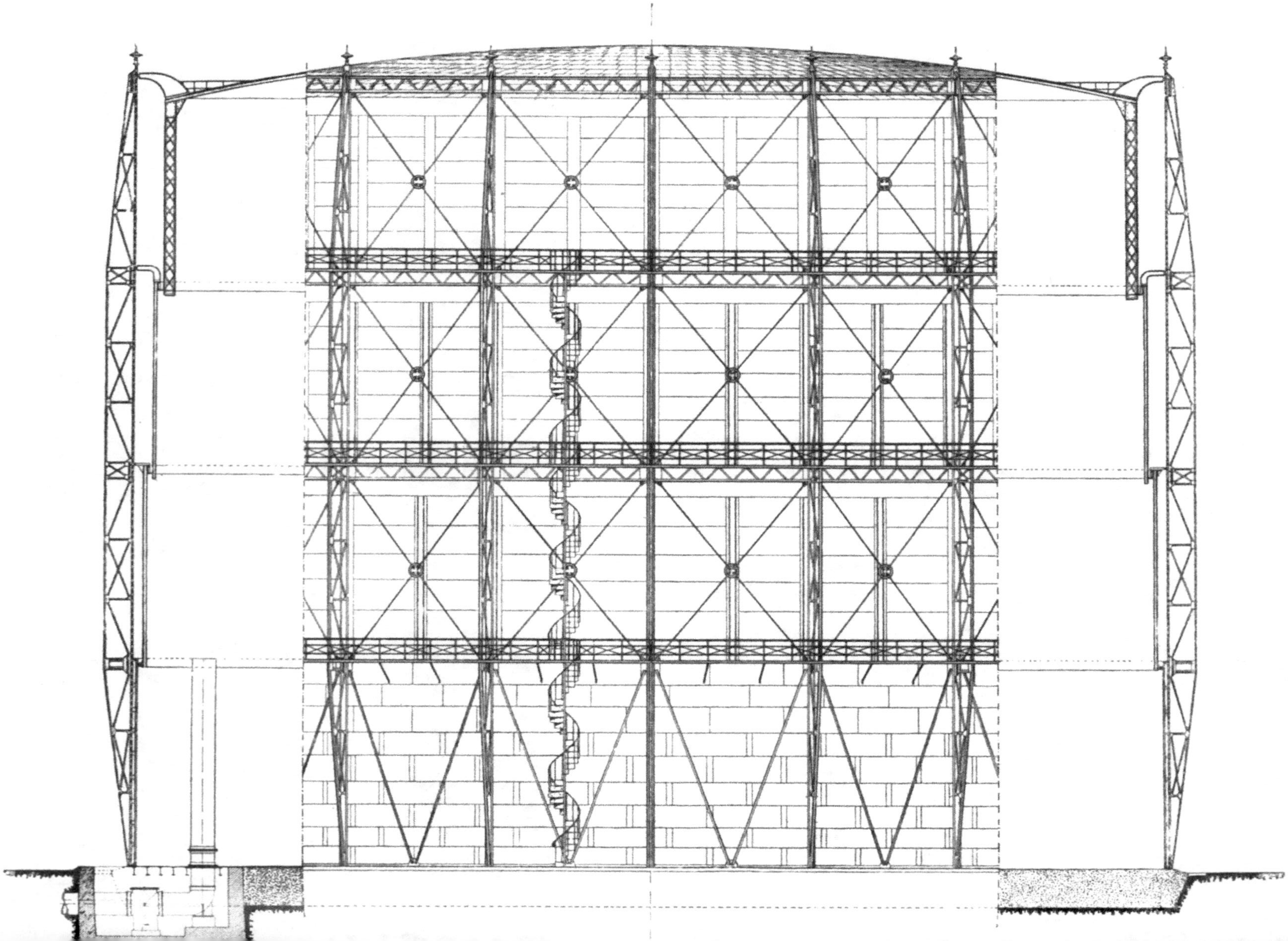

Grundriß.

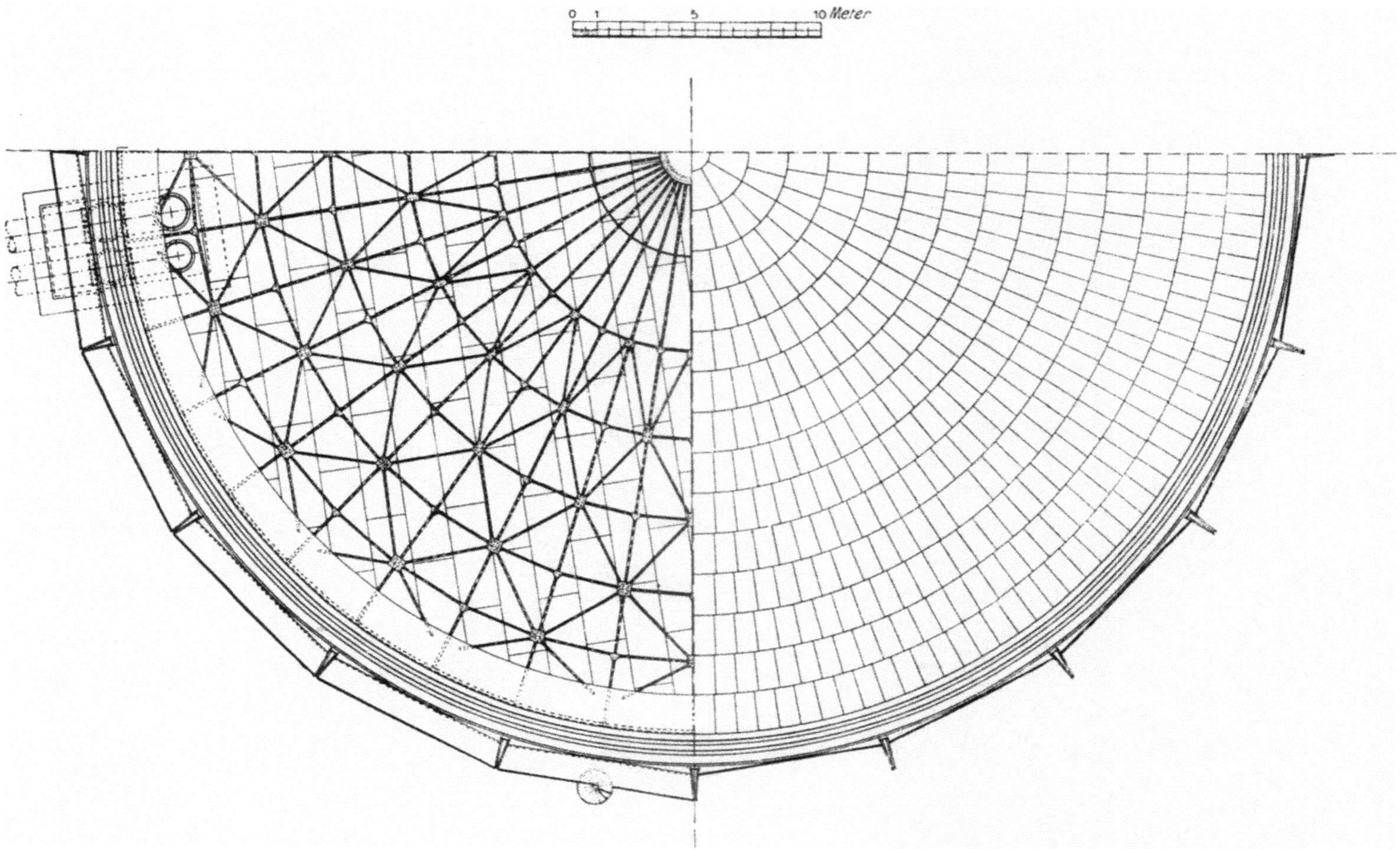

Teleskop=Gasbehälter von 44000 cbm Nutzinhalt.

Aufschüttung durchschnittlich 2 Meter zu erhöhen sei. Die Kote für die Behälterstandfläche bestimmte sich zu 309,055 N.N. Dank der unverhältnismäßig günstigen Witterung wurde das Fundament am 15. März 1901 fertig gestellt und am 20. März mit der Montage des Gasbehälters begonnen. Die Entwässerung der Standfläche wurde mit dem Hauptsammelkanal verbunden.

Am 9. November 1901 wurde der Behälter zur Wasserfüllung übergeben. Zur Füllung waren 16000 cbm Wasser notwendig, welche in der Zeit vom

Fig. 23. Teleskopgasbehälter von 44000 cbm Nutzinhalt im Bau.

9. November abends 6 Uhr bis zum 17. November vormittags 7 Uhr dem städtischen Rohrnetze entnommen wurden. Das Hochblasen des Behälters mit Luft dauerte vom 21. November morgens 10 Uhr bis zum 26. November nachmittags 3 Uhr. Am 30. November 1901 wurde das erste Gas vom alten Werk in den Behälter gelassen. Die Dichtigkeitsproben des Behälterbassins und der als Teleskop eingebauten 3 Gasbehälterglocken lieferten günstige Ergebnisse, so daß der Behälter als vollständig dicht dem Betriebe des alten Gaswerkes eingeschaltet werden konnte.

Das Gasbehälterbassin (s. Tafel 2) hat einen innern Durchmesser von 47,54 m und eine Höhe von 9,65 m. Es steht auf einer aus dünnen Lagen von etwa 20 cm aufgeschwämmten und gewalzten Sandschicht, über welche eine etwa 3 cm starke Decke aus einem Gemisch von Asche und Teer gelegt ist. Der Druck des Gasbehälterbassins, welches an allen Stellen auflagert und daher spannungslos ist, beträgt 0,973 kg auf den Quadratmeter, ist also wesentlich geringer als die zulässige Belastung von 2,5 kg auf den Quadratmeter. Für die Berechnung des Führungsgerüstes ist ein Winddruck von 250 kg für den Quadratmeter ebener Fläche, sowie eine einseitige Schneelast von 40 kg für den Quadratmeter Grundfläche der Decke und eine Materialbeanspruchung von 1000 kg für den Quadratcentimeter angenommen.

Der Teleskopbehälter hat Tangentialrollenführung, besteht aus 3 Teilen von je 9,4 m Höhe und gibt in ausgezogenem Zustande einen Druck von 280 mm Wassersäule.

Das Wasser in den Teleskoptassen und in dem Behälterbassin wird mittelst Dampfstrahlapparaten, welche durch eine besondere Leitung vom Dampfkesselhaus aus gespeist werden, geheizt.

Das Eisengewicht des Gasbehälters beträgt 1053880 kg, wovon 446620 kg auf den Teleskopbehälter und 607680 kg auf das Bassin nebst dem Führungsgerüst entfallen.

Durch die Beschlüsse der städtischen Kollegien vom 1., 5. und 8. Februar 1901 wurde der von dem Oberingenieur und jetzigen Gaswerkdirektor Terhaerst ausgearbeitete Entwurf einer Wassergasanstalt zur Ausführung genehmigt.

Von den verschiedenen, in der Praxis eingeführten Systemen wurde das von Delwick-Fleischer gewählt, mit dem bereits seit einem Jahre im alten Gaswerk zufriedenstellende Ergebnisse erzielt worden waren.

Die Hochbauten wurden vom städtischen Bauamte durch den Ingenieur Georg Kuhn entworfen und ausgeführt. Am 7. Mai 1901 wurde mit den Ausschachtungsarbeiten für die Hochbauten begonnen, und am 30. Dezember 1901 war die Wassergasanstalt, nachdem sie vorher in ihren einzelnen Teilen gruppenweise geprüft worden war, im vollen Umfange und in allen Teilen betriebsfertig.

Die Wassergasanstalt (s. Tafeln 3 und 4) ist als eine vollständig selbstständige Anlage ausgebildet. Sie besteht aus zwei größeren Gebäuden, von welchen das

Erläuterung.

1. Generatoren
2. Kühler
3. Ausgleichbehälter
4. Gassauger
5. Gebläse
6. Dampfmaschinen
7. Reiniger
8. Stations-Gasmesser
9. Gasmesser für den Gasmotorenbetrieb
10. Regenerierschuppen mit Hochbahn
11. Laufkran
12. Aborte

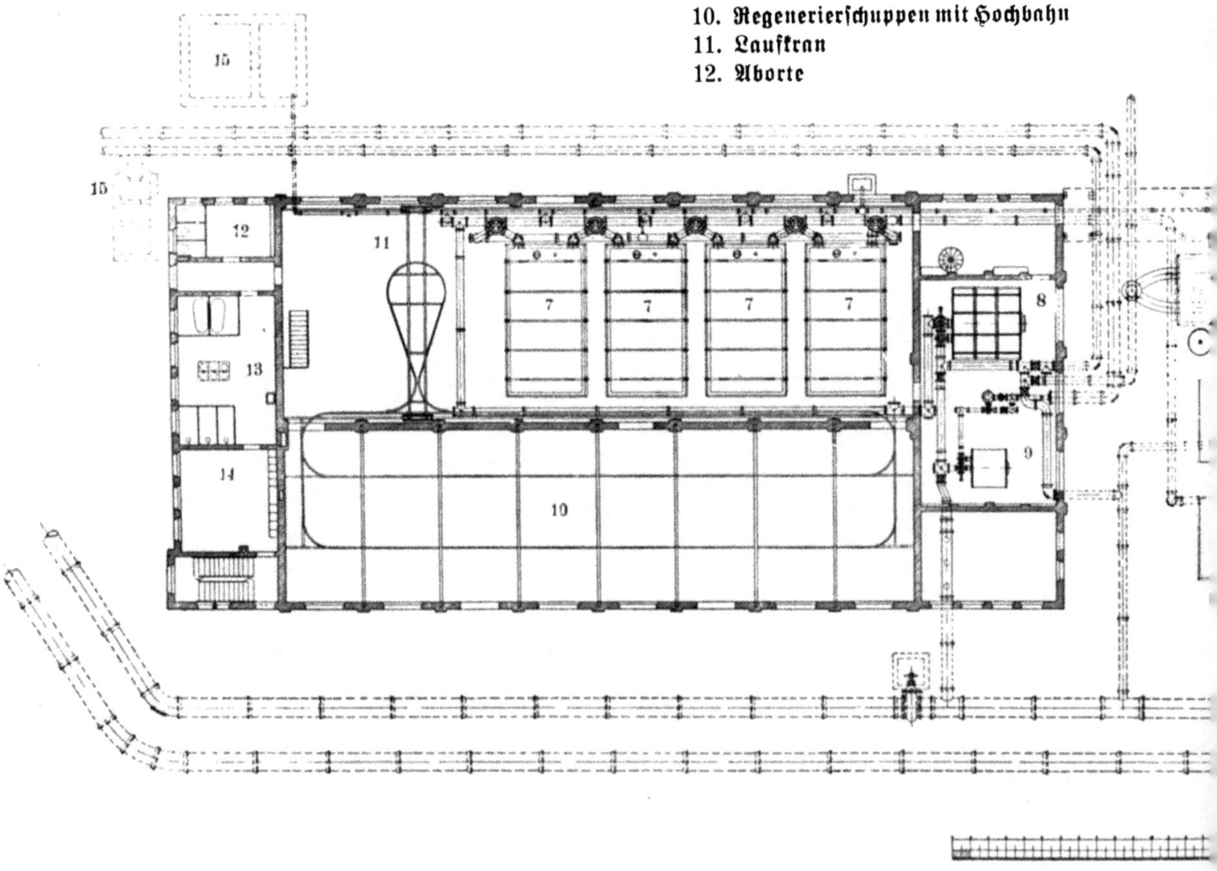

Wassergasanst

Tafel 3.

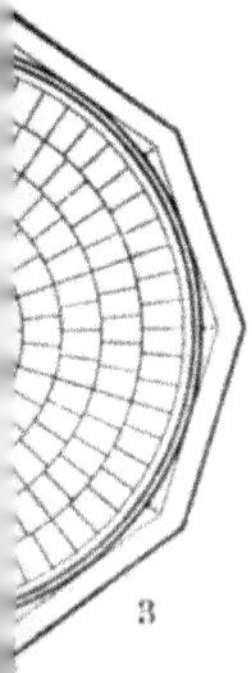

Erläuterung.

13. Bad
14. Arbeiterraum
15. Abwassergrube
16. Dampfkesselanlage
17. Schornstein
18. Kesselspeisepumpe
19. Elektrische Gleichstromcentrale
20. Akkumulatoren
21. Mammutpumpe
22. Kohlenschuppen
23. Wasserbrunnen
24. Stadtrohrleitung.

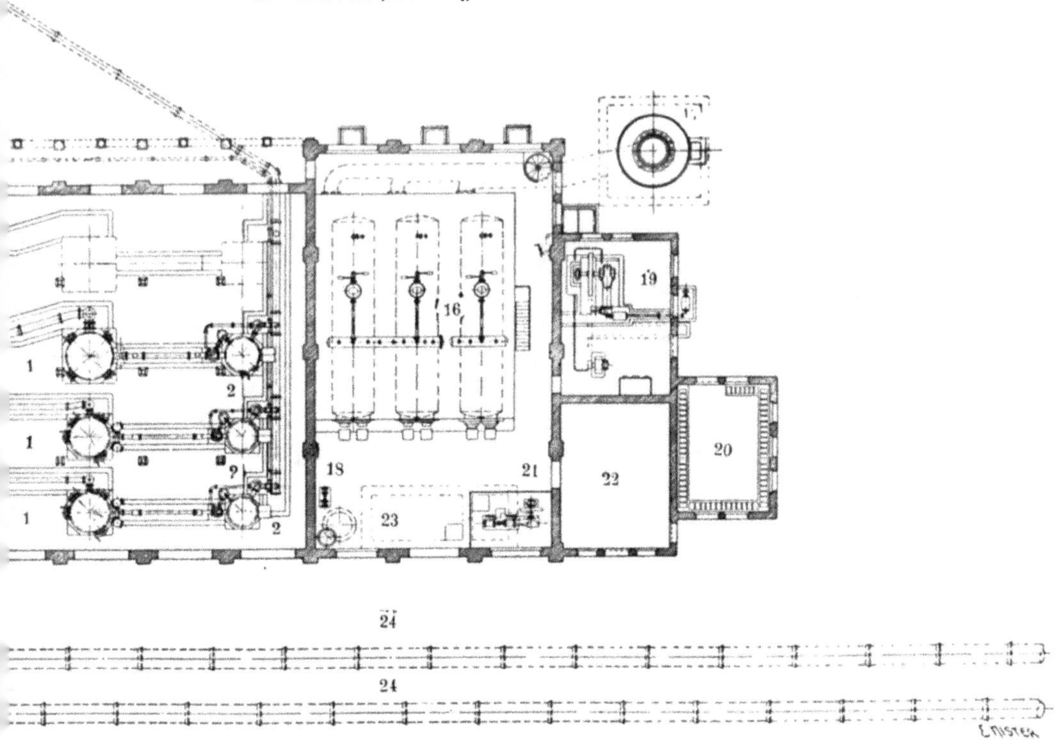

3).

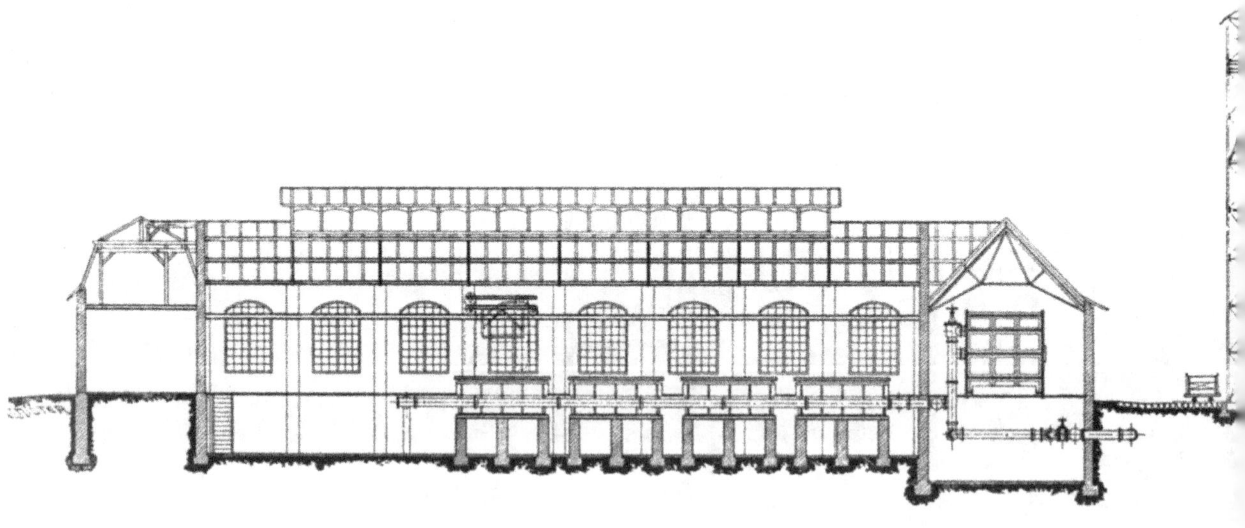

Wassergasanst

Zeichenerklärung f

Tafel 4.

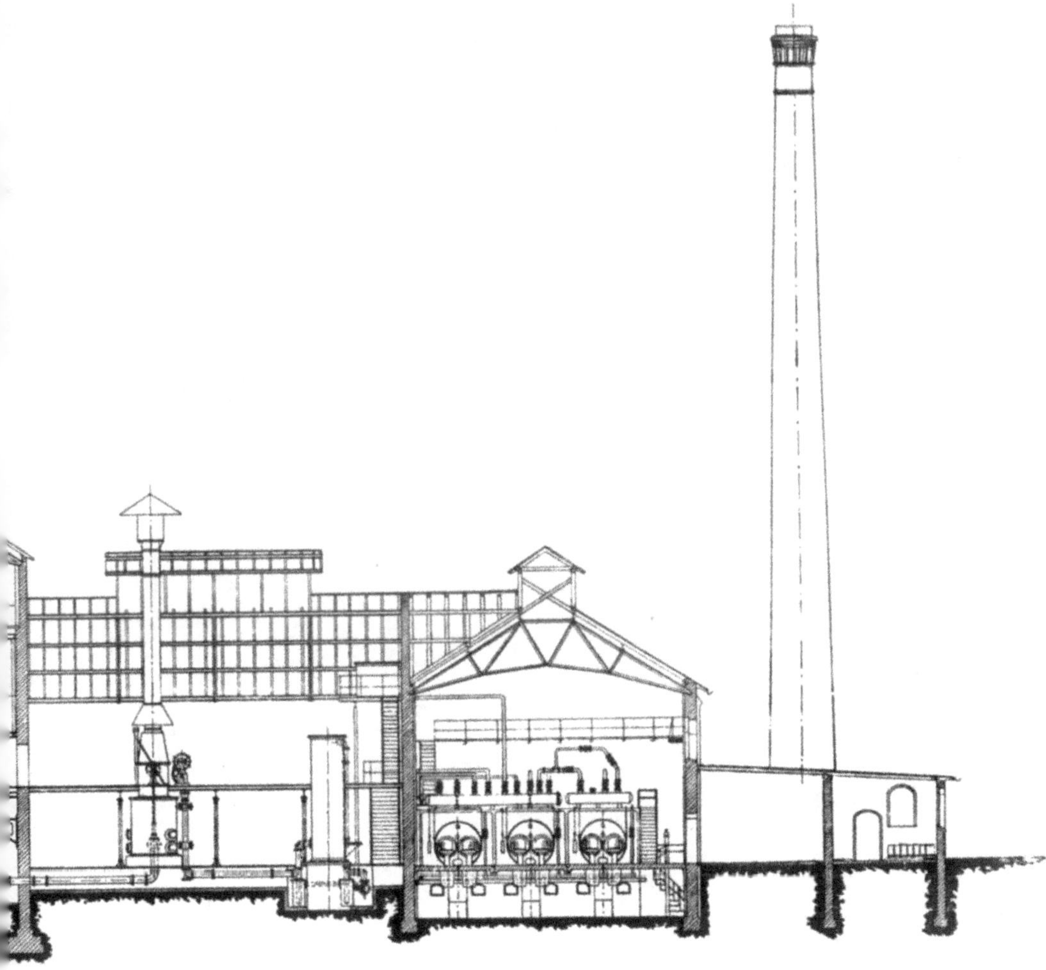

.itt.)

fel 3.

eine in getrennten Räumen die Gaserzeuger (Generatoren) und die Kühlapparate (Skrubber), die Dampfkessel, die Gebläsemaschinen, einen Kokslagerraum, sowie eine elektrische Licht- und Kraftanlage enthält. In dem zweiten Gebäude befinden sich die Reinigungsanlage mit Regenerierschuppen, der Gasmesser, ein Druckregler, ferner Bade- und Arbeiterräume und eine Meisterstube.

Die Generatoren und die Kühlapparate sind mit Rücksicht auf die Betriebssicherheit in einem von den andern Abteilungen völlig abgesonderten Raume im

Fig. 24. Gesamtansicht der Wassergasanstalt.

Mittelbau angeordnet. Zunächst sind zwei Gaserzeuger für je 250—300 cbm stündlicher Leistungsfähigkeit, sowie ein solcher für 500—600 cbm Stundenleistung aufgestellt worden. Der letztere nebst dem dazu gehörigen Skrubber stammt aus dem Betrieb des alten Werkes.

Um die Tagesleistung noch weiter steigern zu können, ist genügender Raum für einen weitern Generator von 500—600 cbm Stundenleistung vorgesehen.

Die Generatoren und Skrubber stehen abweichend von der sonst gebräuchlichen Anordnung räumlich weit voneinander getrennt, damit die strahlende Wärme der

Generatoren dem Berieselungswasser der Skrubber nicht mitgeteilt werde. Die Generatoren sind ferner mit einem Isoliermantel versehen.

Die Bedienung der Generatoren geschieht von der Arbeitsbühne aus, welche sich in der Höhe von 3,90 m als Zwischendecke über den ganzen Generatorenraum erstreckt. Von hier aus werden dieselben mit Koks beschickt.

Auf gleicher Höhe mit der Arbeitsbühne befindet sich ein gegen den Generatorenraum abgeschlossener Aufenthaltsraum für die Generatorarbeiter.

An den Generatorraum schließt sich seitlich der Maschinenraum an. In diesem sind die Gassauger und ferner die Gebläse für die Erzeugung der zum Warmblasen der Generatoren erforderlichen Druckluft aufgestellt. Die Gebläsemaschinen werden unter Zwischenschaltung eines hochliegenden Transmissionsstranges von Dampfmaschinen angetrieben.

In einem über der Maschinenanlage liegenden Raum sind die Koksbunker angeordnet. Diese bestehen aus Schmiedeeisen und sind mit schrägen Böden und trichterförmigen Auslaßöffnungen versehen.

Das Koksmaterial wird auf einer Schmalspurbahn vom Koksplatz bis zum Generatorhaus befördert und hier durch einen doppelt wirkenden, elektrisch betriebenen Aufzug 11,50 m hoch bis zu den Koksbunkern gehoben. Aus diesen wird es in Transportwagen eingelassen, welche zunächst über eine Wage und dann über die Füllöffnung des Generators gefahren werden.

Auf der dem Maschinenraum entgegengesetzten Seite des Mittelbaues liegt das Kesselhaus. Dasselbe enthält 3 Flammrohrkessel von je 100 qm Heizfläche, welche mit Koksabfallfeuerung „System Kudlicz" eingerichtet sind. Die Kesselanlage hat nicht allein den Dampf für die Wassergaserzeugung, sondern auch für den gesamten Gaswerksbetrieb zu liefern. Das beim Dampfkesselbetrieb benötigte Wasser liefert eine im Kesselhaus aufgestellte Mammutpumpenanlage. Durch diese Pumpenanlage wird auch das zur Berieselung der Wassergasskrubber erforderliche Wasser in einen Hochbehälter im Generatorraume gefördert.

In einem Anbau ist eine kleine elektrische Gleichstromzentrale vorhanden, die zur Beleuchtung der Wassergasanstalt und zum Betrieb des daselbst aufgestellten Aufzuges dient und außerdem die Notbeleuchtung des Gaswerkes übernimmt.

In einem weiteren Anbau ist eine Akkumulatorenbatterie untergebracht. Der Betrieb der Dynamomaschine geschieht durch einen 30 PS Wassergasmotor. Die Reinigeranlage in dem zweiten Gebäude besteht aus 4 Reinigern mit je 32 qm Grundfläche. Sollen die Reinigerkästen beschickt oder entleert werden, so wird der Deckel mittelst eines Laufkrans emporgehoben, beiseite gelegt und sodann die Reinigungsmasse mittelst einer Hängebahn in den am Reinigerhaus angebauten Regenerierschuppen befördert.

Unmittelbar neben dem Uhren- und Regler-Raum, mit dem Maschinen-, Generatoren- und Kesselhaus durch einen überdeckten Gang verbunden, befindet sich das Meisterzimmer, darüber ein kleines Lager für Armaturen und Geräte. Auf

Fig. 25. Dampfkesselanlage.

der andern Seite des Gebäudes liegen ein Arbeiteraufenthaltsraum, ein Baderaum und die Bedürfnisanstalten.

In kurzer Entfernung von dem Generatorgebäude ist ein teleskopierter Gasbehälter mit schmiedeeisernem Bassin von einem nutzbaren Inhalt von 2000 cbm aufgestellt, welcher als Ausgleichsbehälter für die Wassergaserzeugung dient.

Wie bereits eingangs erwähnt, ist das Wassergas vornehmlich zum Betrieb der Maschinen des Werkes, bezw. zur Sicherung des Steinkohlengasbetriebes bestimmt. Zu letzterem Zwecke wird es infolge der außerordentlichen Betriebsbereitschaft der Wassergasgeneratoren, welche die Gaserzeugung innerhalb 1—2 Stunden nach dem Anheizen gestatten, besonders geeignet.

Das in den Generatoren erzeugte Gas gelangt durch die Skrubber in den Ausgleichbehälter und durch die Schwefelwasserstoffreinigung nach dem Produktionsgasmesser. Von da aus geht das für den Betrieb der Gasmotoren erforderliche Gas durch eine besondere Uhr in die elektrische Zentrale, während der Überschuß der Gaserzeugung der Steinkohlengasleitung vor den Luftkühlern zugeführt wird.

Fig. 26. Gleichstromzentrale in der Wassergasanstalt.

In diesem Falle durchstreicht das Wassergas zusammen mit dem Steinkohlengas die Apparate des Steinkohlengaswerks. Dieses Verfahren bietet die Gewähr für eine innige und gleichmäßige Mischung beider Gasarten und besitzt den Vorteil eines Gewinnes an Heizwert, da ein Teil von Kohlenwasserstoffen, welcher sich bei der Abkühlung des reinen Steinkohlengases niederschlagen würde, in dem Mischgase erhalten bleibt.

Solange das neue Steinkohlengaswerk noch im Bau begriffen war, wurde der Mischgasbetrieb in der nachstehend beschriebenen Weise bewerkstelligt.

Die im Maschinenraum aufgestellten Gassauger entnahmen dem Ausgleichbehälter das Wassergas und gleichzeitig dem Hauptrohr zwischen dem Gaswerk Rothenburgerstraße und dem großen Gasbehälter in Sandreuth das Leuchtgas und drückten beide Gasarten gemischt durch die Wassergasreinigung und den Produktionsgasmesser in den großen Gasbehälter. Aus diesem führte ein 600 m weites Rohr wieder in das Gebäude zurück und das Mischgas konnte nun entweder unmittelbar in das alte Gaswerk oder durch den Vordruckregler und den Stadtdruckregler nach der Stadt geleitet werden. Kurz vor dem Eintritt in die Stadthauptrohrleitung wurde das Mischgas noch mit Benzol karburiert. Die Karburierapparate haben mit der Inbetriebnahme des neuen Steinkohlengaswerkes in dem Uhren- und Reglergebäude des letztern Aufstellung gefunden.

Gesamtansicht des neuen Gaswerkes in Nürnberg.

IV.

Das neue Gaswerk in Sandreuth.

Für ein neu zu erbauendes Steinkohlengaswerk lagen zu Beginn des Jahres 1902 Entwurf und Kostenanschlag vor, beide bearbeitet von dem städt. Oberingenieur und jetzigen Gaswerkdirektor Rudolf Terhaerst. Diese Vorlagen fanden auf Gutachten des Ausschusses vom 14. Februar 1902 die Zustimmung der städtischen Kollegien mit den Beschlüssen vom 18. und 25. Februar 1902.

Die Anlage des neuen Werkes ist stufenweise beabsichtigt. Der erste Teil ist für eine jährliche Erzeugung von 20 000 000 cbm Gas auszuführen. Im Anschlusse an diesen ersten Teil der Anlage und im harmonischen Zusammenhang mit demselben soll später eine Ausgestaltung des Werkes bis zu einer Erzeugungsfähigkeit von jährlich 60 000 000 cbm Gas erfolgen. (s. Tafel 5 u. 6.)

Die Kosten der Gesamtanlage wurden berechnet auf ungefähr 3 099 471 Mk. für Grunderwerbung und Sonstiges, 2 760 000 Mk. für Hochbauten, 3 870 000 Mk. für Maschinen und Apparate, zusammen auf rund 10 000 000 Mk.

Die Hochbauten mit Ausnahme des Ofenhauses und der übrigen Fachwerksbauten wurden von dem städtischen Bauamt durch den Ingenieur Georg Kuhn entworfen und ausgeführt.

Mit dem Bau des ersten Teiles der Anlage wurde im Herbst 1902 begonnen.

Der hochliegende Grundwasserstand des für die Anlage bestimmten Geländes gab Veranlassung, vor dem Beginn der eigentlichen Bauarbeiten eine vollkommene

Fig. 27. Kohlentransport im alten Gaswerk.

Kanalisation des ganzen Baugeländes auszuführen. Es wurden deshalb bereits während der Projektierungsarbeiten für die Hochbauten entsprechend dem Antrage des städtischen Bauamtes durch die Beschlüsse der städtischen Kollegien vom 1. und 11. April 1902 hierfür ein Betrag von 54 000 Mk. bewilligt. Die Arbeiten begannen am 30. April und waren am 17. Juli in der Hauptsache beendigt.

Mit einer Anschlagssumme von 1 837 470 Mk. bewilligten die städtischen Kollegien am 23. und 30. September 1902 die Ausführung der Fabrikgebäude.

Die Erdarbeiten hiezu wurden am 13. Oktober begonnen und ohne Unterbrechung auch während der Wintermonate betrieben.

Am 8. August waren die einzelnen Anlagenteile der Maschinen- und Apparatenanlage vergeben, nachdem die städtischen Kollegien mit den Beschlüssen vom 1. und 11. April 1902 hiefür einen Pauschalkredit von 4000000 Mk. bewilligt hatten.

Am 1. Oktober 1904, genau an dem hiefür festgesetzten Tage, wurde mit der Gaserzeugung im neuen Werk begonnen.

In der Überzeugung, daß die Inbetriebsetzung einer solch umfangreichen Gaswerksanlage durch Bildung von explosiblen Gasgemischen die größten Gefahren in sich birgt, wurde dieselbe mit äußerster Sorgfalt und unter Anwendung aller Vorsichtsmaßregeln vorgenommen und glücklich und ohne jeden Unfall durchgeführt.

Für die Bearbeitung des Entwurfes des neuen Steinkohlengaswerkes waren in der Hauptsache die nachstehenden Fragen grundsätzlich maßgebend:

1. die Größenbestimmung des Gaswerkes
2. die Raumverteilung des zur Verfügung stehenden Grundstückes
3. die Erweiterungsfähigkeit der Gasanstalt
4. die Wahl der Apparatensysteme
5. die Größe und Anordnung der Gasbehälter
6. die Anordnung der Zentral-Kraftstation
7. die Geleisanlage und deren Betrieb
8. die Anlage der Hauptstraße.

1. Die Größenbestimmung des Gaswerkes.

Bei der Größenbestimmung konnte man sich naturgemäß nicht nur auf den Gasbedarf der innern Stadt und die Vororte beschränken, sondern mußte auch für eine Reihe von Jahren der zu erwartenden Entwickelung der Stadt Nürnberg Rechnung tragen; auch kommt hierbei die zweckentsprechende Ausnützung des zur Verfügung stehenden Geländes in Betracht unter Berücksichtigung des wirtschaftlichen Standpunktes, daß das Gaswerk möglichst lange, mindestens bis zum Ablauf der Tilgungsdauer an derselben Stelle verbleiben kann.

Die statistischen Erhebungen über die Bevölkerungsbewegung und Gaszunahme in Nürnberg führten zu dem Ergebnis, daß im allgemeinen die Steigerung des Gasverbrauches unmittelbar von der Zunahme der Bevölkerung abhängig ist. Aus den Volkszählungen ergaben sich für das jetzige, durch die Einverleibung von Vororten erweiterte Stadtgebiet im Jahre

1875	109 700	Einwohner
1880	123 000	„
1885	141 300	„
1890	171 700	„
1895	195 700	„
1900	261 000	„

Der jährliche Bevölkerungszuwachs in diesem Zeitraume von 25 Jahren stellt sich prozentual auf 3,52%, ein Wert, der seiner absoluten Größe nach als ein außerordentlich großer Zuwachskoeffizient bezeichnet werden muß.

Es ist kaum anzunehmen, daß dieser Bevölkerungszuwachs auch in Zukunft in gleicher Weise andauern wird, und daher wurde für die voraussichtliche Entwickelung der nächsten Zeit ein mittlerer Jahreszuwachs von etwa 3% angenommen, eine Zahl, die im Verhältnis zum Wachstum anderer Städte immer noch sehr erheblich ist.

Unter Zugrundelegung dieses Zuwachskoeffizienten von 3% im Jahre ergibt sich die Bevölkerungsziffer für die nächste Zeit wie folgt:

Ende	1910	350 700	Einwohner
„	1920	471 300	„
„	1930	633 500	„
„	1940	851 300	„
„	1950	1 144 000	„

Hiernach würde die Stadt Nürnberg nach 50 Jahren die Einwohnerzahl von 1 Million überschritten haben, und es muß praktisch tatsächlich mit einer solchen Vergrößerung gerechnet werden, ganz abgesehen von dem Zeitpunkte, in welchem dieselbe eintritt.

Um nun die Gasmenge festzustellen, ist noch der spezifische Gasverbrauch pro Kopf und Jahr anzugeben. Für den vorliegenden Fall kann es sich nicht darum handeln, diese Verbrauchsziffer ängstlich zu ermitteln, durchschnittliche Zahlen werden genügen.

Der Gasverbrauch pro Kopf und Jahr betrug:

1887 =	49,6 cbm	1890 =	50,3 cbm
1888 =	50,6 „	1891 =	50,2 „
1889 =	51,0 „	1892 =	49,9 „

Fig. 28. Das Kokslöschen im alten Gaswerk.

1893 =	51,3 cbm	1895 =	54,1 cbm
1894 =	52,5 „	1896 =	54,4 „

1897 = 52,0 cbm	1899 = 51,6 cbm
1898 = 52,9 „	1900 = 55,8 „

also im Durchschnitt 51,94 oder rund 52 cbm.

Die durchschnittliche Gaszunahme betrug vom Jahre 1887 bis 1898, also in einem Zeitraum von 10 Jahren, 4,3% und stieg, wohl veranlaßt durch den regen Geschäftsgang, bis auf 15,6% im Jahre 1900. Auch hier ist nicht anzunehmen, daß diese schnelle Gaszunahme in gleicher Weise andauern wird, und daher ist für die Zukunft eine geringere Entwickelung vorauszusehen.

Man wird der Wahrheit voraussichtlich näher kommen, wenn der spezifische Gasverbrauch zu 55 cbm angenommen wird. Unter Berücksichtigung dieser Zahl würde die für 60000000 cbm Jahresleistung entworfene Leuchtgasanstalt bis zum Jahre 1950 vollkommen ausreichen.

2. Raumverteilung des zur Verfügung stehenden Grundstückes.

Nach Abzug der mit Rücksicht auf die Verbreiterung des Ludwigs-Donau-Main-Kanals und den Ausbau des Sandreutherweges abzutretenden Geländes hat das zur Verfügung stehende Grundstück eine Größe von 147000 qm.

Bei dem Entwurf der gesamten Gaswerksanlage ist auf den mechanischen Transport von Kohlen sowohl, als auch von Koks Rücksicht genommen. Hierdurch und durch die Lage des Industriegeleises zum Baugelände ist die Anordnung der Betriebsgebäude zu einander bedingt.

Das Gaswerksgeleise wird aus den Industrie-Muttergeleisen im westlichen Teile des Rangierbahnhofes abgezweigt und längs der nördlichen Seite, der westlichen Ausfahrt über den Ludwigs-Donau-Main-Kanal und den Maiacherweg weitergeführt, worauf es sich östlich an die Personenzugsgeleise von München nach Nürnberg-Zentralbahnhof anschmiegt.

Die Kohlenschuppen erhalten daher ihre Lage neben diesem Bahnkörper, und es ist darauf geachtet, daß auch die Kohlenzufuhr vom Ludwigs-Donau-Main-Kanal aus eingerichtet werden kann. Die Retortenhäuser sind in unmittelbarer Nähe der Kohlenschuppen angeordnet, und vor denselben befinden sich die Koks-Aufbereitungsanlagen, von wo aus der Koks entweder auf dem Koksplatz verteilt oder der am Eingang des Gaswerkes aufgestellten Koks-Verkaufsstelle zugeführt werden kann. Der in Fuhrwerke und Eisenbahnwagen zu verladende Koks wird unmittelbar aus den

Hochbehältern der Koksaufbereitungsanlage abgelassen. Durch diese Art der Anlage der Koksverkaufsstelle brauchen Kokskäufer die Straßen, die durch die ganze Fabrikanlage führen und mit Schienengeleisen belegt sind, nicht betreten.

Dem Gange des Gases entsprechend sind die Apparatengebäude gegenüber den Retortengebäuden und zwar hintereinander angeordnet, so daß die verschiedenen, der Beaufsichtigung unterworfenen Räume so gelegen sind, daß nur verhältnismäßig kurze Wege zu begehen erforderlich ist, um die ganze Anlage bequem beaufsichtigen

Fig. 29. Koksseparation im alten Gaswerk.

zu können. Die Lage des Stationsgasmesser= und Reglergebäudes ist mit Rücksicht auf die kürzeste Führung der Gasleitung zwischen den Gasbehältern gewählt. Die Gasbehälter finden sodann hinreichenden Platz auf der südöstlichen Spitze des Grundstückes, auf der westlichen Seite des Kanals.

Die Ammoniakverarbeitungsanlage (Ammoniakfabrik) ist in unmittelbarer Nähe der Behälter für Teer und Ammoniak angeordnet.

Der Wasserbehälter für die Wasserversorgung des Gaswerkes ist in einem besonderen, an der westlichen Seite des Reinigerhauses angebauten Turm untergebracht, während sich die Brunnenpumpen neben der elektrischen Licht- und Kraftanlage befinden.

Die elektrische Licht- und Kraftanlage liegt auf der einen Seite des Uhren- und Reglergebäudes, während sich auf der anderen Seite desselben ein Haus für die Speisen- und Getränkeabgabe befindet. In dem gleichen Hause sind Räume zum

Fig. 30. Koksverkauf im alten Gaswerk.

Aufenthalt der auf dem Fabrikhofe beschäftigten Arbeiter und eine unter der Aufsicht eines Arztes stehende Sanitätsstation vorhanden.

Die Aufenthaltsräume, sowie die Baderäume für die Feuerarbeiter sind in den Retortenhaus-Anbauten untergebracht, während die Werkstätten und die Magazine an der Hauptzufahrtsstraße zum Gaswerk geeigneten Platz gefunden haben.

Das Verwaltungsgebäude ist neben der Einfahrt zur Gasanstalt gelegen, ebenso das Gebäude für die Bedienstetenwohnungen.

Die Haupteinfahrt zu der Gasanstalt geht von der Sandreuthstraße aus, und sind an derselben das Pförtnerhaus, sowie zwei Fuhrwerkswagen errichtet. Dem Haupteingang gegenüber ist ein großer freier Platz geschaffen, um die Übersichtlichkeit der gesamten Gaswerksanlage zu ermöglichen. Bei dieser Verteilung der Gebäude auf dem zur Verfügung stehenden Grundstücke wird ein durchaus übersichtlicher Betrieb ohne Raumverschwendung erreicht, auch ist eine allen Anforderungen entsprechende Geleiseanlage gewählt worden, damit eine Stockung im Rangier-Verkehr nicht eintreten kann.

3. Erweiterungsfähigkeit der Anlage.

Das Steinkohlengaswerk ist für eine jährliche Leistungsfähigkeit von 60000000 cbm Leuchtgas entworfen. Zur Erreichung dieser Leistung sind 3 Ofen- und Apparatengruppen von je 20 Millionen cbm Jahresleistung derart angelegt, daß dieselben unabhängig von einander zur Ausführung gelangen und in Betrieb genommen werden können.

Jede dieser 3 Gruppen zerfällt wieder in 2 Unterabteilungen von je 10000000 cbm Jahresleistung, so daß die ganze Gaswerksanlage aus 6 einzelnen Systemen von je 10000000 cbm Jahresleistung oder 50000 cbm Tagesleistung besteht, welche ganz nach Belieben zusammen oder getrennt von einander arbeiten können.

Eine solche Anordnung bietet den überaus wichtigen Vorteil einer großen Betriebssicherheit.

Da die Gaserzeugung in der alten Gasanstalt bereits 16000000 cbm überschritten hatte, so wurde zunächst die erste Gruppe von 20000000 cbm Jahresleistung oder 100000 cbm Tagesleistung angelegt.

Der Kohlenschuppen hat eine Größe erhalten, welche es ermöglicht, für 2 Monate des stärksten Gasverbrauches, d. i. etwa 23% des Jahresbedarfes an Kohlen (15000 Tonnen) lagern zu können, was mit Rücksicht auf die Lage Nürnbergs zu den Kohlenbezirken bedingt ist.

Das Retortenhaus ist mit 4 Ofenblöcken zu je 8 Stück 9er Öfen ausgerüstet, später kann, wie aus dem Lageplan (s. Tafel 6) ersichtlich ist, ein zweites, sowie ein drittes Retortenhaus mit entsprechendem Kohlenschuppen in gleicher Lage zum Bahnkörper auf dem Grundstücke errichtet werden.

Für die Apparatengebäude gilt dasselbe wie für das Ofenhaus und den Kohlenschuppen.

Neben den jetzt ausgeführten Gebäuden ist für eine spätere Erweiterung hinreichend Platz vorhanden, dagegen sind das Uhren- und das Reglerhaus und die Ammoniakfabrik, bei welchen Gebäuden eine Teilausführung wenig ersparend gewesen wäre, gleich für die Gesamtleistung, also für die Aufnahme aller zum Teil erst später aufzustellenden Apparate bemessen.

Die nicht zum engeren Gasanstaltsbetriebe gehörigen Bauten sind in genügender Größe vorgesehen.

Fig. 31. Koks-Kleinverkauf im alten Gaswerk.

4. Wahl der Apparatensysteme.

Kohlenförderanlage. Das Industriegeleise teilt sich beim Eintritt in das Gaswerk in drei Hauptstränge, welche gegen den Ludwigs-Donau-Main-Kanal auf einer gemeinschaftlichen Drehscheibe zusammenlaufen. Die an den beiden Längsseiten des Kohlenschuppens vorbeiführenden Geleise dienen zur Anfuhr der Kohlen, während der dritte Strang für die Abfuhr der Nebenerzeugnisse vorgesehen ist. Zur Gewichtskontrolle der ankommenden, sowie der abgehenden Materialien ist eine Brückenwage ohne Geleiseunterbrechung angeordnet.

Die mit der Eisenbahn ankommende Kohle wird vermittelst einer **Waggonkippvorrichtung** entladen, welche in das durchgehende, normalspurige Fabrikgeleise über den Verteilungstaschen für die unten liegenden Brech- und Becherwerke eingebaut ist, so daß der Inhalt des Eisenbahnwagens in diese Taschen entleert werden kann.

Die Kippvorrichtung besteht aus der eigentlichen, schwenkbaren Kippbühne, deren Unterstützung und der mechanischen Einrichtung für die Bewegung der Bühne.

Fig. 32. Kohlenentladung durch den Waggonkipper (Rückansicht).

(s. Tafel 7). Die etwa 9,50 m lange und etwa 3,80 m breite Bühne gleicht in ihrer Konstruktion einer kleinen Eisenbahnbrücke, und ist so stark gebaut, daß über die Bühne in ihrer Horizontalstellung oder Ruhelage ganze Eisenbahntransportzüge einschließlich der Lokomotiven verkehren können.

Für diesen Fall des Verkehrs ist die Bühne in 3 Punkten unterstützt und zwar am rückwärtigen Querträger durch unmittelbare Auflage des letzteren auf einem teilweise elastischen Stützpunkt mit Holzfutter, in der Mitte an den Drehzapfen der Bühne und am vorderen niederkippenden Ende der Bühne durch eine starke Ver-

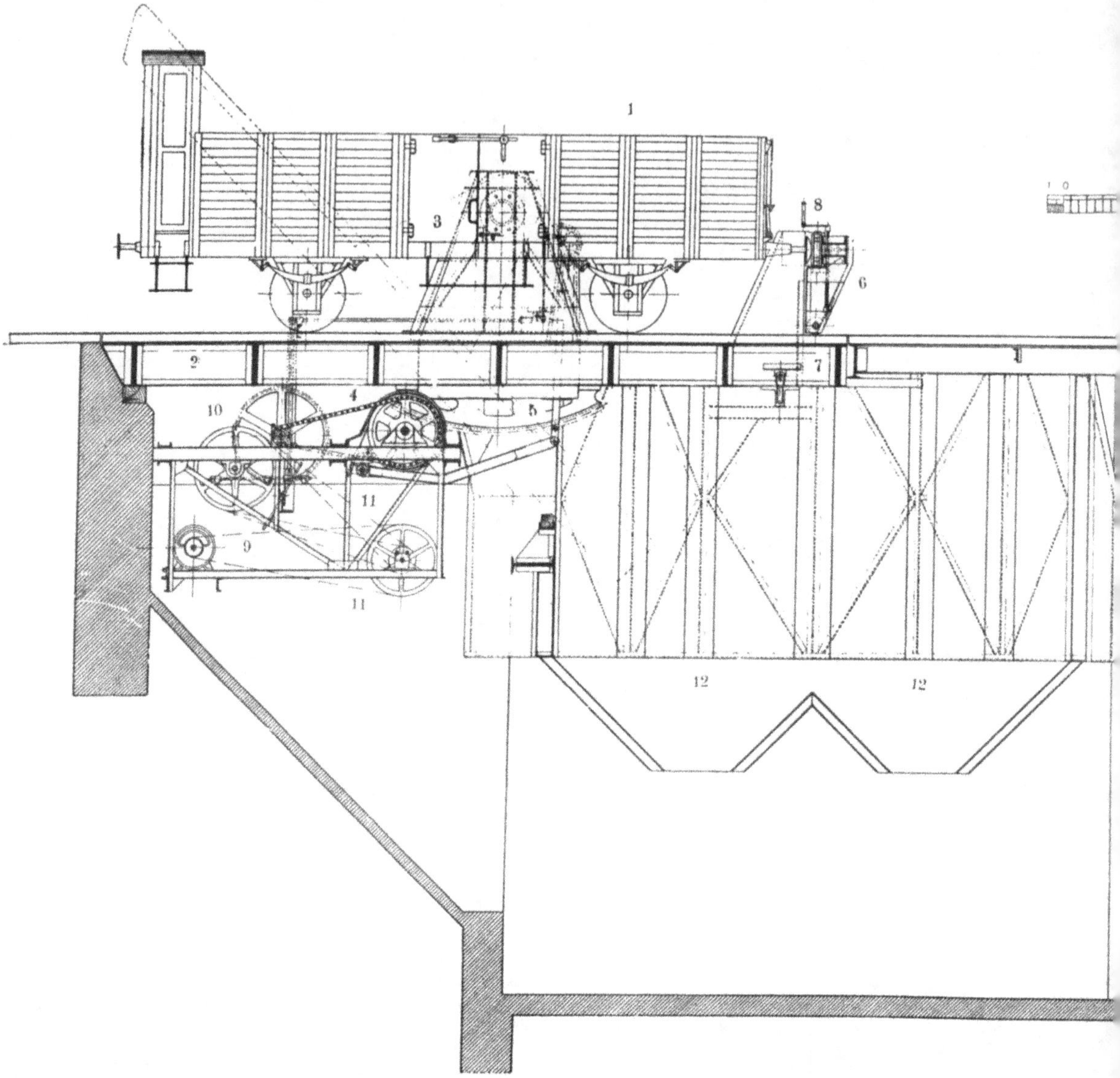

Erläuterung.

1. Eisenbahnwagen
2. Drehbare Brücke
3. Drehpunkte der Brücke
4. Bremsscheiben
5. Zahnsegmente und Ritzel
6. Drehbare Buffertraverse
7. Verriegelung
8. Feststellvorrichtung für Buffertraverse
9. Elektromotor
10. Zahnradvorgelege für Bremsvorricht
11. Riementrieb zur Beschleunigung des
    kippens der Brücke
12. Verteilungstaschen für Kohlen.

Eisenbahn=Wagg

Tafel 7.

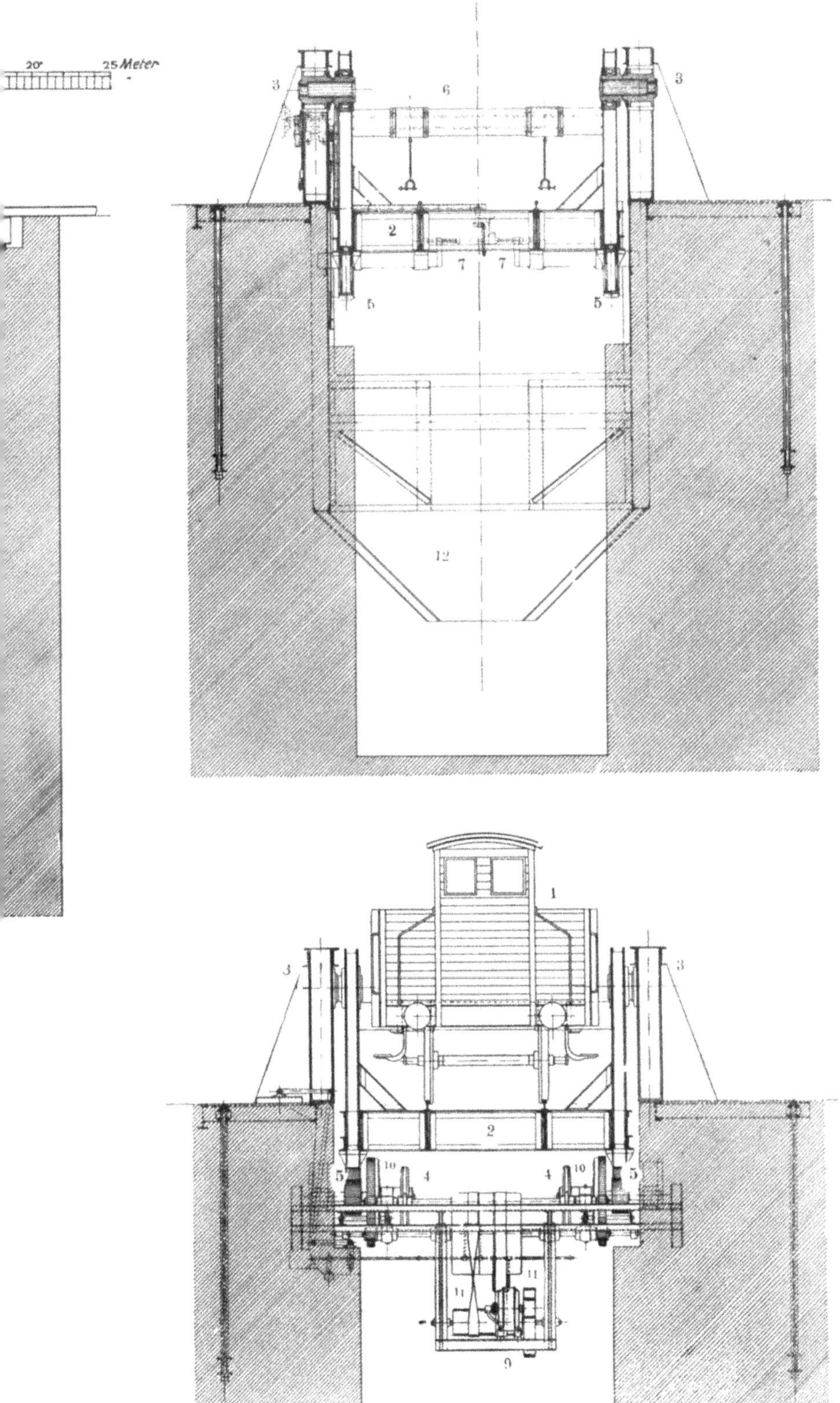

tung.

riegelung. Die letztere besteht aus zwei symmetrisch, links und rechts unter der Bühne angeordneten schweren Schubriegeln, welche vermittelst einer entsprechend angeordneten links- und rechtsgängigen Stellspindel in die Seitenwände der Verteilungstaschen eingeschoben werden.

Der Bedienungsmann der Bühne kann durch eine seitlich von letzterer befindliche Handkurbel die Verriegelung leicht lösen oder sperren. Während der Kipp-Periode ist die Bühne nur mit den mittleren Bühnenhängelagern drehbar auf den Drehzapfen der seitlichen Kipperstützen aufgehängt. Diese Drehzapfen haben also während der Kipp-Periode das Eigengewicht der Bühne nebst dem beladenen Eisenbahnwagen von maximal etwa 40 Tonnen zu tragen.

Die Zapfen mit Lagerung und den zugehörigen Gerüsten sind daher auch besonders sorgfältig und schwer ausgeführt. Die Gerüste sind auf der Eisenkonstruktion der Entleerungstaschen und auf den betonierten Stützmauern der Kippergrube abgestützt.

Um die Waggons gegen das Ablaufen von der sich neigenden Bühne zu sichern, wurden nicht wie sonst üblich, deren hintere Radachsen mit Ketten an der Bühne festgehalten, sondern es ist am vorderen Teile der Bühne eine schwenkbare Buffertraverse mit beweglichen Bufferlagern vorgesehen, welche das gänzliche Zusammendrücken bezw. Überlasten der Bufferfeder verhüten.

Die Bufferlager, gegen welche sich die Bufferteller legen, sind senkrecht, federnd verschiebbar angeordnet, um Biegungsbeanspruchungen der Buffervorrichtungen zu vermeiden. Die Buffertraverse ist in senkrechten Charnieren drehbar an entsprechenden Böcken der Bühne aufgehängt. Der Zapfen des einen Charniers kann durch eine Windevorrichtung mittelst Spindel gehoben und dann die ganze Buffertraverse um das andere feste Charnier als Drehsäule um 90° geschwenkt werden, um den Schienenweg für die Durchfahrt freizugeben.

Unterhalb, an den äußersten Längsträgern der Bühne sind konzentrisch um die Schwingungsachse Zahnsegmente angebracht, welche mit Zahntriebrädern der Bremsvorrichtung im Eingriff stehen. Diese Bremsvorrichtung ist vorgesehen, um ein stoßfreies Abkippen und Hochkippen der Bühne zu erreichen. Die Bremswellen tragen je eine Bremsscheibe, die durch holzgegliedertes Bremsband gebremst wird, sobald der Führer das Stellzeug der Bremsvorrichtung betätigt.

Die Bremsvorrichtung hält die beladene Bühne in jeder Lage mit Sicherheit fest, auch beim Überfahren ganzer Eisenbahntransporte über die Bühne, wenn die letztere aus Nachlässigkeit nicht verriegelt würde.

Dieses notwendige Bremsvorgelege ist gleich zum Antrieb mittelst Elektromotor benützt worden, so daß mit dieser Kippvorrichtung Waggons der verschiedensten Art und Ladegewichte entleert werden können, ohne eine Verschiebung des Lastenschwerpunktes vornehmen zu müssen, was bei der Ungleichheit der Wagen sonst erforderlich wäre.

Im vorliegenden Falle traten z. B. Unterschiede der Schwerpunktsabstände

Fig. 33. Kohlenentladung durch den Waggonkipper (Vorderansicht).

der beladenen Wagen vom Drehpunkte der Bühne in der Größe von max. 1,40 m, solche im Wageneigengewichte von 3 Tonnen auf, die Ladegewichte hatten dabei Größen zwischen 8 und 15 Tonnen. Um diese Verschiedenheiten auszugleichen, hätte man sich eines bereits angewandten Mittels bedienen können, nämlich die Buffertraverse in horizontaler Richtung verschiebbar anzuordnen und so jedem Wagen die seinen Verhältnissen entsprechende, günstige Stellung für das Kippmoment zu geben.

Mit Rücksicht auf die Umständlichkeit dieses Verfahrens und den entstehenden Zeitverlust, sowie in der Erwägung, daß ein elektrischer Antrieb bei den geringen

Mehranlagekosten den ganzen Betrieb unabhängig von der Geschicklichkeit oder Ungeschicklichkeit des Bedienungsmannes macht, wurde der Einbau eines Antriebes der billigen Abhilfe durch die verstellbare Puffertraverse vorgezogen.

Der Antrieb greift, wie bereits vorher gesagt, unmittelbar an die Bremsvorgelege an und wird durch einen Elektromotor von max. $7^1/_2$ PS betätigt. Ein

Fig. 34. Kohlenförderanlage: Rücklauf der Becherwerke.

entsprechend angeordneter Riementrieb bewirkt das Beschleunigen des Ab- bezw. Hochkippens der Bühne bei gleichbleibender Umlaufrichtung des Motors.

Die Betriebsweise einer solchen Kippvorrichtung gestaltet sich nun folgendermaßen:

Der ankommende Eisenbahnzug wird über die verriegelte Bühne mit offener Puffertraverse gefahren, die Traverse sodann wieder geschlossen und die Verriegelung gelöst. Mittelst eines elektrisch angetriebenen Spills wird nun jeder einzelne Wagen auf die Bühne gezogen und dann die Bremse gelüftet, worauf die Bühne nach abwärts kippt. Nach Bedarf schaltet der Führer den in Bewegung befindlichen Riementrieb auf Abwärtskippen und kurz vor der Ankunft der Bühne in ihrer tiefsten Stelle wieder auf Leerlauf, hierauf bremst er die Bühne in ihrer Tiefststellung fest. Hat sich nun der Wagen entleert, löst der Führer die Bremse wieder, die Bühne kippt hoch und wird je nach Bedarf durch den Riementrieb wieder ganz in ihre Horizontalstellung gehoben, die Bremse wieder festgezogen und die Verriegelung der Bühne vorgenommen. Hierauf wird der entleerte Wagen in ein mit starkem Gefälle verlegtes Abstellgeleise geschoben, ein anderer gefüllter Wagen auf die Bühne

Fig. 35. Kohlenförderanlage: Trogförderer über den Kohlenbunkern im Ofenhaus.

geholt und das Arbeitsspiel beginnt in der gleichen Weise wie vorher.

Mit dieser Vorrichtung ist man im Stande, in der Stunde bequem 10—12 Waggons zu entleeren.

Unter Berücksichtigung des sehr minimalen Stromverbrauches und der sehr geringen Bedienungskosten einer solchen Kippvorrichtung hat sich die Anlage einer solchen als sehr zweckmäßig bewährt.

Unter den Ausläufen der unter dem Waggonkipper befindlichen Verteilungstaschen sind Sortiertrommeln angeordnet, die nur die großstückige Kohle in die Kohlenbrecher fördern, so daß ein weiteres Zerkleinern der bereits kleinstückigen Kohle und unnötige Staubbildung vermieden wird (s. Tafel 8).

Schnitt A—B.

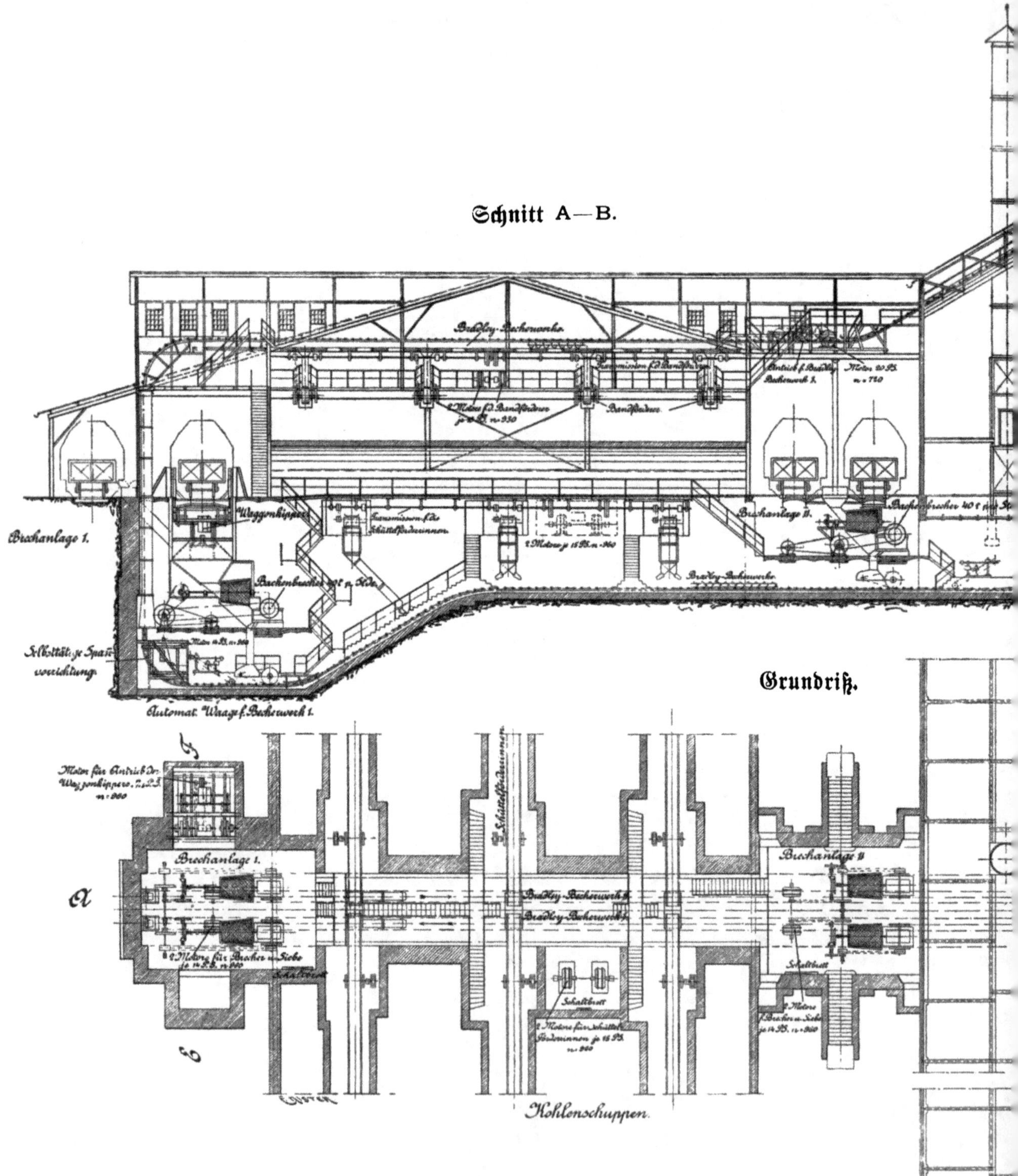

Grundriß.

Zusammenstellu

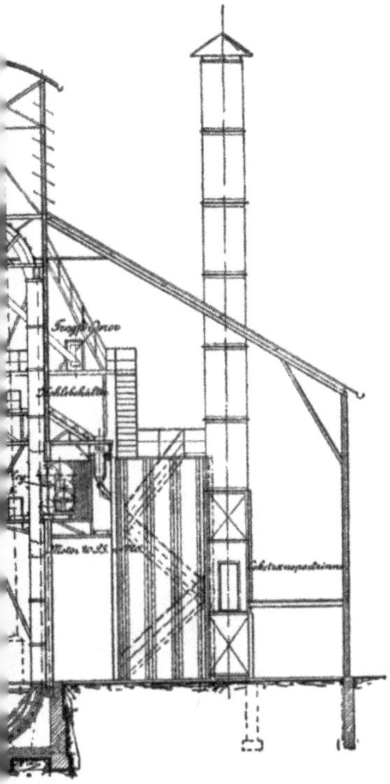

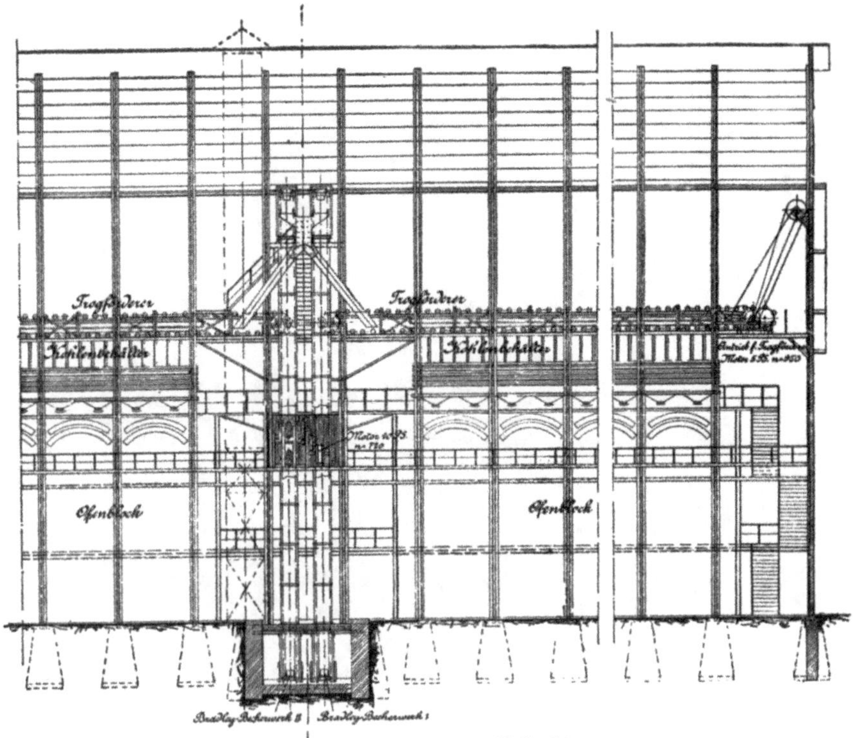

Schnitt C—D

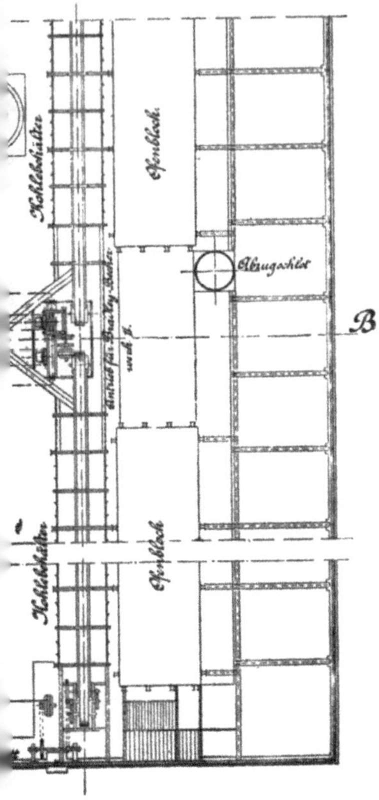

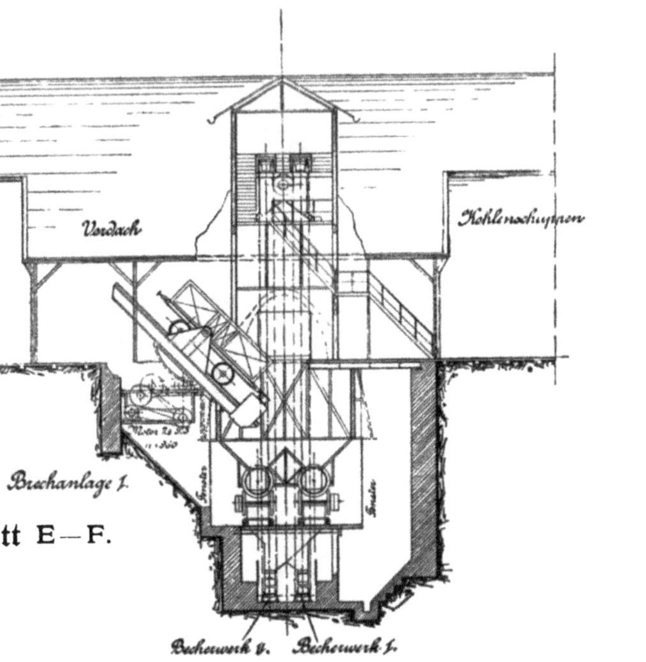

Schnitt E—F.

…förderanlage.

Die Kohle sowohl, welche durch die Sortiertrommel fällt, wie diejenige, die den Kohlenbrecher zu durchlaufen hat, fällt durch eine Schurre in eines der beiden darunter verkehrenden Bradley-Becherwerke je nach Stellung der in den Schurren vorgesehenen Umgangsklappen. Um bei stoßweiser Anfuhr möglichst rasch entleeren zu können, ist eine zweite Entladevorrichtung vorgesehen, und erreicht man dadurch, daß gleichzeitig durch beide Becherwerke Kohle in zwei beliebige Kohlenförderungsmittel und in beliebiger Richtung verteilt werden kann.

Fig. 36. Ansicht des Kohlenschuppens.

Die Leistung eines jeden Kohlenbrechers, sowie eines jeden Becherwerks ist auf 40 Tonnen in der Stunde vorgesehen.

Die Becherwerke können die ankommenden Kohlen entweder unmittelbar an die über den Vorratsbehältern im Ofenhause vorgesehenen Trogförderer abgeben, oder die Kohle in den Kohlenschuppen fördern.

Der bei der Kohlenförderung entstehende Staub wird durch eine Staubabsaugungsanlage beseitigt. Zu diesem Zwecke ist im Kohlenschuppen ein Exhaustor aufgestellt, an dessen Saugöffnung sich ein Blechrohrnetz anschließt, welches so verzweigt ist, daß die Saugstutzen bis zu den Staubquellen reichen, so daß der Staub beim Entstehen abgesaugt wird. Durch eine Anzahl Schieber in dem Rohrnetz ist dafür gesorgt, daß jeder Saugstrang an- und abgestellt werden kann (s. Tafel 9).

Der Exhaustor hat eine Saugöffnung von 1000 mm l. W. und bläst die Staubluft in zwei cylinderförmige Abscheider. Da das Gemisch von Staub und Luft tangential eintritt, so wird es in Drehung versetzt, wodurch der Staub nach

Fig. 37. Querschnitt des Kohlenschuppens: Becherwerke und Bandtransporteure.

außen geschleudert wird und in Säcke fällt, während die nach oben entweichende Luft nochmals durch eine große Staubkammer geführt wird, um hier die letzten Staubteilchen abzusetzen.

Der so gewonnene Staub wird an Gießereien verkauft.

Der **Kohlenschuppen** besteht aus Eisenfachwerk, hat eine Länge von 117 m und eine Breite von 30 m und ist durch Zwischenwände in Abteilungen getrennt, damit die verschiedenen Kohlensorten, sowie die Lieferungen der verschiedenen Monate

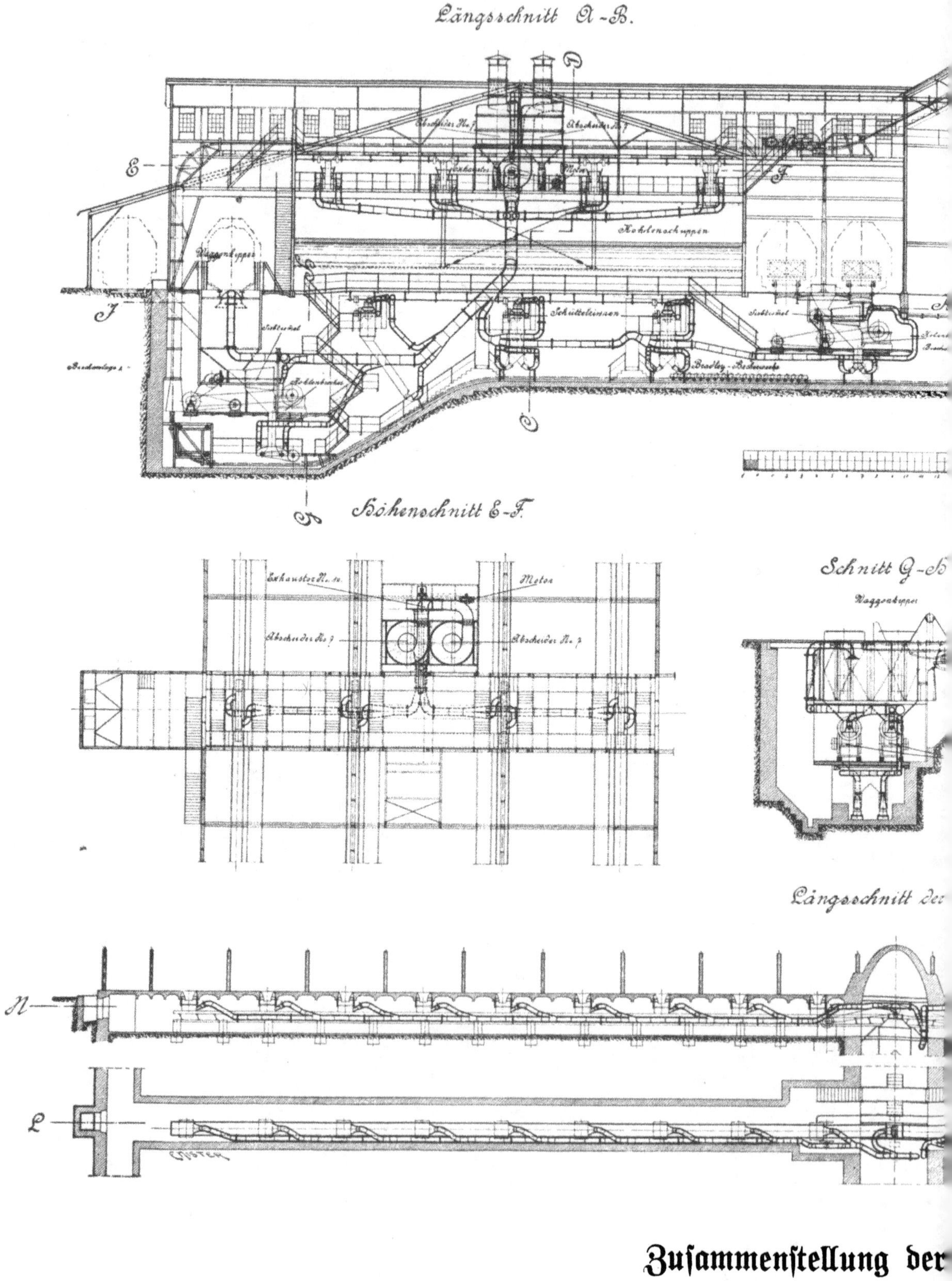

Zusammenstellung der

Tafel 9.

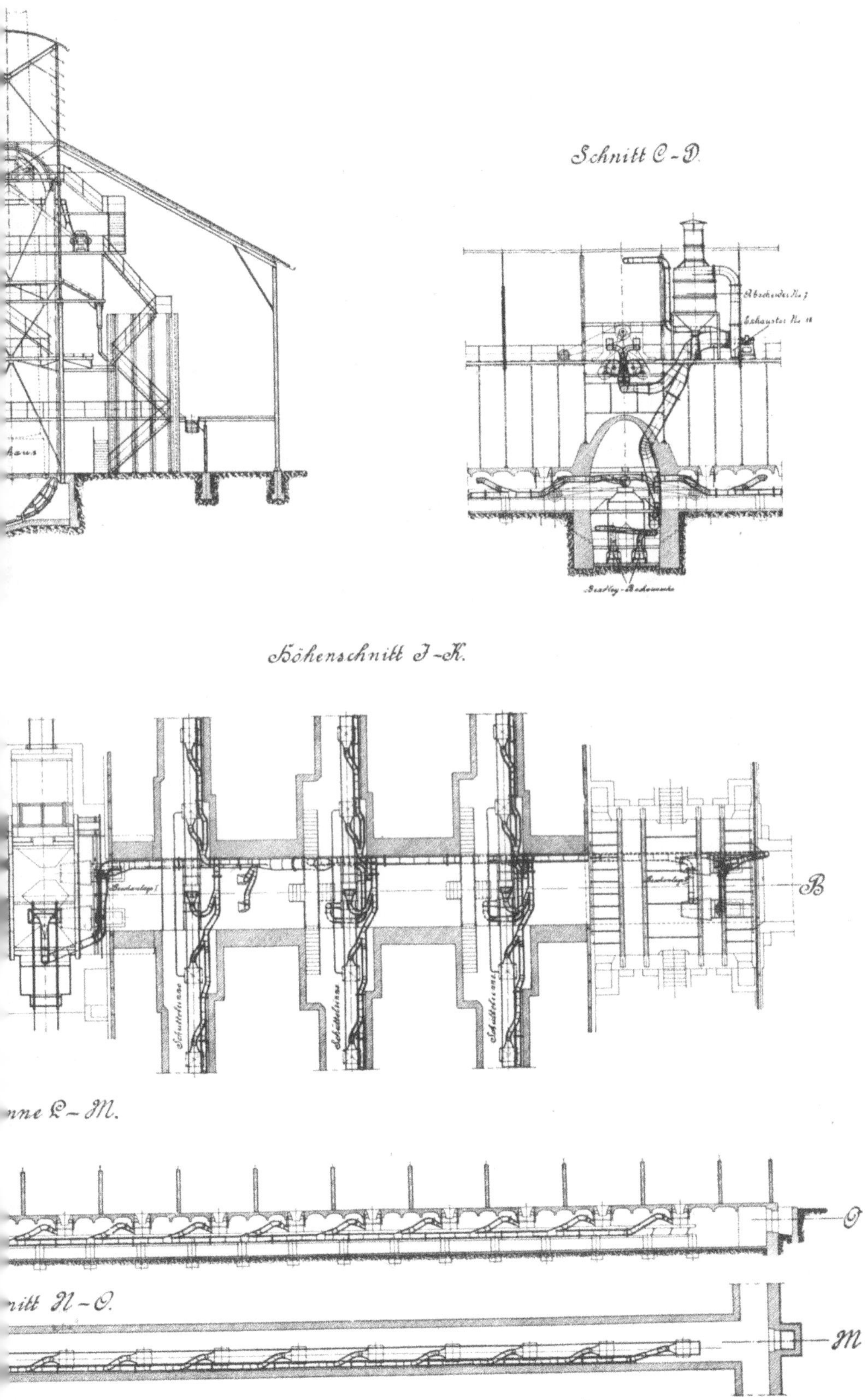

ungsanlage.

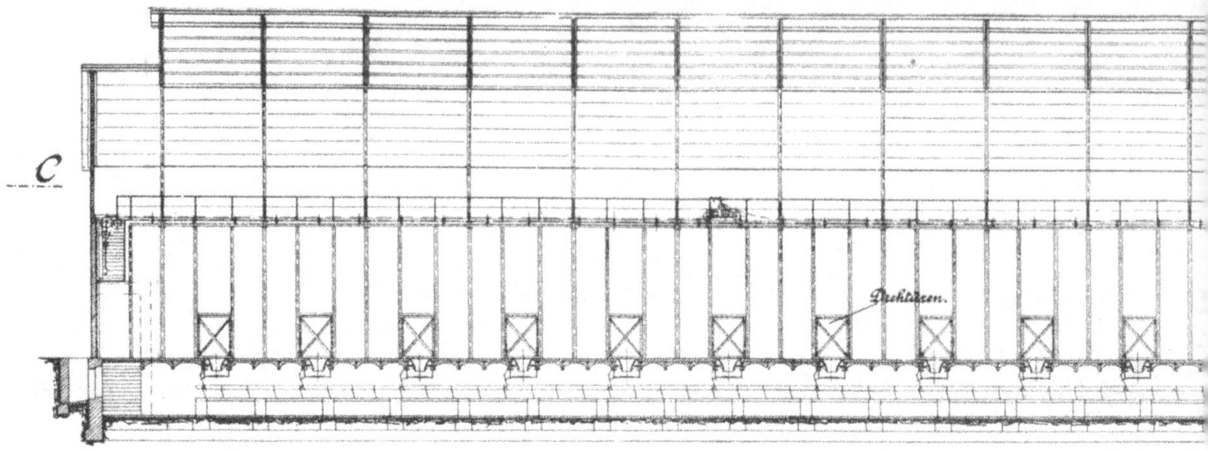

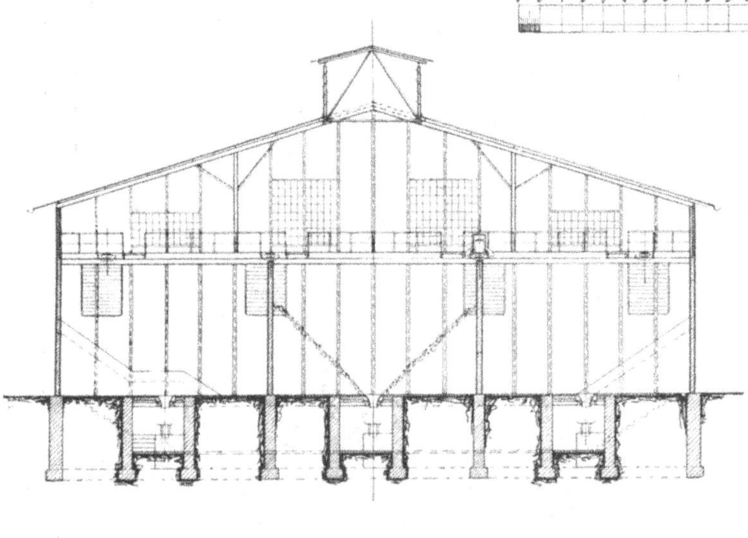

Querschnitt G—K.

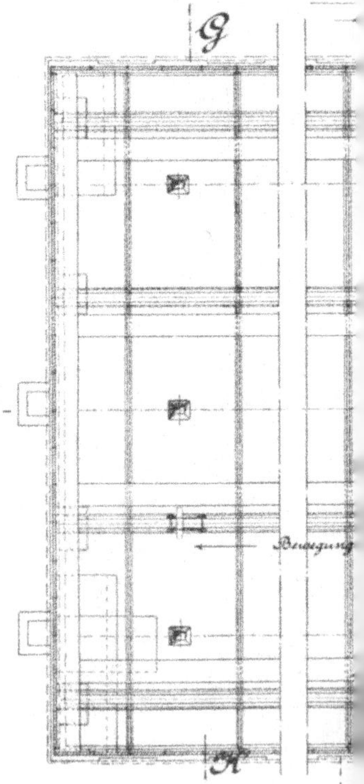

Kohlenschuppe

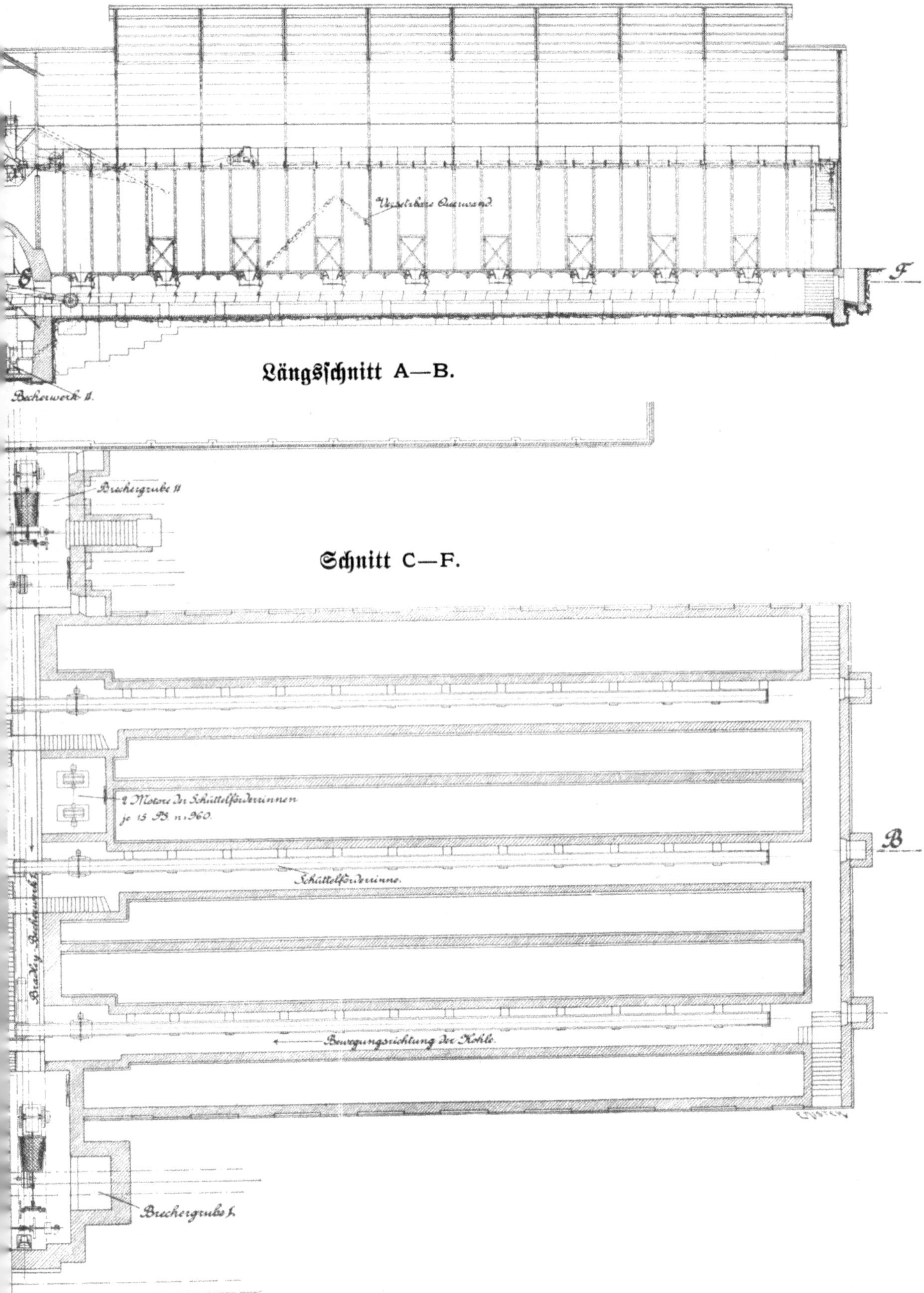

förderrinnen.

von einander gesondert gelagert werden können. Die lichte Höhe bis Binder-Unterkante beträgt etwa 9 m (s. Tafel 10). In dem ebenen Boden des Schuppens sind Ablaßöffnungen für die Kohlen angebracht, welche mit den unterirdischen Förderkanälen in Verbindung stehen. Die Längswände und ebenso die Zwischenwände sind ein Stein stark ausgemauert und mit eisernen Türen versehen, um bei einem etwa eintretenden Brande die einzelnen Kohlentaschen schnell entleeren zu können. Das Dach des Kohlenschuppens besteht ganz aus Eisen und ist mit verzinktem Wellblech abgedeckt. Besondere Erwähnung verdient, daß die Kohle lediglich in zerkleinertem Zustande oder als Nuß- und Würfelkohle magaziniert wird.

Fig. 38. Antrieb der Becherwerke.

Die Verteilung der Kohlen im Kohlenschuppen geschieht durch Bandtransporteure. Diese laufen oberhalb der Kohlentaschen in der Höhe von etwa 6,5 m über Flur und sind durch bequeme, mit Riffelblech abgedeckte und mit Geländern versehene Laufstege zugänglich. Zahlreich angeordnete, querlaufende Verbindungsstege vermitteln den Verkehr der Längsbahnen untereinander. Die Unterzüge für diese Stege und Fahrbahnen dienen den Dachsäulen zugleich als Stützpunkte. Die Entlüftung des Schuppens erfolgt durch im First des Satteldaches aufgesetzte Dachreiter von etwa 4,5 m Breite und 2,5 m Höhe, deren Seitenwände durch feststehende Jalousien abgeschlossen sind. Für ausgiebige Belichtung ist durch Fenster in den Umfassungswänden gesorgt.

Der Antrieb sämtlicher Transporteinrichtungen geschieht durch Elektromotoren.

Die Becherwerke werden, wenn Kohle dem Kohlenschuppen entnommen wird, durch Schüttelförderrinnen gespeist. Mit diesen Schüttelförderrinnen sind Materialspender fest verbunden, die unter jedem Auslauf der einzelnen Kohlenbehälter sitzen und welche vermittelst Knaggen an den Schüttelförderrinnen betätigt, d. h. eingerückt oder ausgerückt werden können. Die Förderrinnen werfen die Kohle in die Becherwerke vermittelst Ablaufschurren. Die Becherwerke versehen demnach folgende Arbeiten:

1. Den Kohlentransport von den Entladestellen in den Kohlenschuppen.
2. Den Kohlentransport von den Entladestellen zu dem Ofenhause.
3. Den Kohlentransport aus dem Kohlenschuppen zu den Öfen.

Jedes der Becherwerke ist, wie bereits erwähnt, imstande, 40 Tonnen in der Stunde zu fördern und können die angegebenen Arbeiten gleichzeitig auf die Becherwerke nach Belieben verteilt werden.

Die Trogförderer und Schüttelförderrinnen haben eine Leistungsfähigkeit von je 20 Tonnen in der Stunde.

Der Antrieb der Schüttelförderrinnen ist so gewählt worden, daß die Bedienung der sämtlichen 6 Förderrinnen von einem einzigen Motor erfolgt, und es ist zu diesem Zwecke eine durchgehende Welle angenommen worden, die wegen ihrer Länge aus mehreren Teilen besteht und mit Kupplungen versehen ist. Durch die an dem Antrieb der Schüttelförderrinnen und an der Triebwerkswelle vorgesehenen Fest- und Losscheiben kann je nach Wunsch die eine oder andere in Betrieb genommen werden. Die Stärke des Elektromotors ist so bemessen, daß gleichzeitig zwei Schüttelförderrinnen angetrieben werden können, auch ist ein Reservemotor vorhanden.

Das **Ofenhaus** ist ebenfalls aus Eisenfachwerk konstruiert und ist im Lichten 81 m lang und 33,5 m breit (siehe Zeichnung im Anhang). An der Traufe des mit etwa 50 % geneigten einfachen Satteldaches, welches mit Falzziegeln auf eiserner Unterkonstruktion abgedeckt ist, beträgt die lichte Höhe 13 m. Die Umfassungswände sind in ½-Stein starkem Eisenfachwerk-Mauerwerk mit reichlich angebrachten, feststehenden Fenstern hergestellt (s. Tafel 11).

Entsprechend der Anordnung der Öfen in zwei mit den Entladeseiten einander zugekehrten Reihen besitzt das Haus einen genau symmetrischen Querschnitt. Ebenso ist es der Länge nach durch die Kohlenzufuhr-Einrichtung in Hälften geteilt.

Die mit Herdgußplatten abgedeckten, für eine Nutzlast von 800 kg für den Quadratmeter berechneten Entladefluren befinden sich unmittelbar neben den Längswänden in 3,5 m Höhe über Fußboden-Oberkante. In dieser Höhe sind in den

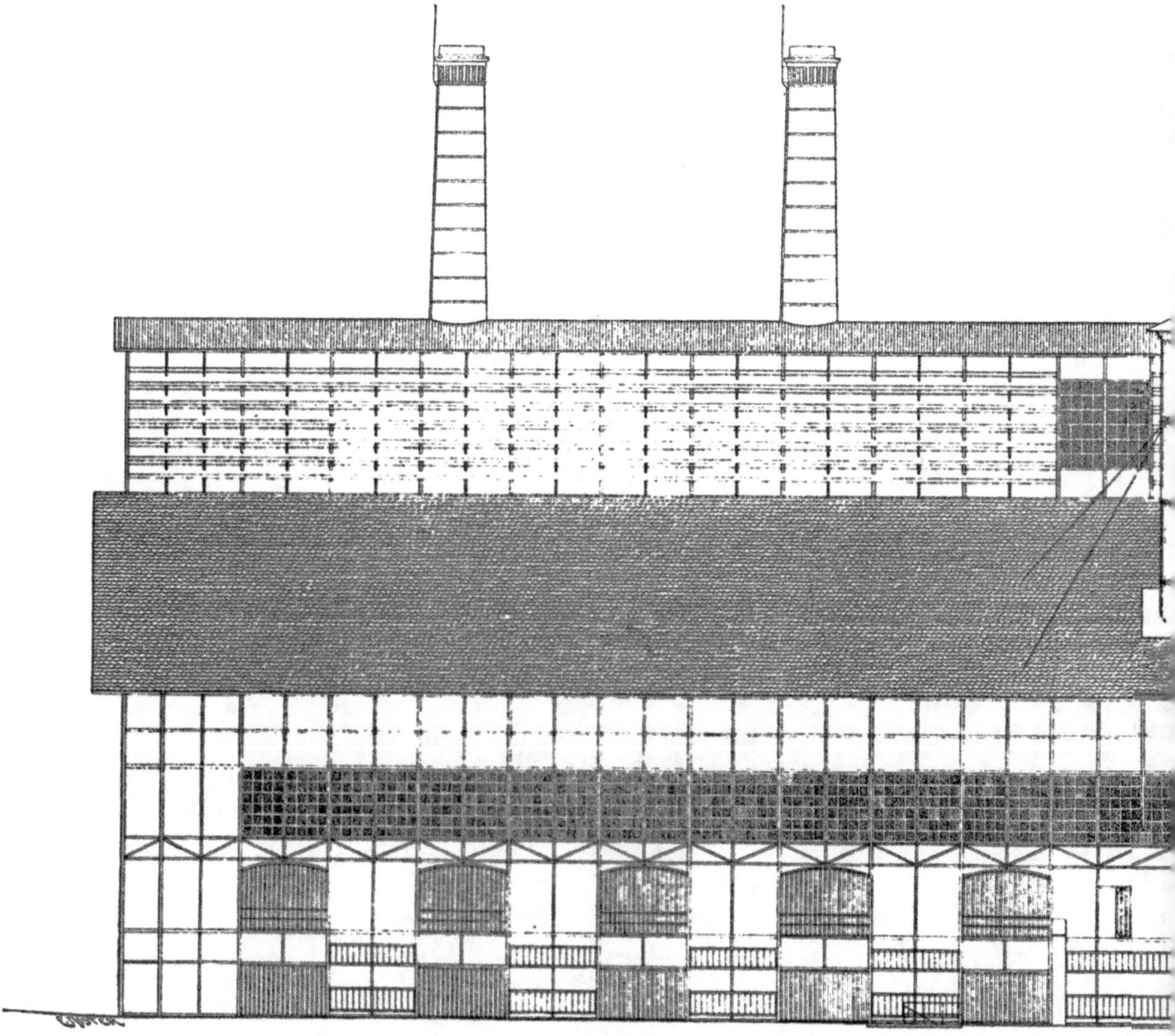

Ansicht de

Tafel 11.

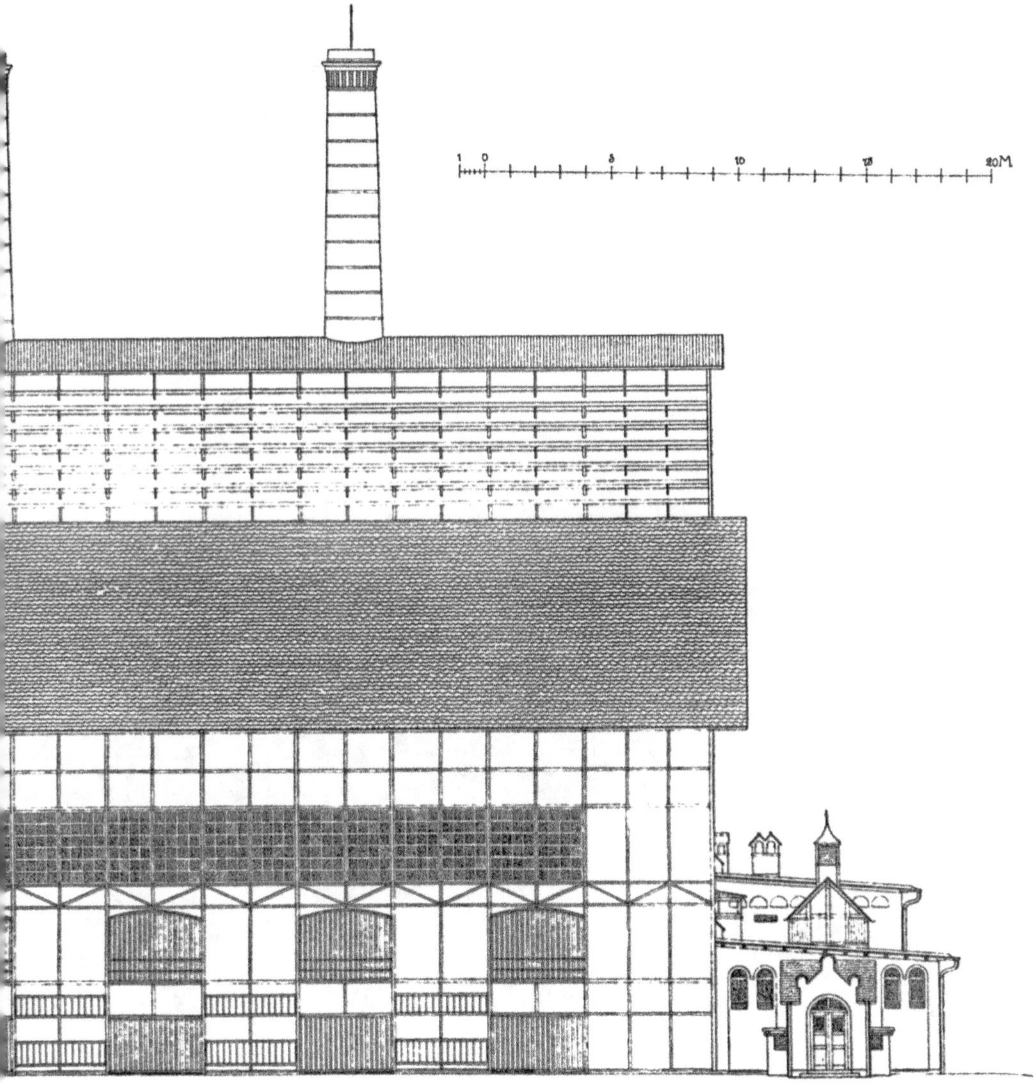

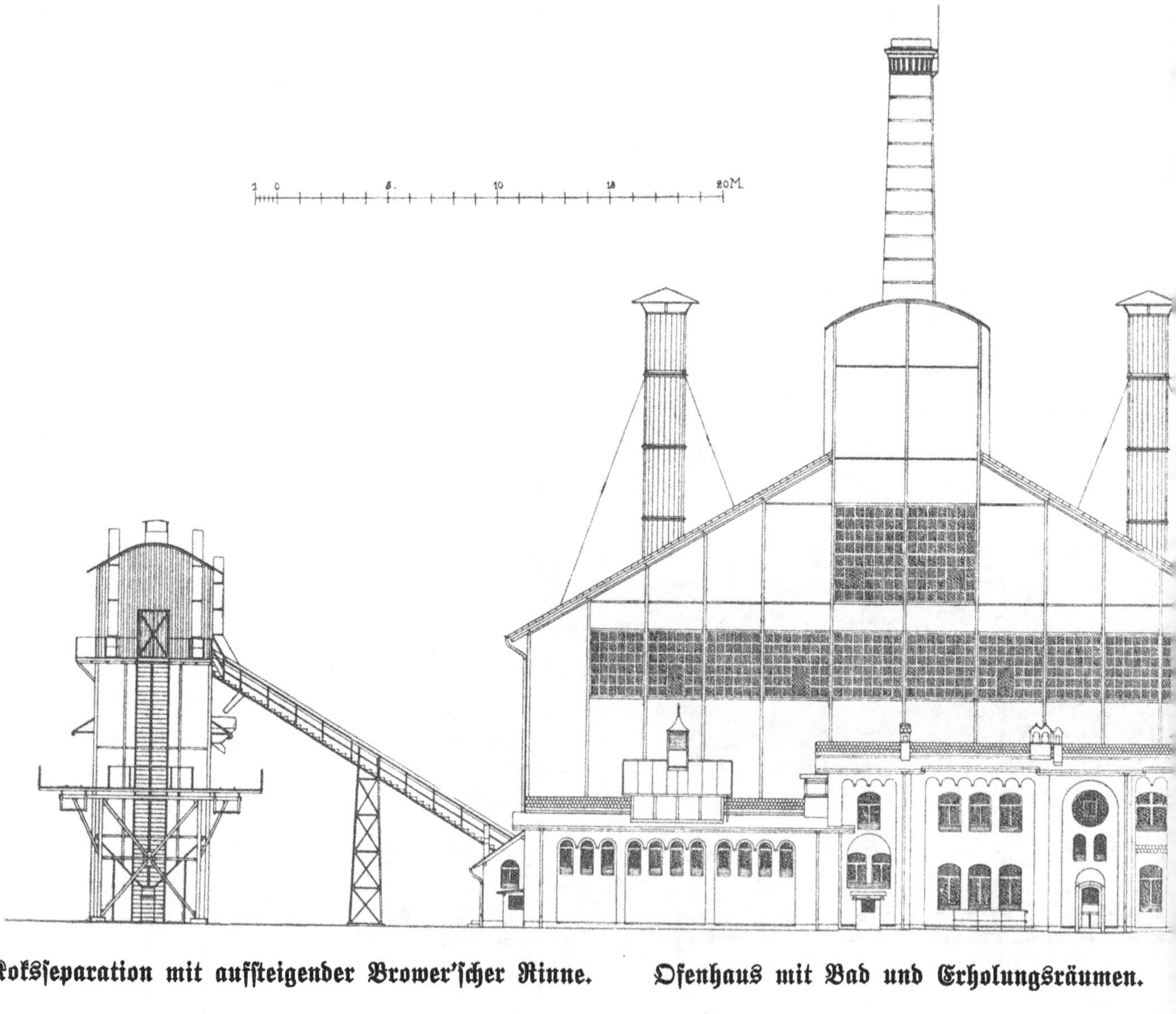

Koksseparation mit aufsteigender Brower'scher Rinne. Ofenhaus mit Bad und Erholungsräumen.

Giebelansichten vo

Tafel 11 a.

ngsgang. Kohlenschuppen. Kohlenentladestelle (Waggonkipper).

nd Kohlenschuppen.

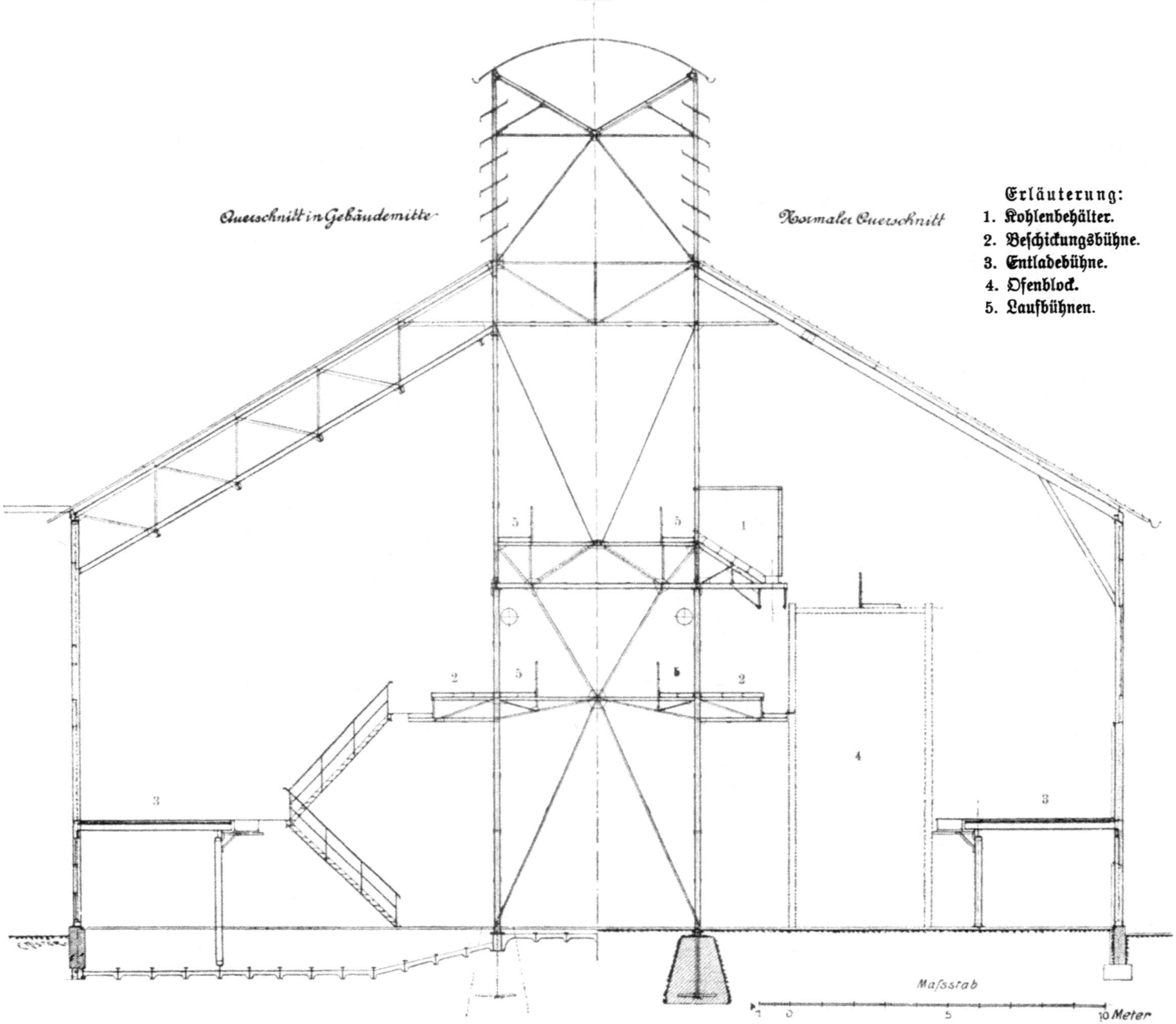

Fig. 39. Querschnitt des Ofenhauses.

Längswänden in Abständen von etwa 7,5 m Wellblech-Schiebetore von etwa 3,5 m Breite angeordnet. Im Generatorraum unterhalb der Entladebühnen sind in gleichen Abständen ebenfalls durch Schiebetore geschlossene Öffnungen von etwa 3,5 m Breite und 2 m Höhe vorhanden, außerdem sind in der ganzen Mauerlänge des Ofenhauses verteilte und durch eiserne Tore verschließbare Öffnungen angebracht.

Etwa 7,5 m über dem Fußboden befinden sich die 3,5 m breiten Beschickungsbühnen, welche mit Riffelblech abgedeckt und für eine Nutzlast von 500 kg für den Quadratmeter berechnet sind.

Die etwa 2,8 m tiefen Kohlenbehälter oberhalb der Beschickungsbühnen tragen einen 14 m über Flur liegenden, zur Aufnahme der Trogförderer dienenden, gleichfalls mit Riffelblech abgedeckten Steg von etwa 2,7 m Breite. Außerdem sind noch Laufstege von je 1 m Breite neben den Öfen in Höhe von 3 m und neben den Kohlenbunkern in Höhe von 12,4 m vorhanden. Sämtliche Bühnen und Laufstege sind durch die neben den Giebelwänden und in der Gebäudemitte befindlichen, bequemen, eisernen Treppenanlagen unter sich und mit dem Erdboden verbunden.

Abgesehen von den Entladefluren finden sämtliche Bühnen und Laufstege ihre Unterstützung an dem zwischen den Öfen eingebauten Traggerüst, welches den Bindern zugleich als Auflager dient. Die Hauptpfosten desselben stehen entsprechend der Binderteilung 3,73 m in der Längsrichtung von einander entfernt.

Bei der Durchbildung der gesamten Eisenkonstruktion wurde von dem Grundsatz ausgegangen, wo nur irgend möglich geschlossene Querschnitte zur Verwendung zu bringen und Fachwerkskonstruktionen anzuwenden. Wo aus besonderen Gründen von der Verwendung einfacher Walzeisen Abstand genommen werden mußte, wurden genietete Blechträger eingebaut. Die Vorteile einer solchen Bauweise sind ohne weiteres klar; unzugängliche Stellen, an welchen sich Staub und Rost festsetzen kann und an denen der Anstrich nur schwer und unzuverlässig zu erneuern ist, die daher dem Rost preisgegeben sind, werden vermieden. Das Gebäude wird luftiger und übersichtlicher und statt des üblichen Stabgewirres zeigt sich eine in der Linienführung klare und freie Konstruktion. Ein Blick auf Figur 39 läßt erkennen, wie vorteilhaft das Innere des Baues sich dem Auge darstellt.

Bemerkenswert ist, daß die Eisenkonstruktion gänzlich unabhängig von der Konstruktion der Öfen gehalten ist, was sich bei der Montage sehr angenehm fühlbar machte. Bei dieser Anordnung ist ferner die wegen der Temperaturänderungen erforderliche Verschieblichkeit der Eisenkonstruktion gesichert, andererseits übt das sogenannte Wachsen der Öfen keinen schädlichen Einfluß aus.

Ein wesentliches Erfordernis für Ofenhäuser ist bekanntlich eine gut funktionierende Ventilation und Rauchabführung. Die Schwierigkeit, eine solche bei den gegebenen Verhältnissen zu erreichen, hat anderweitig zu den ungewöhnlichsten Dachformen und Vorrichtungen geführt.

Fig. 40. Ofenhaus im Bau.

Bei der hier ausgeführten Anlage sind derartige Konstruktionen ganz vermieden.

Über dem First des Satteldaches erhebt sich ein 6 m breiter und 6 m hoher Dachreiter, welcher seitlich mit feststehenden Jalousien versehen ist. Durch eine eigenartige Ausbildung des oberen Abschlusses und geeignete Stellung der Jalousien wird sowohl die Bildung von Gegenströmungen und Wirbeln vermieden, als auch dem Schlagregen das Eindringen ins Ofenhaus verwehrt, was namentlich für die Erhaltung der Transporteinrichtungen als auch der Ofenanlage notwendig erschien.

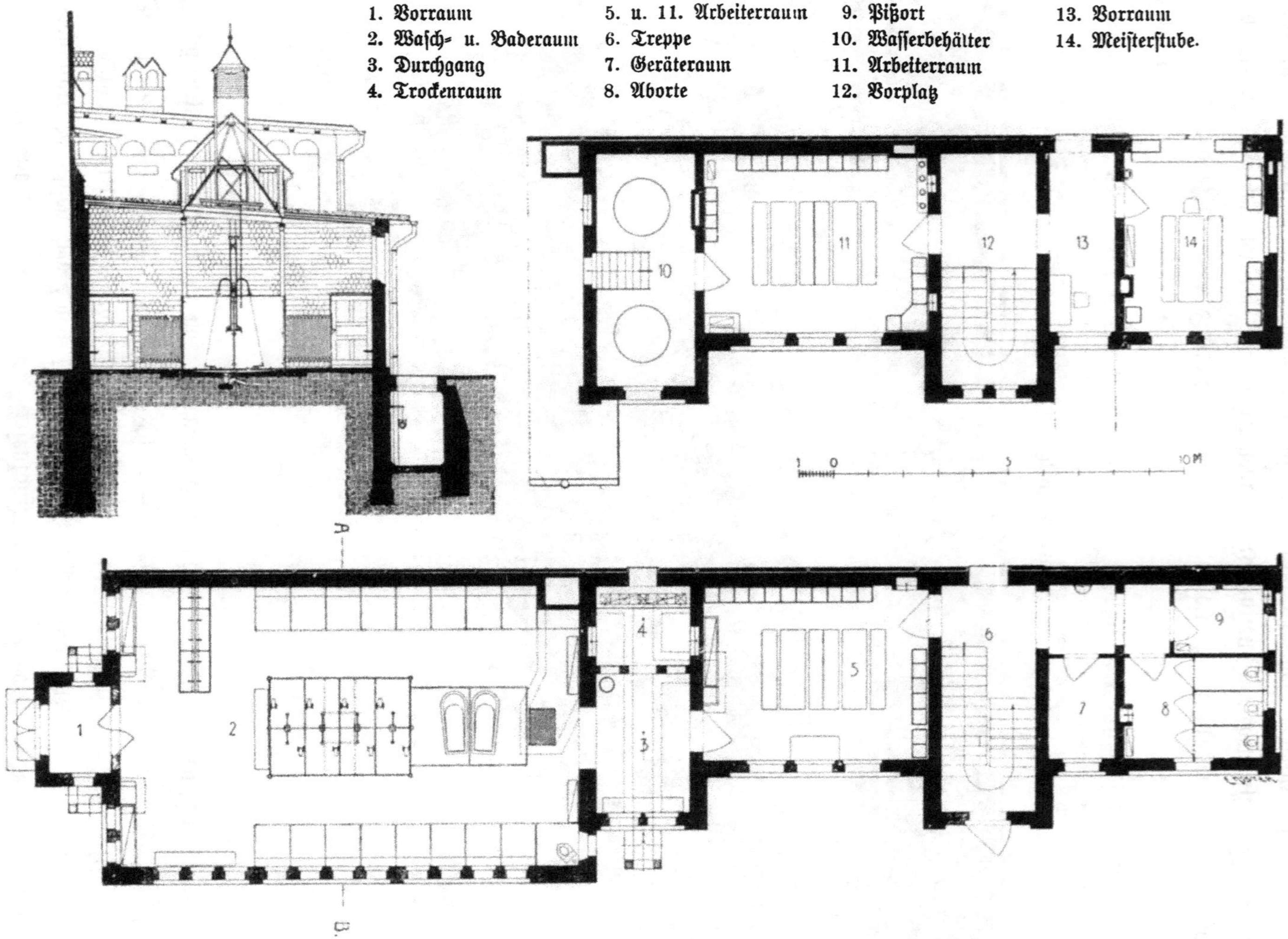

Fig. 41. Anbau an das Ofenhaus: Aufenthalts- und Baderäume.

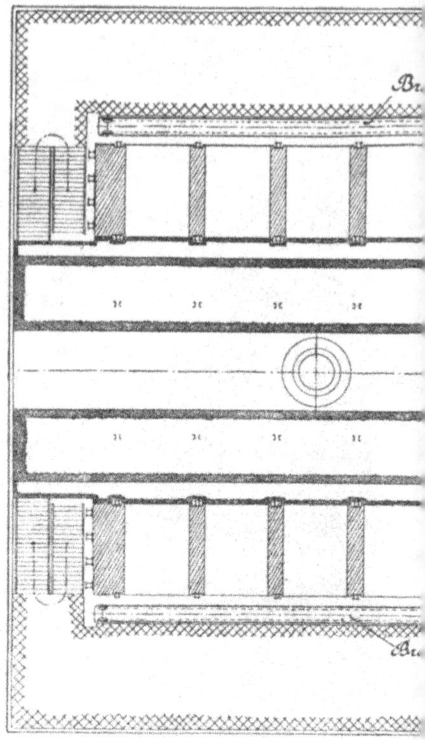

Koksverkaufshalle mit Wiegevorrichtungen.

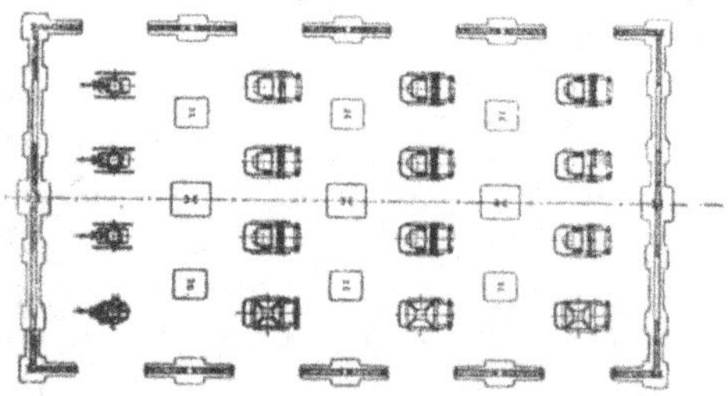

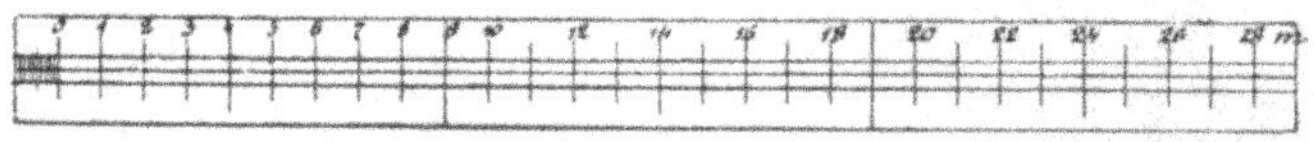

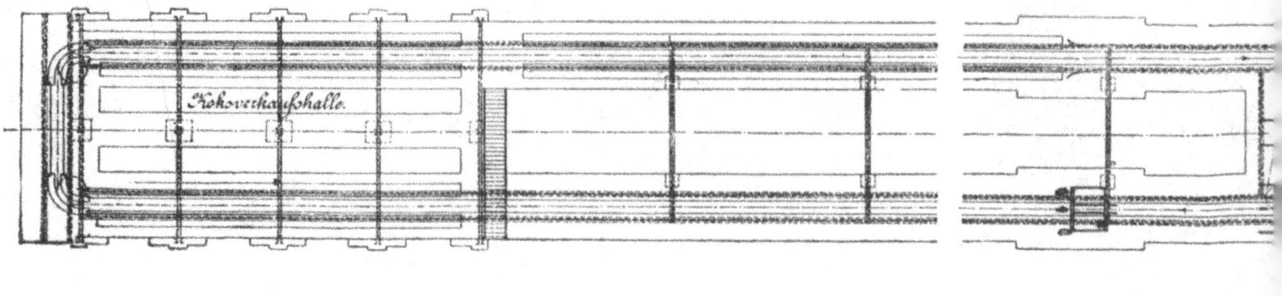

Kokstranspor

Grunt

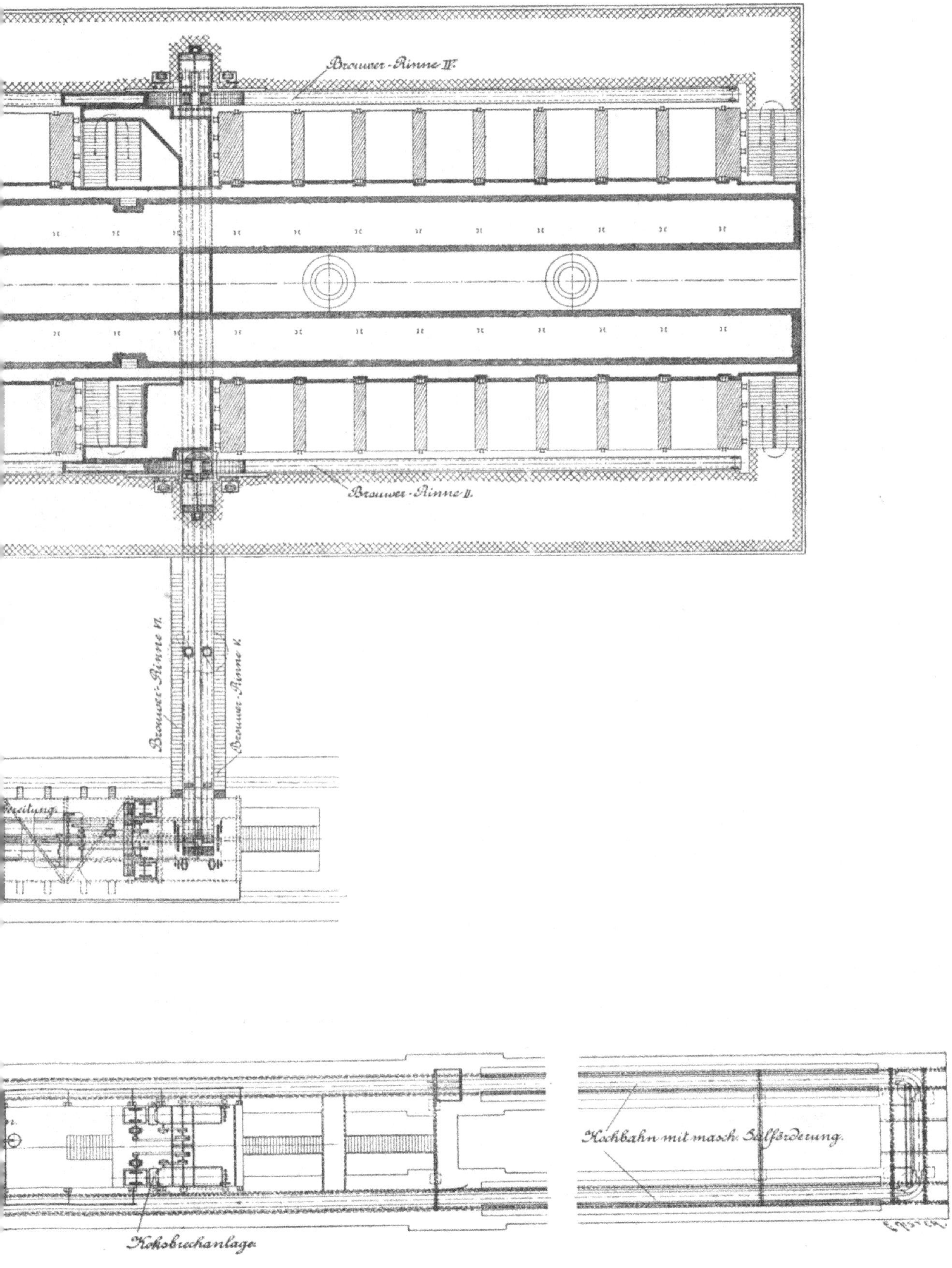

eitungsanlage.

Tafel 13.

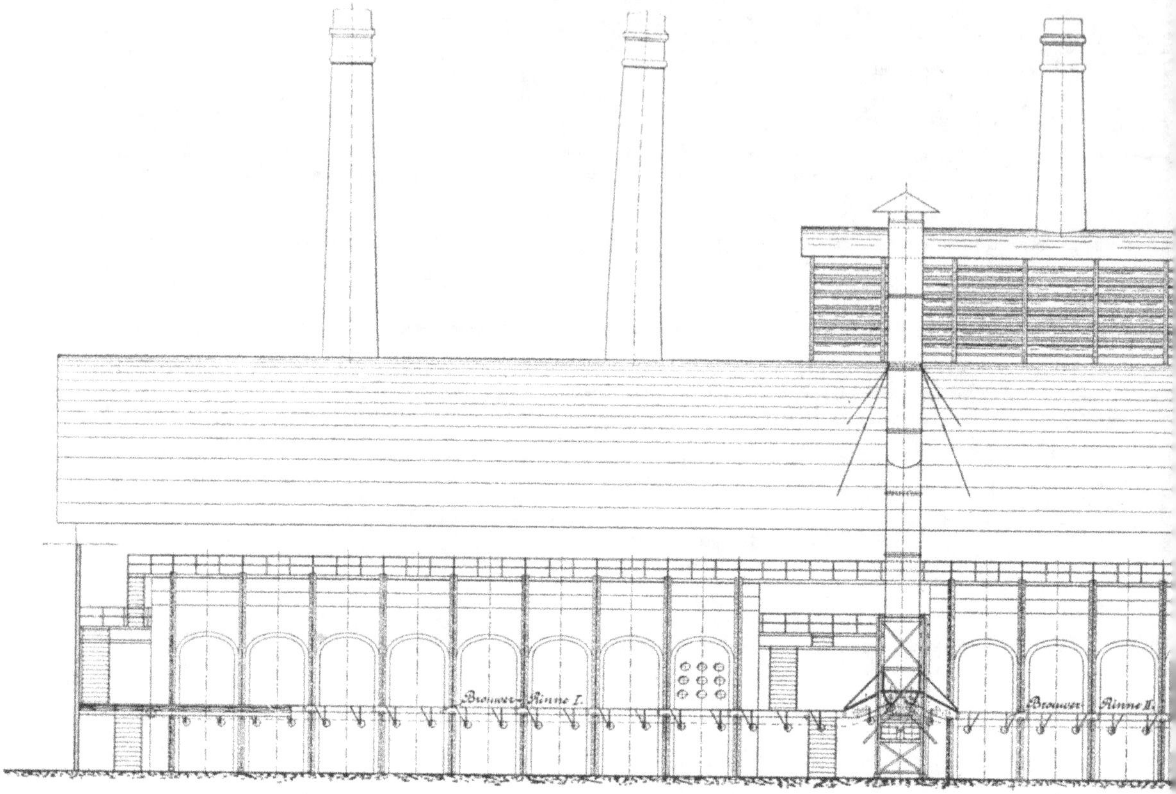

Längsschnitt vor den Ofen.

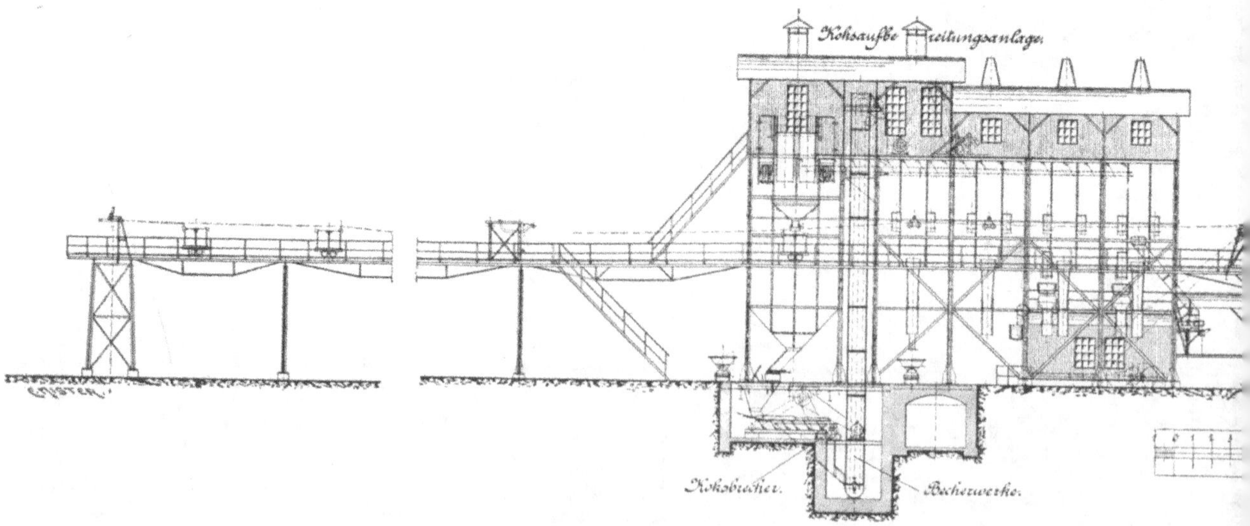

Kokstransport

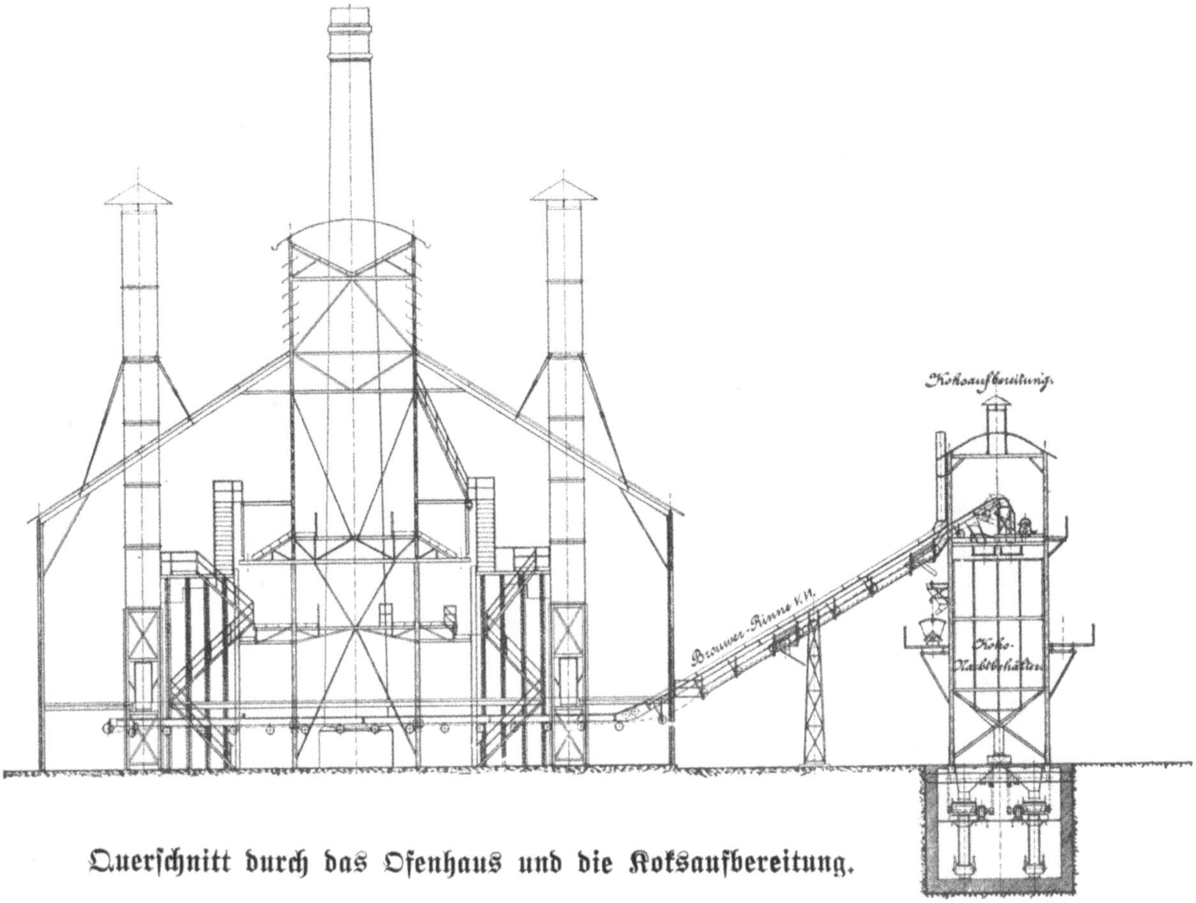

Querschnitt durch das Ofenhaus und die Koksaufbereitung.

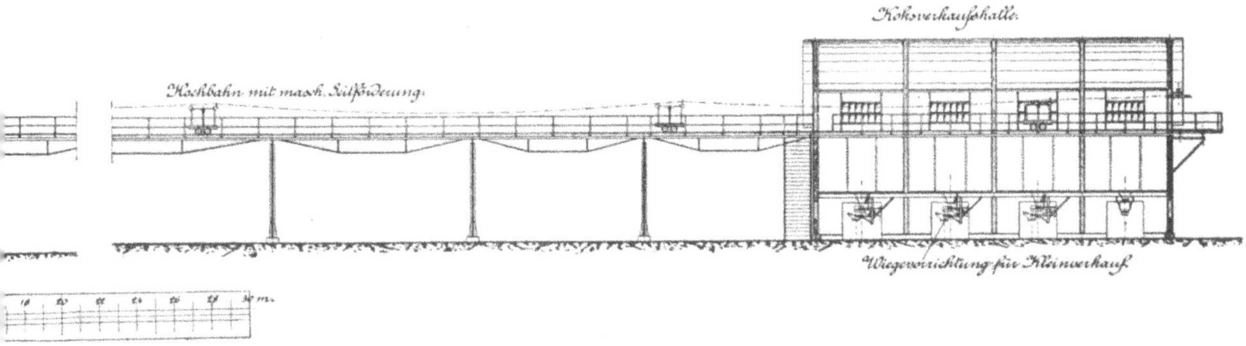

itungsanlage.

Günstig für den Rauchabzug ist ferner, daß das Dach in steiler, ungebrochener Steigung bis zum Dachreiter emporführt. Diese Anordnung hat sich im Betrieb gut bewährt.

Da Erfahrungen mit einer derartigen Konstruktion noch nicht gemacht waren, so wurde die Vorsicht gebraucht, nur die eine Hälfte des Ofenhauses mit einem Dachreiter zu versehen, während bei der anderen Hälfte die entsprechende, 6 m breite Öffnung vorläufig gänzlich unbedeckt gelassen, im übrigen aber so ausgeführt wurde, daß später ein Dachreiter ohne weiteres aufgestellt werden könne. Ebenso sind dort über den Steigrohren Öffnungen im Dach vorhanden.

Die Erfahrungen mit der so ausgeführten Ofenhausseite führten jedoch bald dazu, daß das Dach derselben ebenfalls einen Dachreiter erhielt und auch die Öffnungen über den Steigrohren geschlossen wurden.

Das Gesamtgewicht der Eisenkonstruktion für das Ofenhaus einschließlich sämtlicher Behälter, Bühnen und Laufstege beträgt etwa 560 000 kg.

Das Ofenhaus enthält 4 Ofenblöcke zu je 8 Öfen mit unter 32° geneigten und 5 m langen Retorten mit innen liegenden Generatoren.

Die Beschickung der Öfen geschieht in einfachster Weise mittelst kleiner, auf einer Hängebahn laufender Wagen, welche die Kohlen aus den über den Öfen befindlichen Hochbehältern empfangen. Es genügt ein einziger Handgriff an dem Hebel des Wagens, um die Kohle aus diesem in die Retorte derartig laufen zu lassen, daß sie sich gleichmäßig in derselben lagert. Behufs Entleerung der Retorten wird das untere Mundstück geöffnet, während der mit der Beschickung betraute Arbeiter das obere Mundstück aufmacht. Nach Herausnahme eines in dem untern Mundstück sitzenden Einsatzbleches rutscht der Koks mit einiger Nachhilfe aus der Retorte.

Koksförder- und Aufbereitungsanlage. Der glühende Koks fällt aus der schräg liegenden Retorte in die Brower'schen Rinnen, von denen je eine vor 8 Öfen mit zusammen 72 Retorten liegt. Der in der Rinne gelöschte Koks gelangt nach 2 Rinnen, die das Ofenhaus in seiner Mitte durchqueren. Jede dieser Rinnen ist für eine Hälfte des Ofenhauses mit 16 Öfen bestimmt, doch sind beide so untereinander verbunden, daß jede den Koksanfall der fertig ausgebauten Ofenanlagen aufzunehmen vermag (s. Tafeln 12 und 13).

Die beiden Querrinnen laufen parallel und steigen außerhalb des Ofenhauses etwa 14 m über Terrain in die Höhe.

Vom höchsten Punkt aus gelangt der Koks entweder auf ein Schüttel-Sieb zum Sortieren der Korngrößen, die dann in getrennte Behälter fallen, oder in

Fig. 42. Antrieb der Brower'schen Koksrinnen.

einen großen Behälter, den sogenannten Nachtbehälter, der die während der Nacht erzeugte Koksmenge aufnimmt.

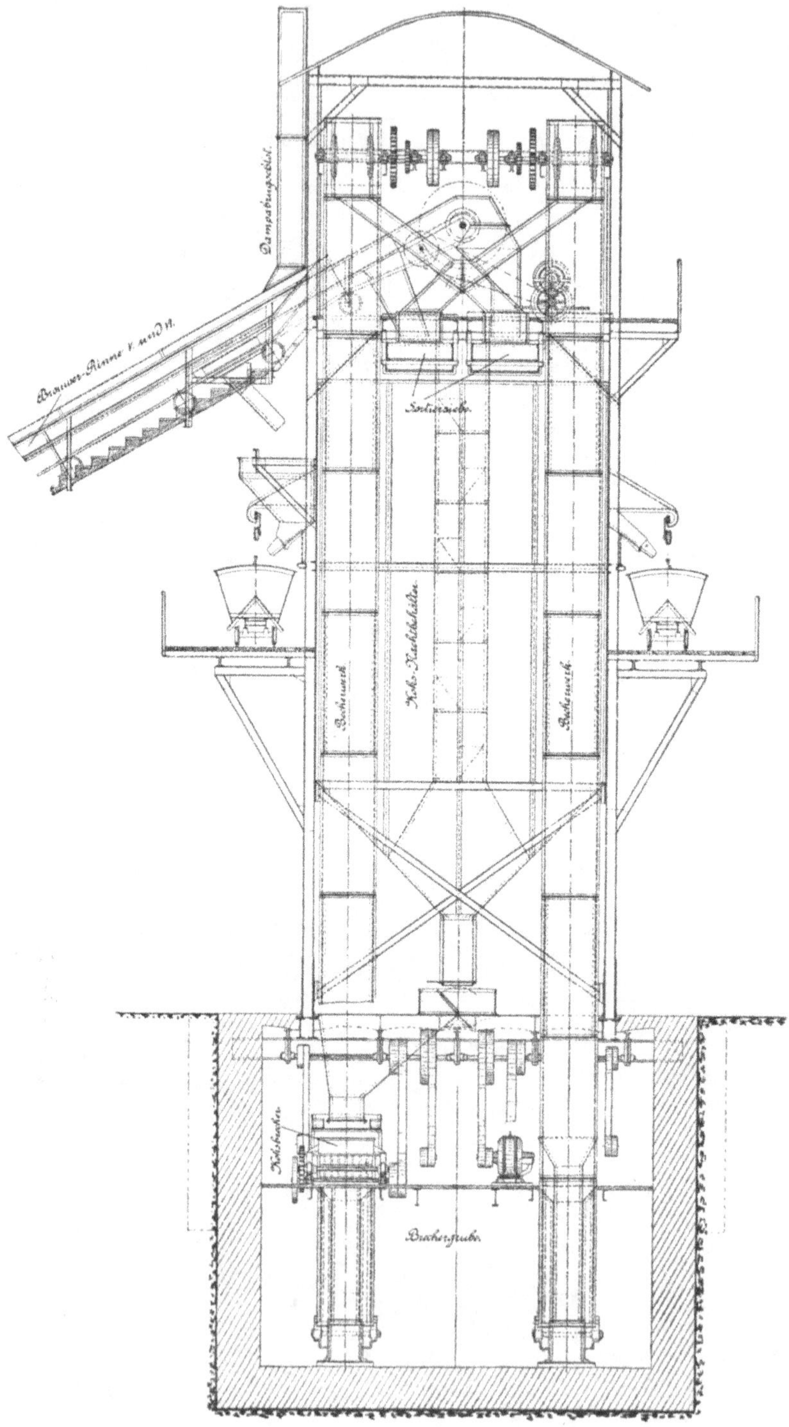

Koks=Brec

Schnitte dur

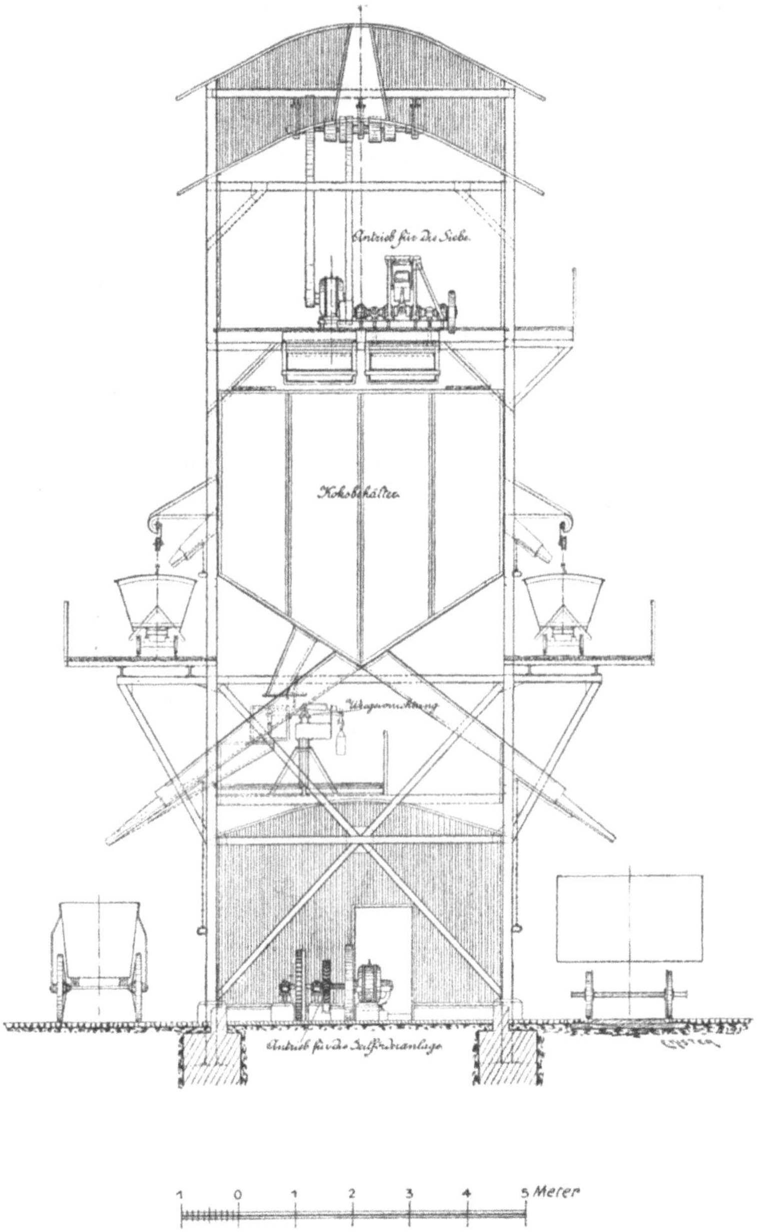

anlage.

:anlage.

Auf der einen Seite der Koksseparation werden die Fuhrwerke, auf der andern Seite die Eisenbahnwagen beladen (s. Tafel 14). Die Verteilung des Koks auf dem Koksplatz und der Transport zu der am Eingange des Werkes befindlichen Verkaufsstelle geschieht von der Hochbahn aus. Die auf der Hochbahn verkehrenden Wagen, welche durch ein endloses Seil fortbewegt werden, haben schräge Böden und aufklappbare Seitenwände und entleeren ihren Inhalt automatisch. Dabei

Fig. 43. Kokshochbahn.

werden die Anschläge (Knaggen), welche das Aufklappen der Wagenseitenwände betätigen, so gestellt, daß der Koks die Böschung des Kokshaufens hinunterrollt.

Will man vom Koksplatz arbeiten, so wird der Koks auf einem schmalspurigen Schleppgeleise der Koksbrechanlage, deren Brecher auch umgangen werden können, zugeführt und durch Elevatoren auf die Sortieranlage gehoben.

Für Fuhrwerke, welche geteilte Kokslieferungen aufzunehmen haben, sind in die Rutschen Wiegevorrichtungen eingeschaltet worden.

Auch für den Koksversandt in Körben sind unter den Kokshochbehältern Wiegeeinrichtungen angebracht, welche von einer Arbeitsbühne aus bedient werden, so daß die abgewogenen Körbe mit Leichtigkeit auf die Fuhrwerke verbracht werden können.

Für den Kokskleinverkauf ist eine Koksverteilungseinrichtung mit selbsttätiger Gewichtszuteilung vorhanden (s. Tafel 15).

Fig. 44. Koksverkauf an der Koks-Brech- und Sortieranlage.

Gegenüber den später zu errichtenden Ofenhäusern sind für die Koksaufbereitung Hilfsanlagen, welche den während der Nacht anfallenden Koks aufzunehmen haben, gedacht. Die Hilfsanlagen bilden keine Brecheranlagen, können aber in Verbindung mit der jetzt vorhandenen Sortieranlage das Sortiergeschäft so fördern, daß der Brechanlage nur der zu brechende Koks zuzuführen ist.

Der Transport der Koksbreeze nach dem Kesselhaus, sowie des großstückigen Koks nach der Wassergasanstalt geschieht mittelst auf Schmalspurgeleisen laufenden Wagen.

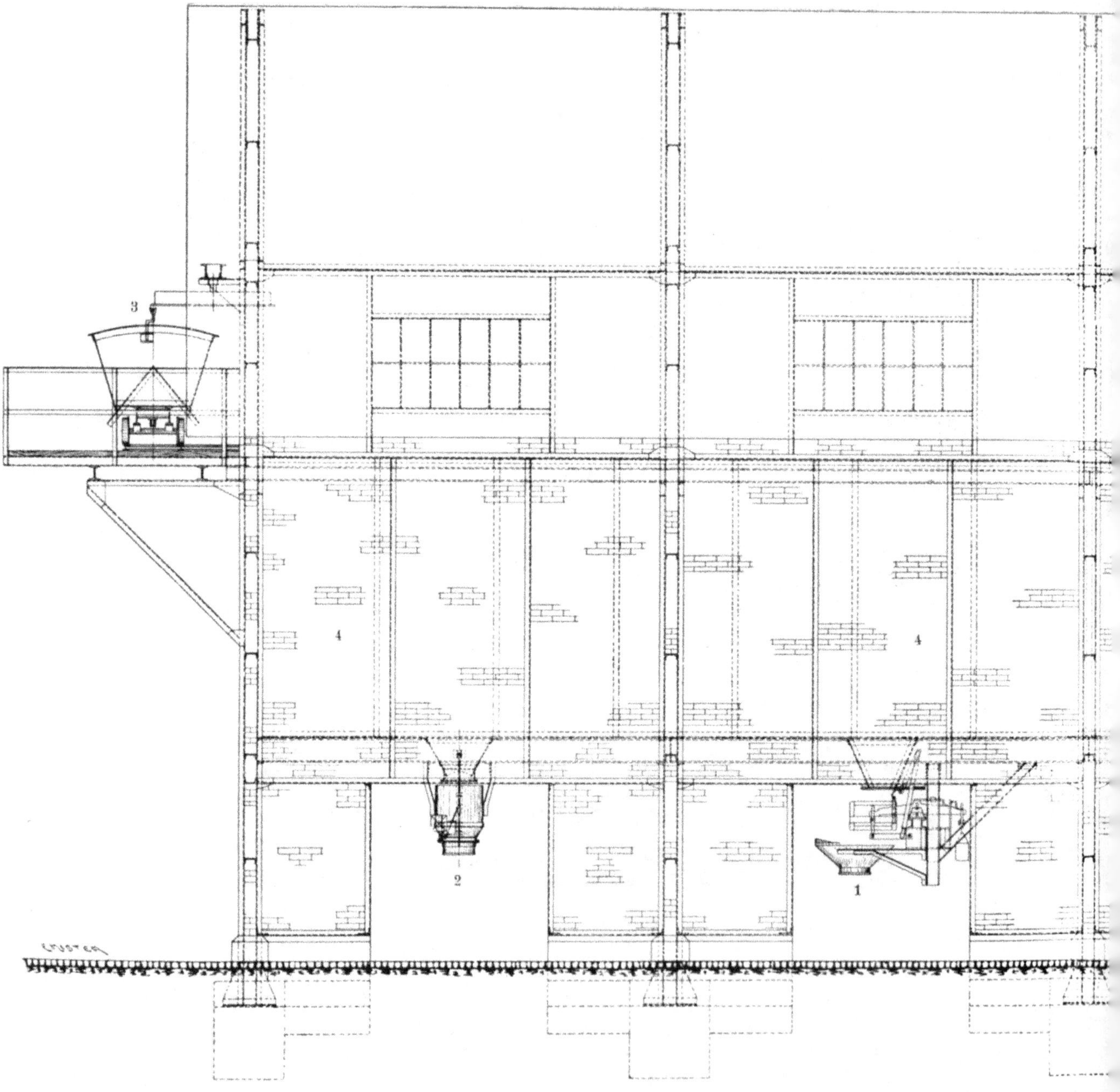

Längsschnitt durch die Hal

Tafel 15.

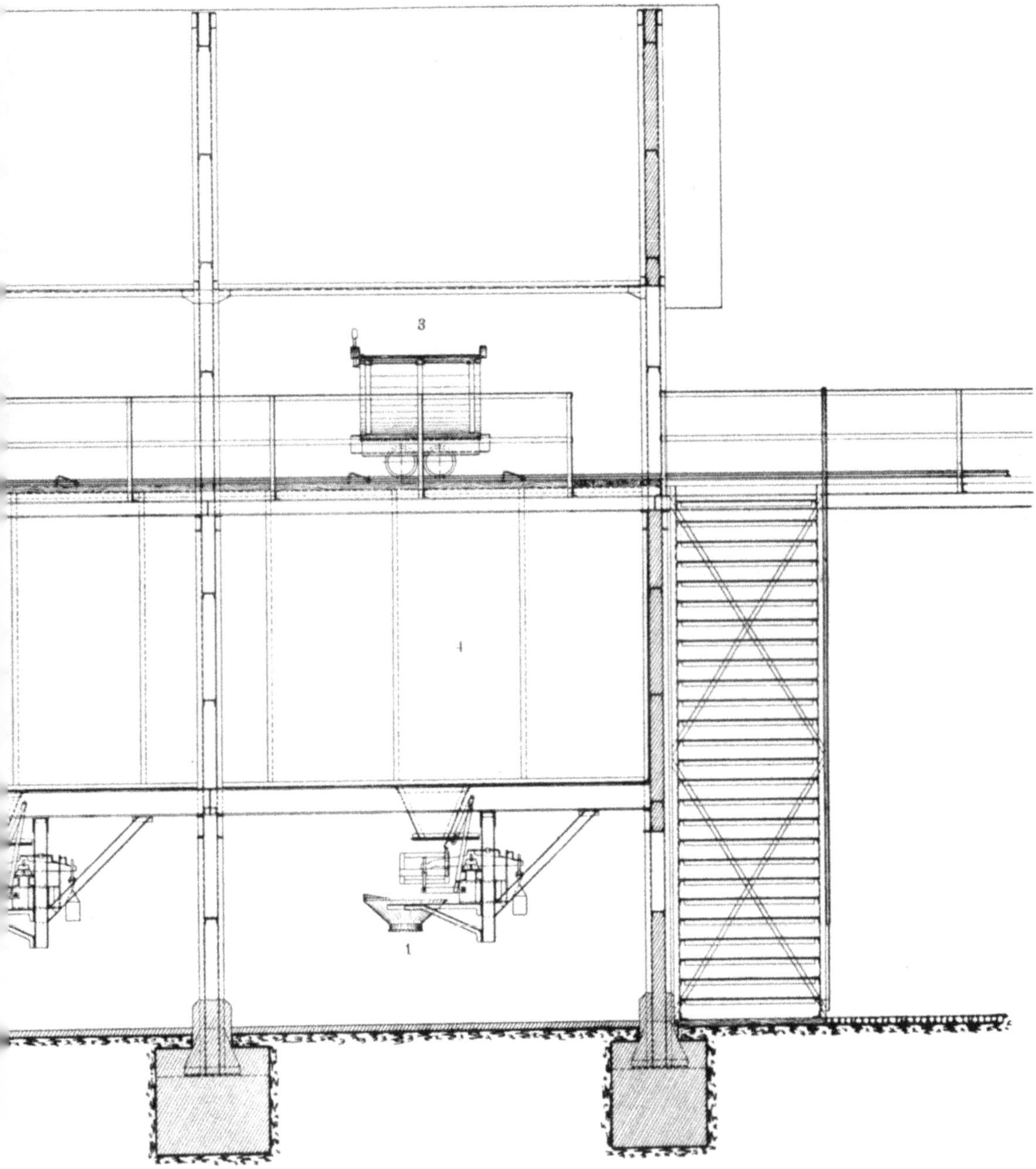

Erläuterung.

1. Wiegevorrichtung
2. Meßvorrichtung
3. Kokshochbahn
4. Koksbehälter für verschiedene Koksorten.

kskleinverkauf.

Sowohl die Becherwerke zwischen Ofenhaus und Kohlenschuppen, wie die Transportbänder, die Transportrinnen und die maschinellen Teile der Koksaufbereitungsanlage werden durch Elektromotoren angetrieben.

Jeder Ofen hat eine getrennte Vorlage und je zwei Ofenblöcke sind an eine Rohrleitung von 700 mm l. W. angeschlossen, welche das Gas der Apparatenanlage zuführt. Die einzelnen Rohrleitungen sind wieder unter sich derartig verbunden, daß sowohl die einzelnen Ofenblöcke an= wie abstellbar sind, also ganz nach Belieben benützt werden können.

Die beiden Gassammelröhren gehen unterirdisch über den Hof zu dem Apparatengebäude und sind in einem betonierten Kanal, der begangen werden kann, verlegt. Der Kanal nimmt außer diesen Leitungen auch die Wasserleitungen u. s. w. auf.

Fig. 45. Querschnitt durch den Rohrkanal.

Die **Apparatenanlage (Kondensationsanlage)** besteht, wie bereits erwähnt, aus zwei Gruppen von je 50000 cbm Tages= oder 10000000 cbm Jahresleistung. Für jede Gruppe sind zur Vorkühlung des Gases 4 Ringluftkühler und 2 Röhrenkühler angeordnet, welch' letztere Apparate auch als Wasserkühler benützt werden können, um die Temperatur des Gases vor dem Eintritt in die Cyan= und Naphthalinwäscher regeln zu können. Je 2 Kühler haben eine Umgangsleitung. Aus den Vorkühlern wird das Gas durch Gassauger angesaugt und zunächst den Teerabscheidern und nach diesen den Cyan= und Naphthalinwäschern zugedrückt.

Um volle Reserve zu haben sind für die beiden Apparatensysteme zusammen 3 Gassauger von je 3000 cbm stündlicher Leistung bei 80 Umdrehungen in der

Erläuterung:

1. Ringluftkühler.
2. Röhrenkühler.
3. Gassauger.
4. Umlaufregler.
5. Teerscheider.
6. Cyan- u. Naphthalinwäscher
7. Reutterkühler.
8. Ammoniak-Wäscher.

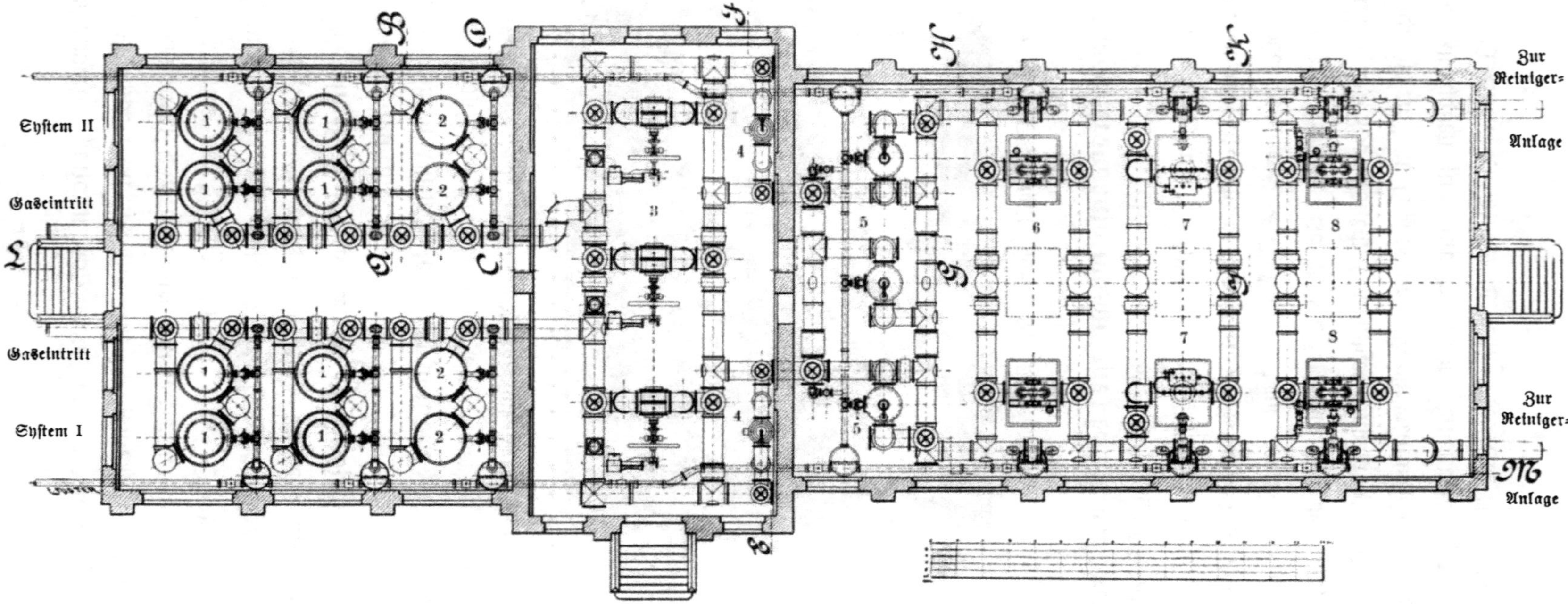

Fig. 46. Kühler-, Sauger- und Wäscheranlage (Grundriß).

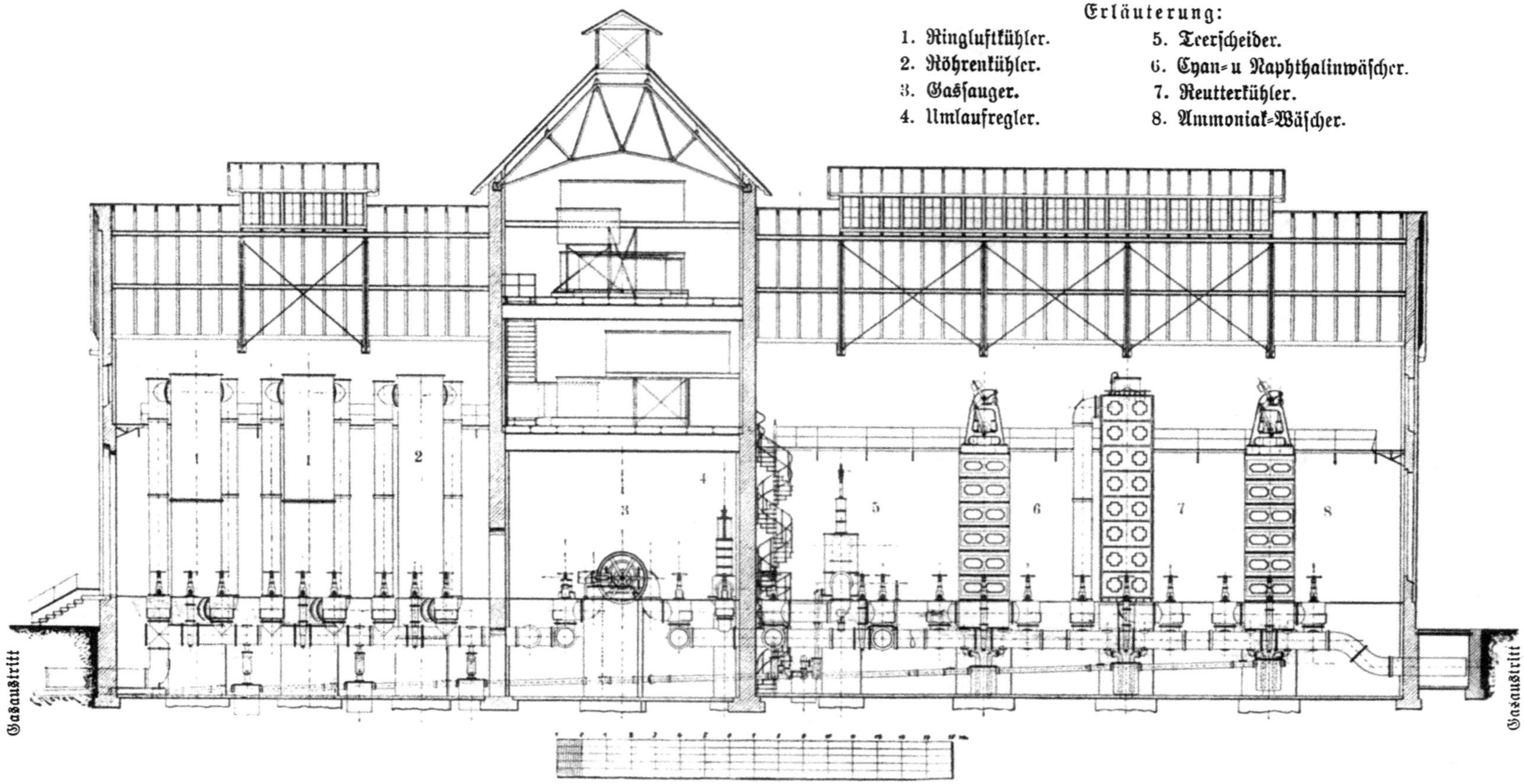

Fig. 47. Kühler-, Sauger- und Wäscheranlage (Längsschnitt).

Erläuterung:

1. Meßbehälter für reines Anthracenöl.
2. Sammelbehälter für reines Anthracenöl.
3. Sammelbehälter für Kühlwasser.
4. Sammelbehälter für Cyanschlamm.
5. Sammelbehälter für Klarwasser.
6. Sammelbehälter für gesättigtes Anthracenöl.
7. Mischbehälter für Eisenvitriol.
8. Meßbehälter für Eisenvitriol.
9. Sammelbehälter für Ammoniakwasser.

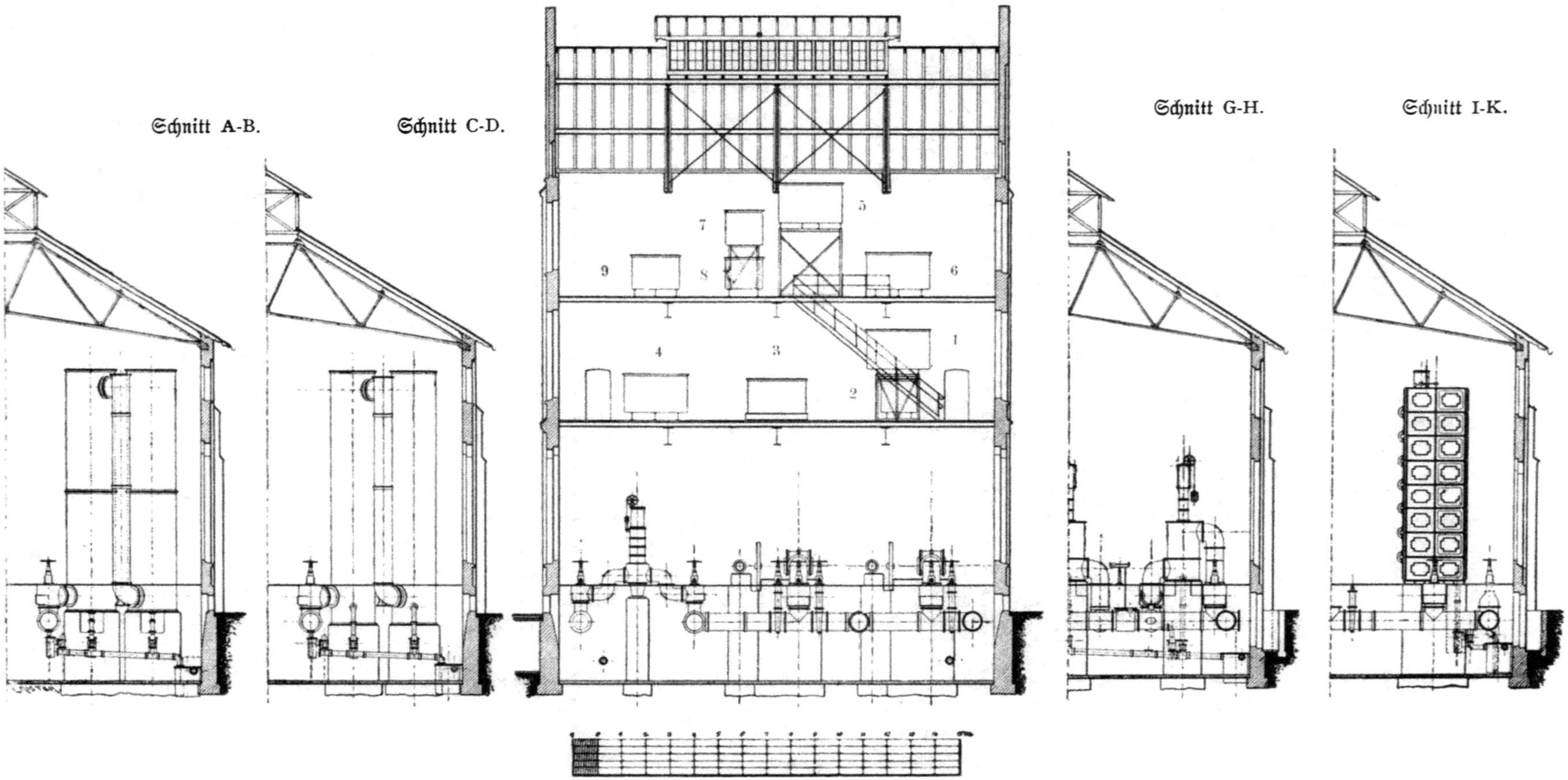

Fig. 48. Kühler-, Sauger- und Wäscheranlage (Querschnitte).

Minute vorgesehen. Die Gassauger sind mit Dampfmaschinen unmittelbar gekuppelt. Ferner ist für jede Gruppe ein Umlaufregler und für jede Dampfmaschine ein Hahn'scher Regler angeordnet. Auch bei den Teerabscheidern ist auf eine volle Reserve Rücksicht genommen, und tritt der Reservewäscher dann von selbst in Tätigkeit, wenn der im Betrieb befindliche Teerabscheider verstopft oder reinigungsbedürftig sein sollte.

Nachdem das Gas von Teer befreit ist, gelangt es in die Cyan- und

Fig. 49. Ansicht der Apparatenanlage (Kondensationsanlage).

Naphthalinwäscher, und sind hierfür 2 Ledigwäscher von je 60000 cbm Tagesleistung gewählt worden. Diese Wäscher bestehen bekanntlich aus übereinander liegenden Kammern mit Blechsystemen, denen eine auf- und niedergehende Bewegung erteilt wird. In den unteren Kammern wird das im Gase enthaltene Naphthalin mit Teeröl, in den oberen Kammern der Cyangehalt des Gases mit einer Eisenvitriollösung ausgewaschen. Aus dem mit Naphthalin gesättigten Öl wird durch Abkühlung desselben ein Teil des gelösten Naphthalins zur Ausscheidung gebracht,

Fig. 50. Ansicht des Apparatenhauses vom Koksplatz aus.

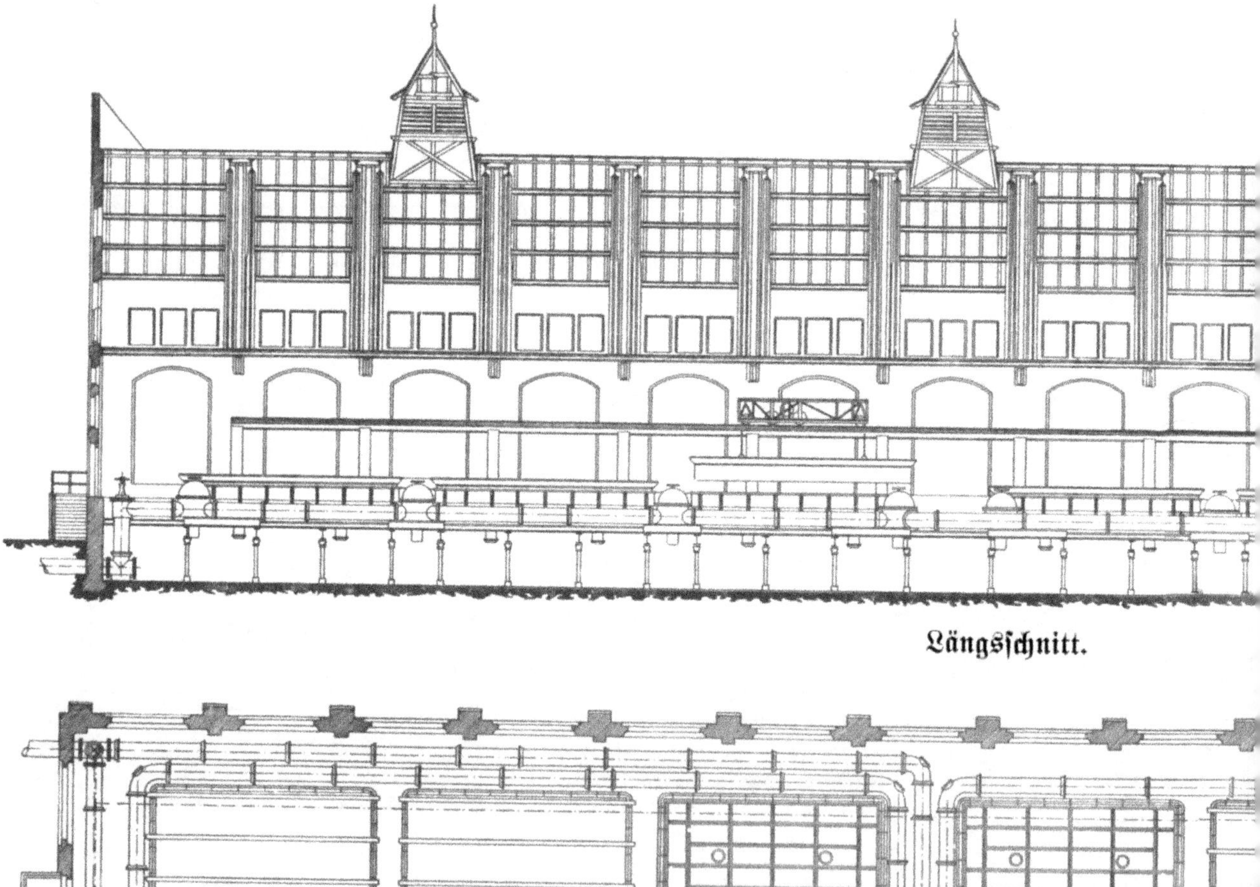

Längsschnitt.

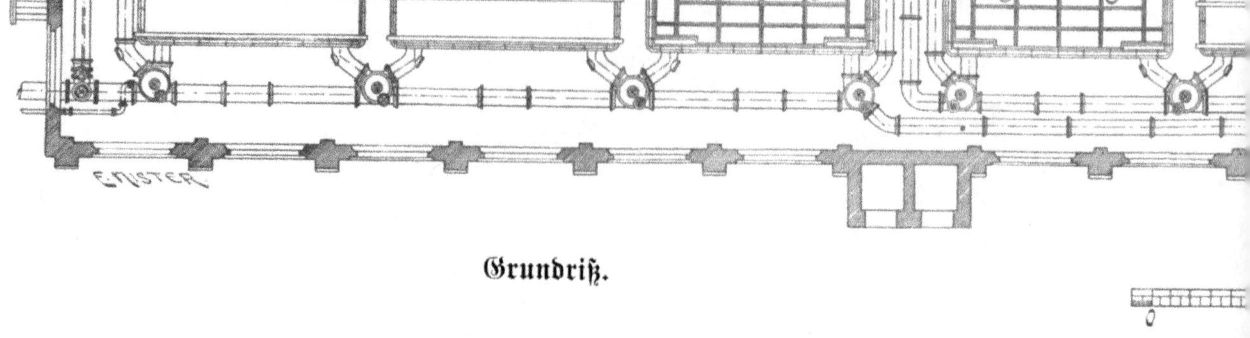

Grundriß.

Reinigeranlage (Sch

Tafel 16.

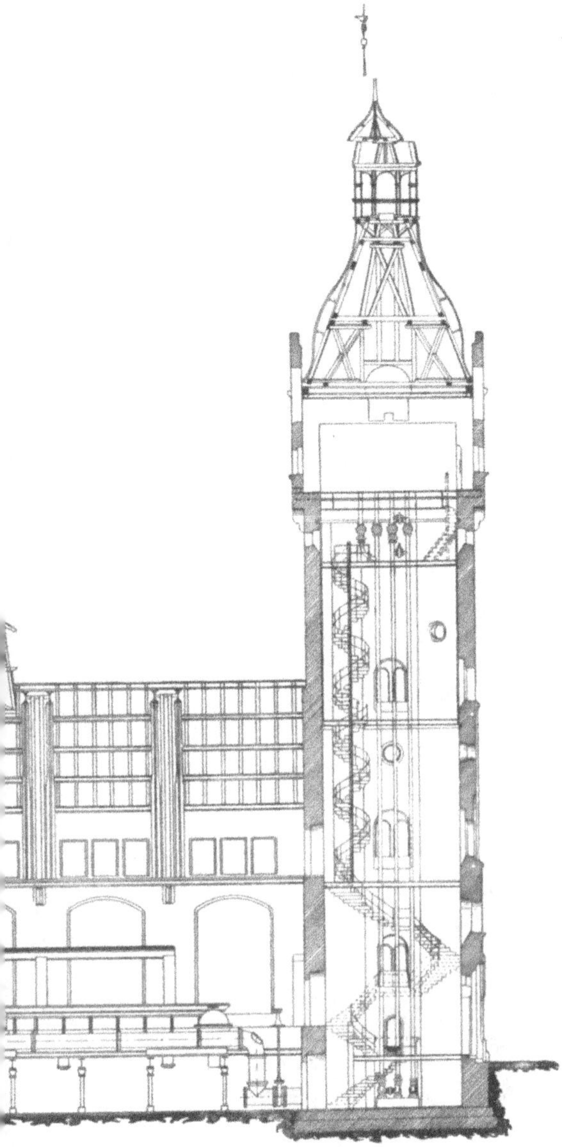

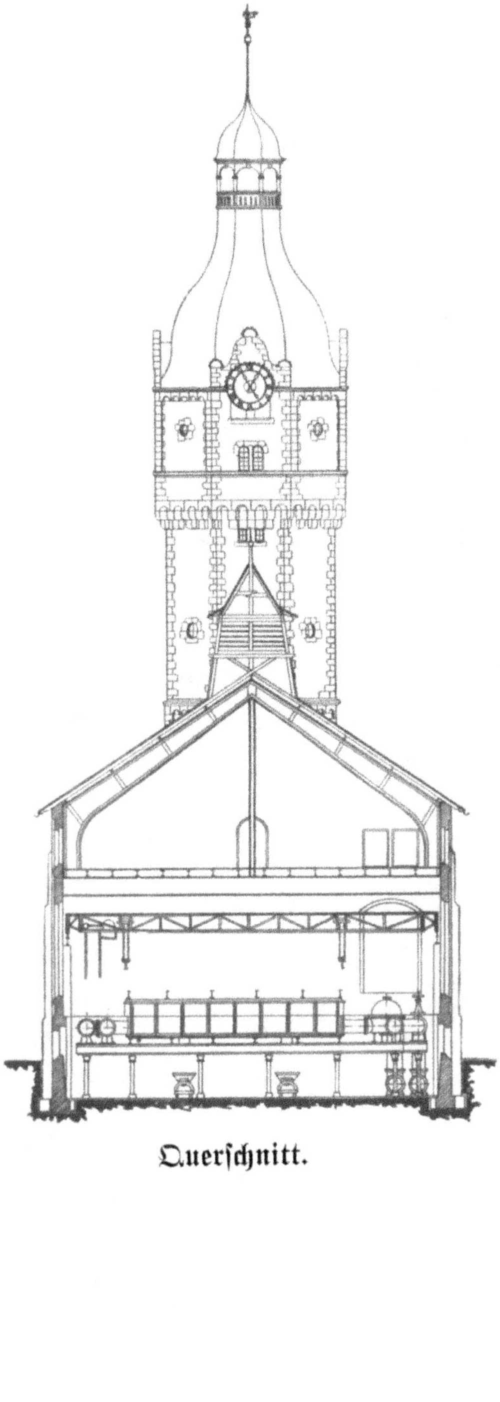

Querschnitt.

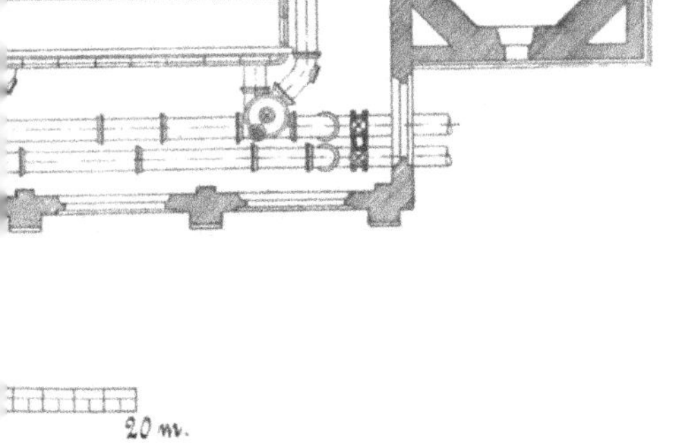

reinigung).

Ansicht des

Tafel 16 a.

…s.

worauf das so behandelte Öl im Wäscher wieder eine entsprechende Menge Naphthalin aufzunehmen vermag. Das gesättigte Öl wird zu diesem Zwecke aus dem Wäscher in ein eisernes Kühlgefäß gepumpt, das abgeschiedene Naphthalin abgeschöpft, und das Öl dem Wäscher wieder zugeführt. Das absorbierende Teeröl zirkuliert also abwechselnd zwischen dem Kühlgefäß und dem Wäscher.

Fortschreitend gelangt das Gas in die Reutterkühler (Wasserkühler mit horizontalen Kühlröhren), von wo aus es mit einer Temperatur von etwa 12° C. in die Ammoniakwäscher eingeführt wird.

Als Ammoniakwäscher dienen ebenfalls Ledigwäscher, mit welchen Apparaten im alten Gaswerk sehr gute Ergebnisse erzielt worden sind und welche bei sehr geringem Zulauf von Klarwasser das Gas mit Sicherheit von Ammoniak befreien.

Die gesamte Kühlfläche der Kondensationsanlage ist derart bestimmt worden, daß auf je 1000 cbm zu reinigendes Gas 25 qm Luftkühlfläche und 12 qm Wasserkühlfläche entfallen.

Das Apparatengebäude ist aus massivem Ziegelmauerwerk hergestellt; der Dachstuhl ist aus Eisen und Holz mit Dachpfanneneindeckung ausgebaut. Die Innenfläche des Daches wurde mit Brettern verschalt, und sind zur Lüftung hohe Fenster und Dachreiter vorhanden. Die Rohre liegen in einem hellen Rohrkeller, welcher mit schmalen Brettern von 25 mm Zwischenraum abgedeckt ist. Die Länge des Hauses beträgt 54 m, die Breite 15 m.

Die **Reinigeranlage.** Die letzten Verunreinigungen des Gases werden in der Reinigeranlage (Schwefelwasserstoffreinigung) entfernt (s. Tafel 16).

In der Reinigeranlage sind die Kästen so gewählt, daß das Gas in denselben eine Geschwindigkeit von 6 mm in der Sekunde nicht übersteigt.

Bei dieser Geschwindigkeit kann die Aufstellung von 3 Reinigern für jedes System als vollständig genügend angesehen werden, besonders wenn durch die vorherige Ausscheidung des Cyangehaltes aus dem Gase die Reinigung entlastet wird. Auch ist eine Einrichtung zur Zuführung von Luft in die Reiniger vorhanden, wodurch die Leistung derselben erheblich vermehrt wird. Es sind für jedes System 3 Reinigerkästen von je 100 qm Grundfläche aufgestellt worden, also für die ganze Anlage, d. i. für 20 Millionen cbm Jahresleistung, 6 Kästen von zusammen 600 qm Grundfläche, so daß auf 100 cbm Gas 0,6 qm Reinigergrundfläche entfallen.

Wie alle übrigen Apparate mit Umgangsleitungen versehen sind, und einzeln, sowie gruppenweise ausgeschaltet werden können, so ist auch die Reinigeranlage

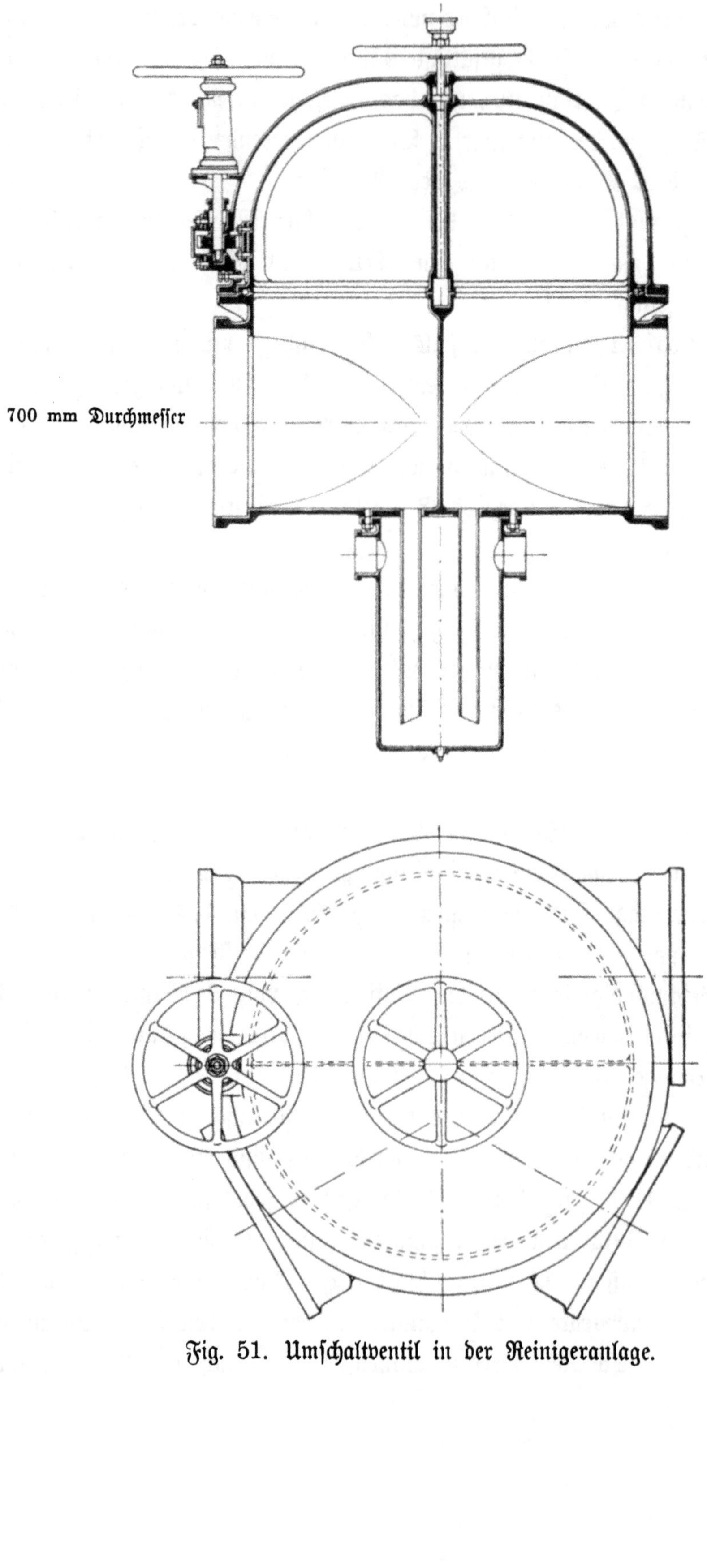

Fig. 51. Umschaltventil in der Reinigeranlage.

derartig mit Ventilen — Umschaltventile System Gareis — ausgestattet, daß auf die einfachste Weise das Ausschalten jeder Reinigergruppe, sowie jedes einzelnen Reinigers und somit eine ungehinderte Beschickung erfolgen kann. Das Füllen und Entleeren der Reinigerkästen geschieht in einfachster Weise. Die Masse fällt durch 4 im Boden eines Reinigers befindliche Öffnungen, welche durch drehbare Verschlüsse abgesperrt werden können, in bereit gestellte Wagen, welche auf Geleisen laufen. Ein elektrisch betriebener Doppel-Aufzug bringt diese Wagen auf

Fig. 52. Rohrkeller im Reinigerhaus.

den Regenerierboden, der oberhalb des Reinigungsraumes angeordnet ist. Von hier aus wird sowohl die regenerierte, als auch die frische Masse mittelst Segeltuchschläuchen auf die einzelnen Hordenlagen heruntergelassen. Die Reinigerkästen stehen auf Säulen und sind ringsherum zugänglich. Das Heben und Senken der Reinigerdeckel, die aus den 600 mm tiefen Wasserabschlußtassen gehoben und zwecks Bedienung der Kästen fortgefahren werden müssen, erfolgt durch einen Laufkran mit Seilbetrieb von 11000 kg Tragfähigkeit.

Fig. 53. Ansicht des Reinigerhauses vom Koksplatz aus.

Das Reinigergebäude ist aus massivem Backsteinmauerwerk hergestellt; dasselbe enthält wie das Apparatengebäude große hohe Fenster und einen hellen Rohrkeller.

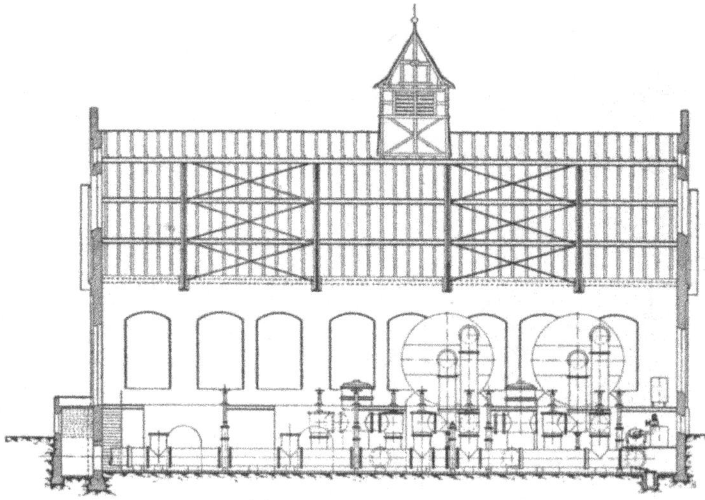

Schnitt A—B.

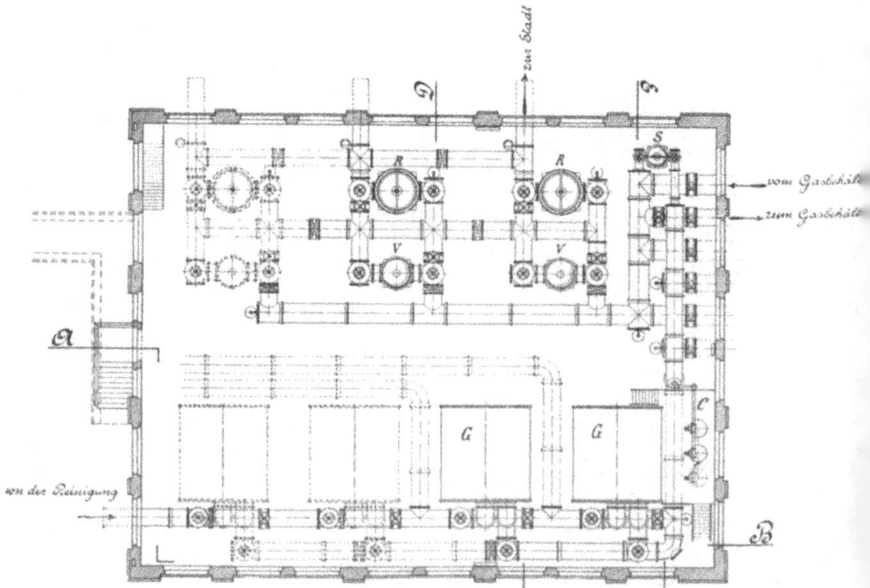

Grundriß.

Stationsgasmesse

Tafel 17.

gler
er
ler

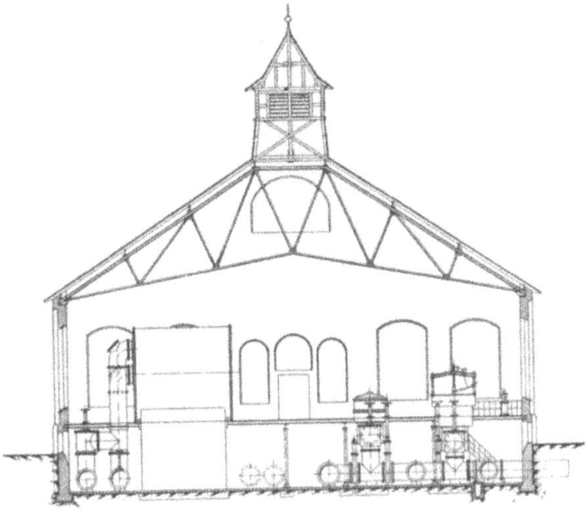

Schnitt C—D.

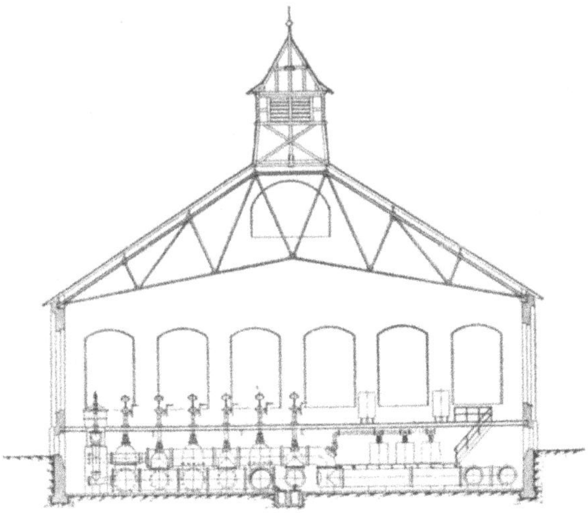

Schnitt E—F.

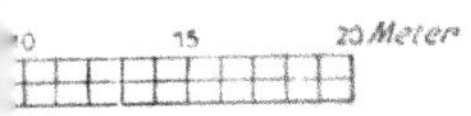

anlage.

Dicht über dem Regenerierboden sind in den Längswänden verstellbare Fenster angebracht. Der Dachstuhl besteht aus Eisen und Holz mit Dachpfanneneindeckung. Die Innenfläche des Daches ist mit Brettern verschalt, die Dachbinder sind aus genieteten Blechträgern als Dreigelenkbogen ausgeführt. Bemerkenswert an der Konstruktion ist, daß die Unterzüge der Zwischendecke an den Dachbindern aufgehängt sind, derart, daß der Reinigerraum ganz frei von Stützen gehalten werden konnte. Auch der Dachraum ist von Gespärren freigeblieben.

Fig. 54. Reinigerhaus im Bau.

Die Gesamtlänge des Hauses beträgt 80 m, die lichte Breite 18 m. Der höchste Punkt der Binder-Untergurtkante liegt noch etwa 8,5 m über dem Fußboden des Regenerierraumes. Zur Ventilation dienen 3 als Reiter auf dem Satteldach aufgesetzte Schlote, welche im Innern mit verstellbaren Klappen versehen sind.

Von der Reinigeranlage gelangt das für den Verbrauch fertige Gas in die Stationsgasmesser (s. Tafel 17).

Die **Gasmesser- und Regleranlage.** Die Gasmesser sind mit den

Stadtdruckreglern zusammen in einem Gebäude aufgestellt, welches so groß bemessen ist, daß die Apparate für den Endausbau des gesamten Werkes darin Platz finden.

Für jede Gruppe von 20000000 cbm Jahresleistung ist ein Gasmesser für 100000 cbm Tagesleistung vorhanden und für alle 3 Gruppen 1 Reserveapparat.

Bei dem ersten Ausbau sind 2 Gasmesser aufgestellt worden.

Die Meßtrommel der Gasmesser wird in bekannter Weise durch das Gas in drehende Bewegung versetzt und überträgt diese Bewegung auf ein Zählwerk, an

Fig. 55. Dachkonstruktion des Reinigerhauses (Regenerierboden).

welchem der Gasdurchgang unmittelbar abgelesen werden kann. Jeder Gasmesser hat einen Durchmesser von 5,6 m und eine Länge von 5,5 m bei einem Trommelinhalt von 60 cbm für eine Umdrehung. Bei 75 Umdrehungen in der Stunde geht demnach durch jeden Gasmesser eine Gasmenge von $60 \times 75 = 4500$ cbm.

Die Anschlußleitung hat einen lichten Durchmesser von 1000 mm und ist so angeordnet, daß durch entsprechende Stellung der Schieber und Ventile jedes System ausgewechselt werden kann.

Nachdem das Gas gemessen worden ist, tritt es in die Gasbehälter und von diesen in die Regulatoren, deren Ausgang in das Stadtrohrnetz mündet.

Für den gesamten Gaswerksbau sind 3 Vordruckregler und 3 Stadtdruckregler (System Gareis) vorgesehen, sodaß die Stadt nach 3 Himmelsrichtungen mit Gas versorgt werden kann.

Zunächst sind 2 Regler jeder Gattung zur Ausführung gelangt.

Fig. 56. Ansicht des Gasmesser- und Reglergebäudes.

Der Zweck des Vordruckreglers besteht einesteils darin, den hohen Druckunterschied, den die verschiedenen Gasbehälterglocken je nach ihrem Stand äußern, zu reduzieren, sowie anderenteils die bei Sturm und beim Einhaken der Tassen auftretenden Stöße und plötzlichen Druckschwankungen aufzunehmen und auszugleichen, so daß der Druckregler nur die infolge des ungleichen Gasverbrauches auftretenden Schwankungen zu regeln braucht. In dem Uhren- und Reglergebäude ist außerdem noch ein Sicherheitsregler von 500 mm l. W. aufgestellt,

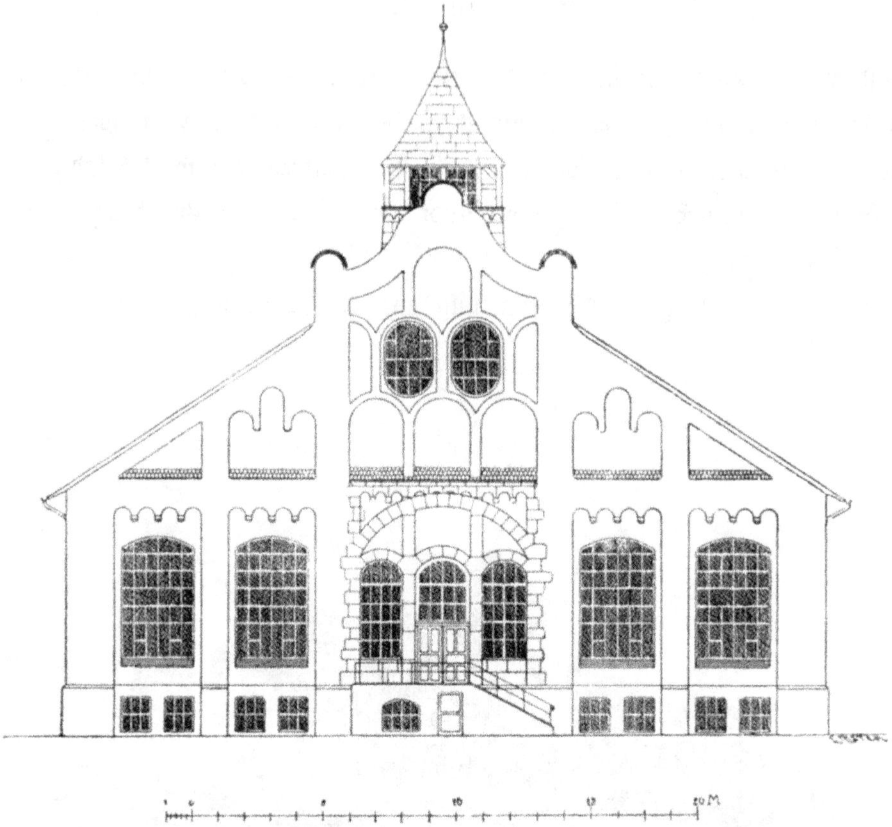

Fig. 57. Gasmesser= und Reglergebäude (Giebelansicht).

Fig. 58. Gasmesser= und Reglergebäude (Seitenansicht).

der verhindert, daß bei vorkommender falscher Einstellung der Gasbehälterschieber ein vollständiges Absperren des zur Stadt gehenden Gasstromes eintreten kann.

Zur Kontrolle der Wirkung der Stadtdruckregler sind 2 Druckregistrierapparate System Crosley vorhanden; außerdem für sämtliche Apparate Manometer, welche die jeweilige Höhe des Gasdruckes erkennen lassen. Ferner sind noch 2 Benzolverdampfungsapparate zur Carburierung des Gases im Uhrenhause untergebracht.

Das Gebäude ist aus massivem Ziegelmauerwerk hergestellt, hat hohe Fenster und einen hellen Rohrkeller; das Dach besteht ganz aus Eisen und Holz, die innere Dachfläche ist mit Brettern verschalt.

Fig. 59. Rohrkeller des Gasmesser- und Reglergebäudes.

Abmessungen der Betriebsrohrleitungen. Für die Betriebsrohrleitungen wurden folgende Abmessungen gewählt: Saugleitung, d. i. die Leitung von den Öfen bis vor die Sauger, von jedem Öfenhaus ab und für jedes System 700 mm l. W., entsprechend einer max. Geschwindigkeit des Gases in der Sekunde von V = 1,7 m Druckrohrleitung, d. i. die Leitung hinter den Gassaugern, ebenfalls 700 mm. Die Betriebsrohrleitung hat 1000 mm l. W., und ist in allen Teilen auf die Entwässerung sämtlicher Leitungen Rücksicht genommen worden. Auch sind Sicherheitstöpfe in genügender Anzahl vorgesehen, welche bei einer etwaigen Druckanstauung des Gases in den Rohrleitungen das Gas entweichen lassen.

Sammelgrube und Hochbehälter. Die Kondensationsprodukte aus den Rohrleitungen wie aus den Apparaten werden zusammen in eine Sammelgrube geführt, welche derart angelegt ist, daß Teer und Ammoniakwasser selbsttätig

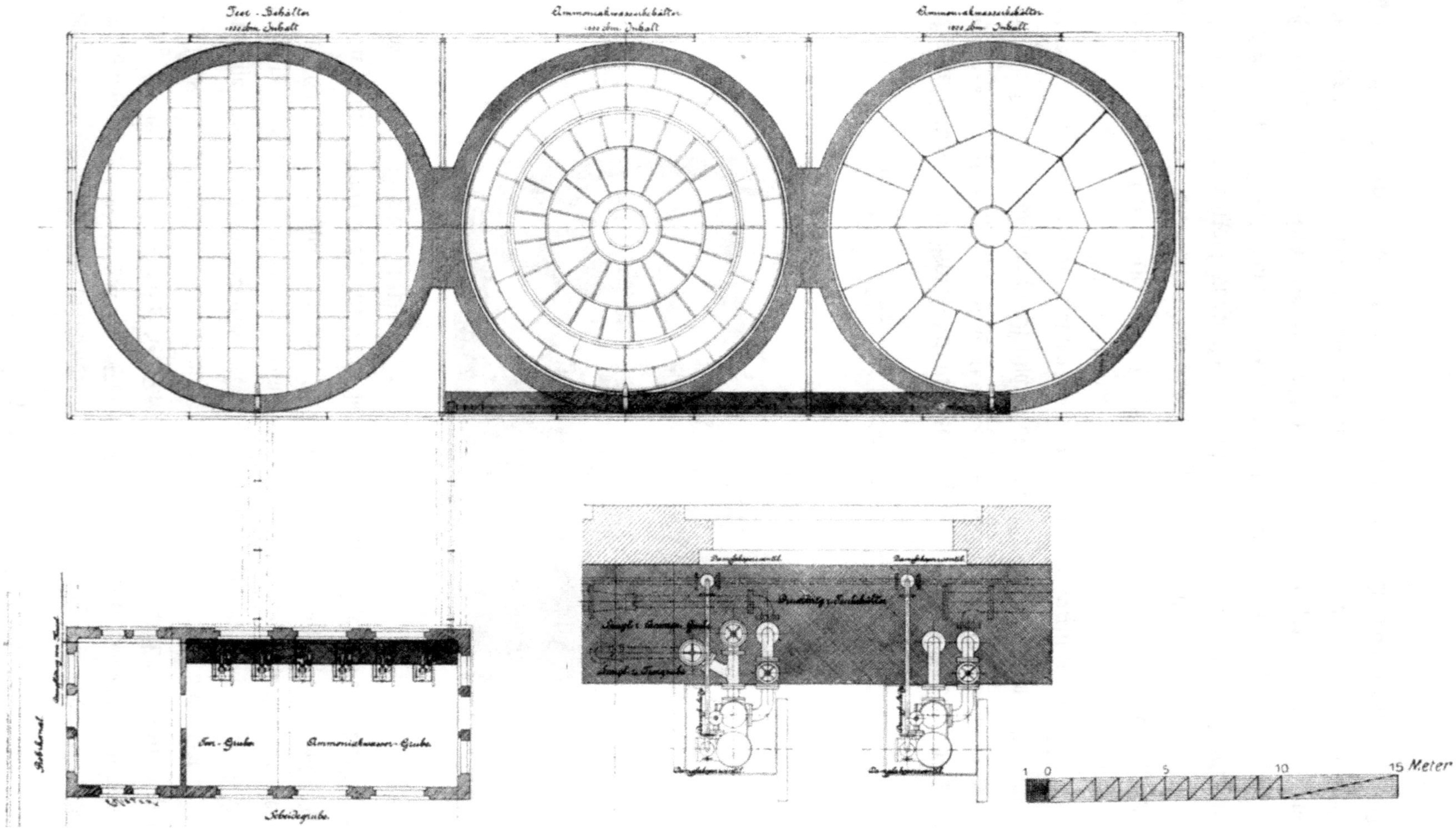

Fig. 60. Hochbehälter für Teer und für Ammoniakwasser (Grundriß).

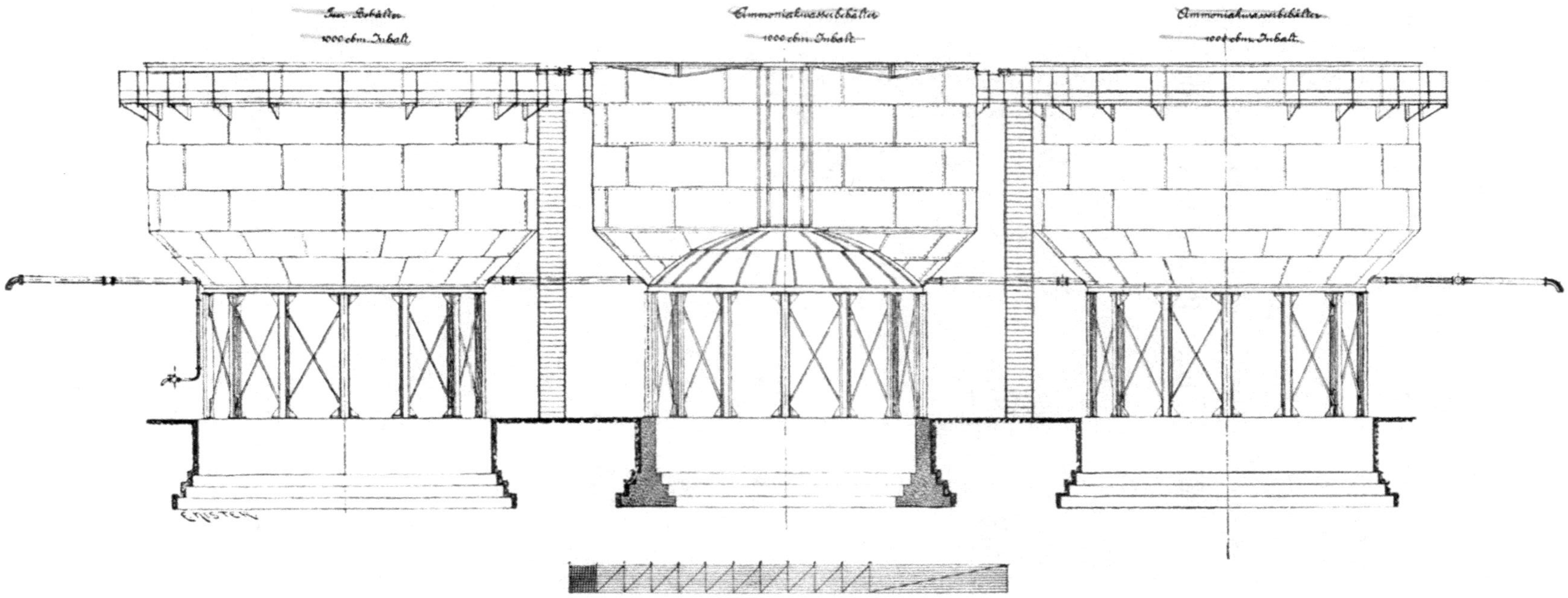

Fig. 61. Hochbehälter für Teer und ~~für Ammoniakwasser~~ (Aufriß).

in die hiefür bestimmten Gruben übergehen. Die Leitung zwischen Ofen- und Apparatengebäuden wird unterirdisch geführt und da dieselbe ein entsprechendes Gefälle erhalten mußte, so bekam die Sammelgrube eine solch tiefe Lage, daß von ihr aus die Kondensationsprodukte in die hiefür bestimmten Hochbehälter gepumpt werden müssen. Die Vorsammelgrube hat eine Größe erhalten, daß ihr Inhalt für 5 Betriebstage ausreicht.

Die schmiedeeisernen Hochbehälter wurden nach der Bauart „Intze“ ausgeführt. Die Form des Intzebehälters bietet für diesen Fall besondere Vorzüge. Es

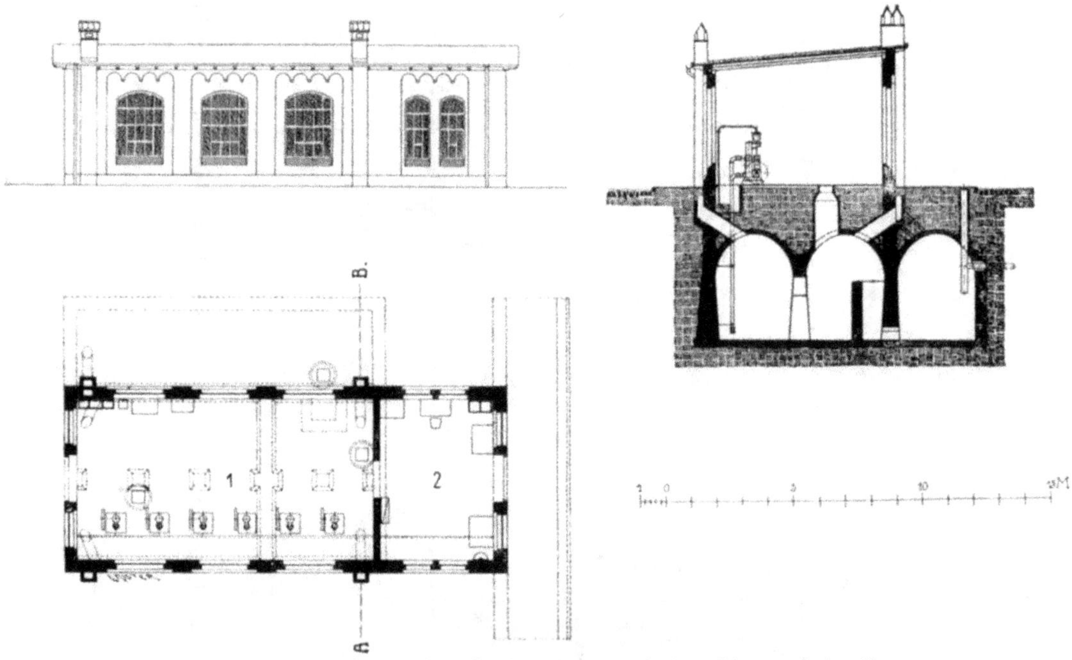

Fig. 62. Die Sammelgrube für Teer und für Ammoniakwasser.

baut sich der Behälter auf sehr geringem Unterbau auf und kann außen an allen Stellen jederzeit nachgesehen werden, sodaß Verluste nicht zu befürchten sind.

Außerdem kann der Behälterinhalt in seiner Höhenlage zu den zu füllenden Eisenbahnwagen und Fässern gut ausgenützt werden, während das zu verarbeitende Ammoniakwasser unmittelbar den Behältern der Ammoniakfabrik zufließt.

Für den ersten Ausbau des Gaswerkes sind 3 Behälter für je 1000 cbm Inhalt vorhanden und durch Röhren und Schieber in geeigneter Weise miteinander verbunden.

Die Räume unter den Behältern dienen als Lagerräume.

Fig. 62a. Ansicht des Pumpenhauses.

Fig. 63. Teer- und Ammoniakwasserpumpen.

Die Behälter sind leicht umbaut. Das Gebäude ist entsprechend der Zahl der Hochbehälter in 3 gleichen, nebeneinanderliegenden Hallen von je 16 m Breite und 16 m Länge ausgeführt. Die lichte Höhe beträgt 15,5 m. Die Umfassungswände sind 1/2 Stein starke Fachwerkswände, das Dach ist mit Pappe auf Holzschalung und eisernen Pfetten eingedeckt. Auf dem First jeder Halle ist ein Dachreiter mit verstellbaren Jalousien gesetzt. In der Höhe des oberen Randes

Fig. 64. Das Füllen der Kesselwagen mit Teer.

der Hochbehälter laufen rings an den Wänden je 1 m breite mit Holz abgedeckte Laufstege, welche durch Treppen mit dem Erdboden verbunden sind.

Die **Ammoniakfabrik** liegt, wie bereits erwähnt, in der Nähe der Ammoniakhochbehälter und ist für die Verarbeitung des Wassers zu schwefelsaurem Ammoniaksalz eingerichtet (s. Tafel 18).

In dem Mittelbau des Gebäudes sind 3 Abtreibapparate (System Feldmann) von 50, 18 und 12 cbm täglicher Leistungsfähigkeit aufgestellt, sodaß in 24

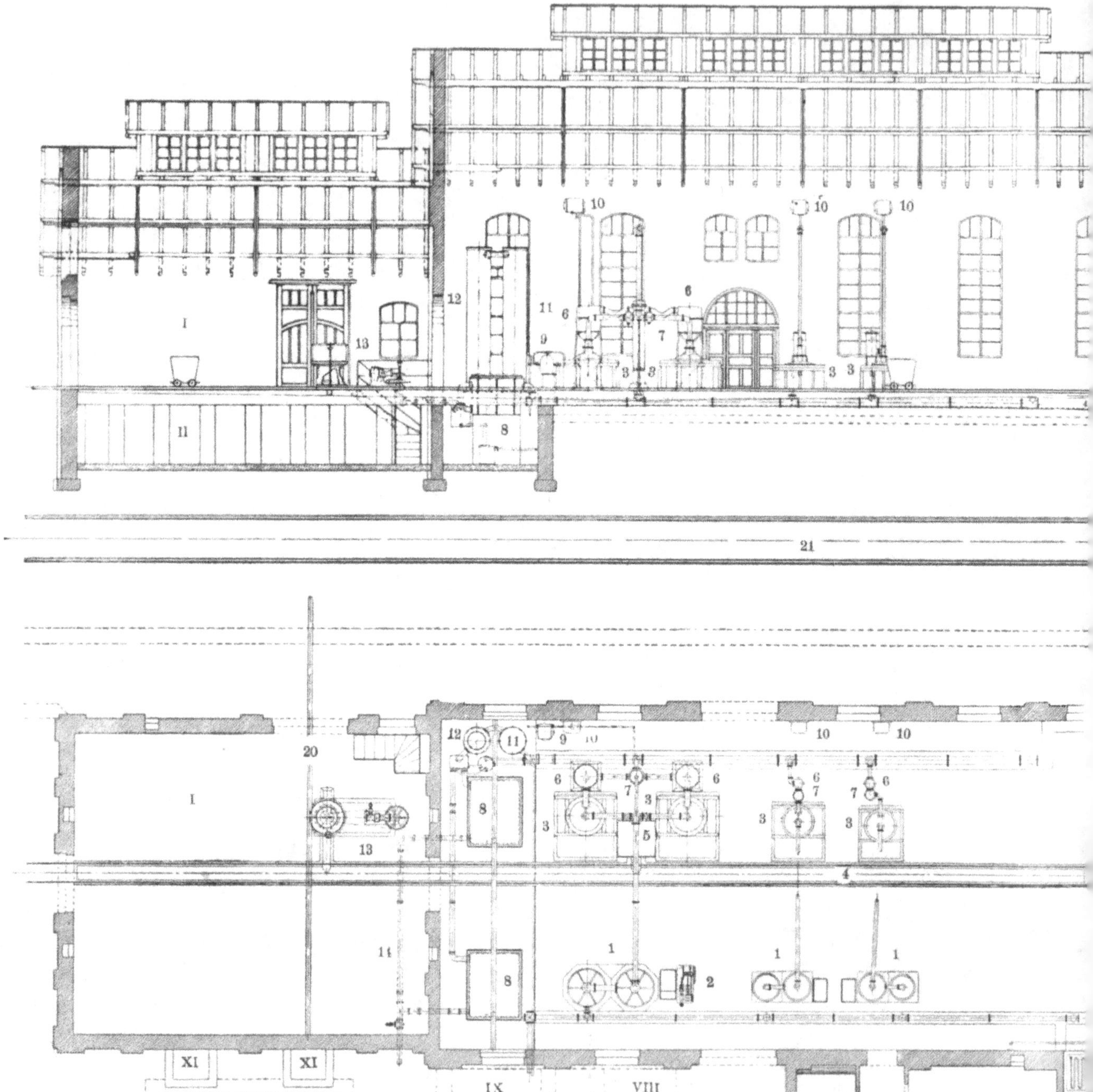

Ammoniakverarbeitungs-

Tafel 18.

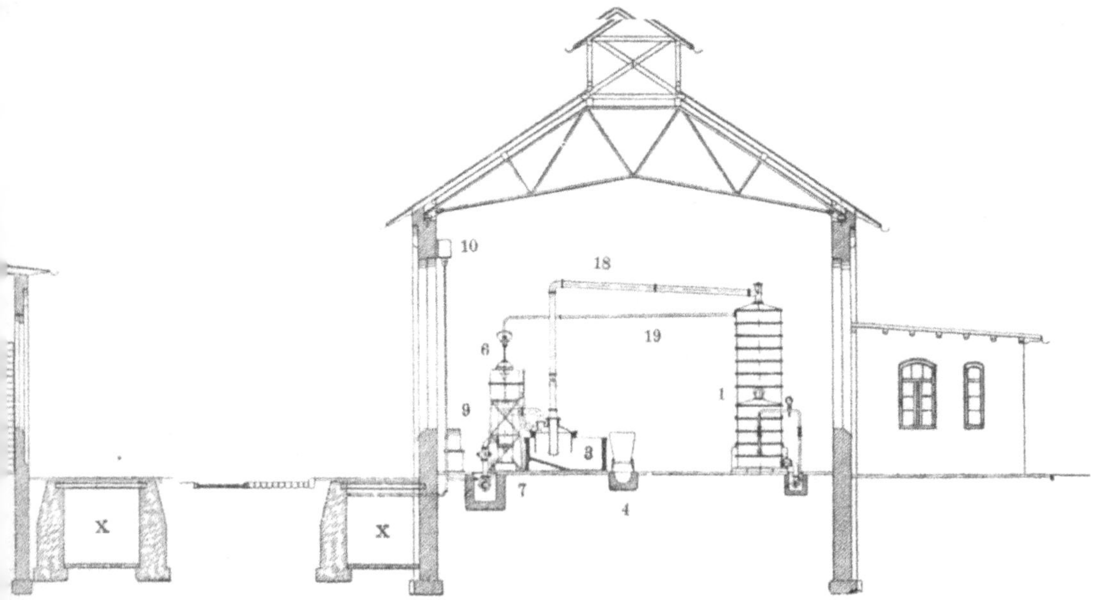

Erläuterung.

I. Salzlager
II. Heizkeller
III. Aborte
IV. Durchgang
V. Arbeiteraufenthaltsraum
VI. Geräteraum
VII. Auslaugekasten
VIII. Kalkgruben
IX. Abwassergruben
X. Rohrkanal
XI. Lichtschächte.

1. Abtreibapparate
2. Kalkmilchpumpe
3. Sättigungskästen
4. Steinerne Abtropfrinne
5. Laugengrube
6. Säurevorlage
7. Vorwärmer
8. Reiniger für die Abgase
9. Ammoniakwassermesser
10. Schwimmerkasten
11. Wasserkühler
12. Luftkühler
13. Zentrifuge
14. Leitung für Abgase
15. Luftpumpe
16. Hochbehälter für Schwefelsäure
17. Meßgefäß für Schwefelsäure
18. Leitung zu den Sättigungskästen
19. Ammoniakwasserleitung
20. Salzverladung
21. Eisenbahngeleise.

nmoniakfabrik).

Stunden 80 cbm Wasser von 3^0 Bé. verarbeitet und dadurch etwa 5000 kg Salz erzeugt werden können.

Die beiden kleinen Apparate stammen aus dem Betrieb des alten Gaswerkes; für die Aufstellung weiterer Destillationsapparate ist entsprechender Raum vorgesehen.

Die Zuleitung des Ammoniakwassers erfolgt unmittelbar von den Hochbehältern aus und wird dessen Menge durch einen Kolbenwassermesser bestimmt, während der gleichmäßige Zulauf durch ein Schwimmerventil geregelt wird. Eine für die 3

Fig. 65. Hochbehälter für Teer und für Ammoniakwasser.

Apparate gemeinschaftliche Dampfkalkmilchpumpe führt denselben die jeweils nötige Kalkmenge zu; die Kolbenbewegung betätigt gleichzeitig eine in dem Kalkkasten angebrachte Rührvorrichtung. Die Kalkmilch wird aus der außerhalb des Gebäudes liegenden Kalkgrube mittelst eines Dampfinjektors in das Kalkgefäß der Pumpe gespeist.

Über den Sättigungskästen sind sogenannte Säurevorlagen angebracht, in welchen die Abgase, bevor sie in die hierfür bestimmte Reinigung und dann in den Schornstein der Dampfkesselanlage gelangen, mit Schwefelsäure gewaschen werden, um noch die letzten Spuren von Ammoniak zu gewinnen.

Die für die Salzfabrikation erforderliche Schwefelsäure wird in Kesselwagen bezogen und mittelst einer Luftpumpe in einen hochstehenden Vorratsbehälter gedrückt, aus welchem sie durch Bleirohrleitungen in die Sättigungskästen abfließt.

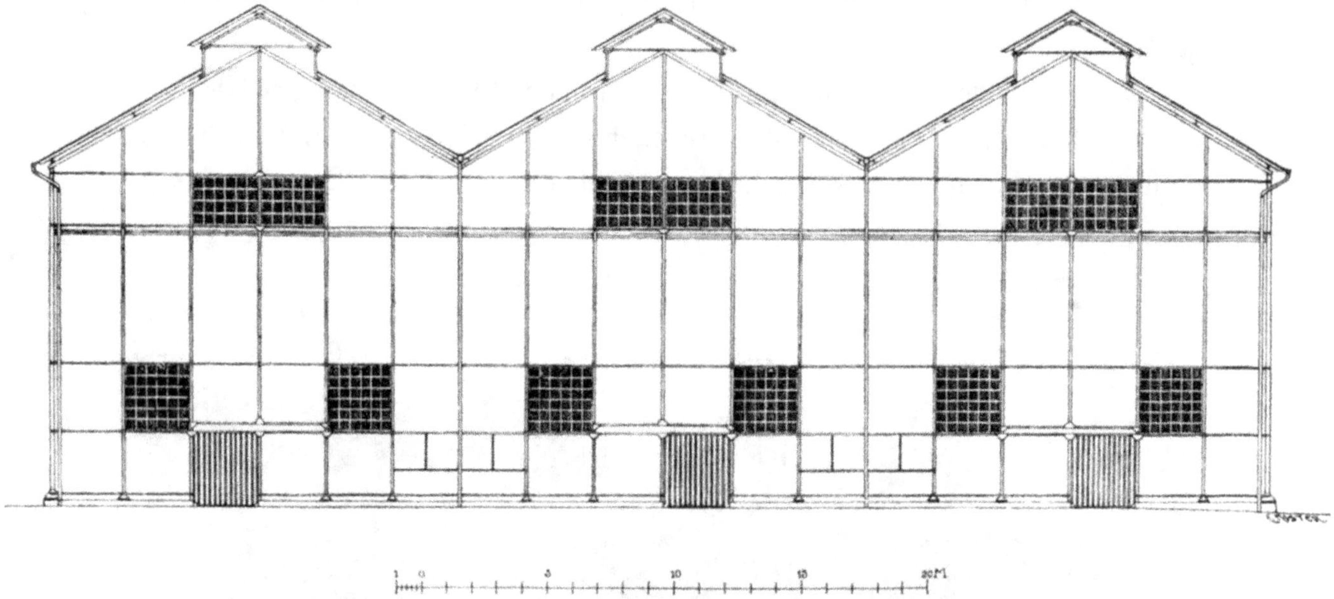

Fig. 66. Haus um die Teer- und Ammoniakwasserbehälter.

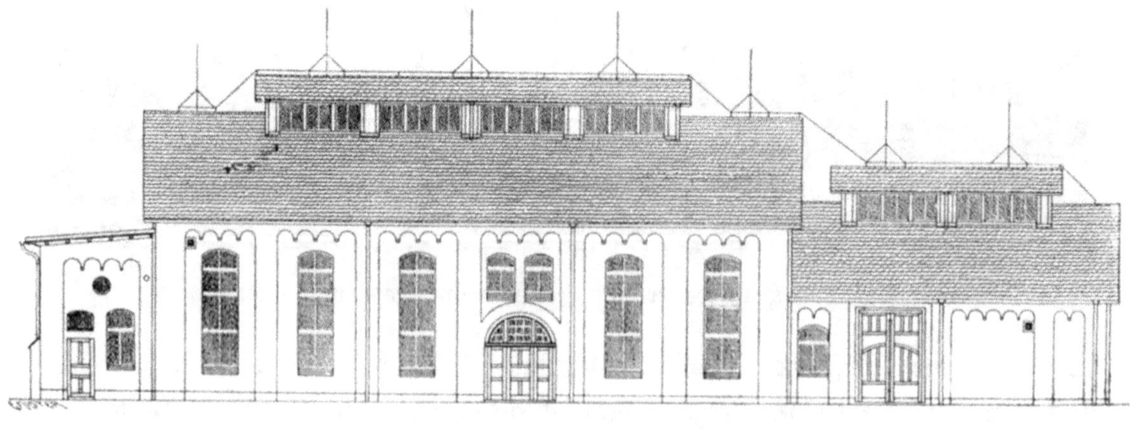

Fig. 67. Ansicht der Ammoniakfabrik.

Das Abwasser aus den Apparaten wird in eine große, außerhalb des Gebäudes liegende Klärgrube geleitet.

Das erzeugte Salz wird aus den Kästen in Abtropfwagen geschöpft, welche auf einem durch die ganze Länge des Arbeitsraumes führenden Geleise in das anstoßende Trockenlager gefahren werden.

Die Wände und der geneigte Boden des Trockenlagers (Salzlager) sind mit Bleiauskleidung versehen.

Die aus dem Salz abtropfende Lauge läuft in einer zwischen den Schienen angeordneten Steinrinne in die Laugengrube ab. Diese Lauge dient zur Verdünnung der Schwefelsäure und wird zu diesem Zwecke mittelst eines Injektors den Sättigungskästen zugeführt.

Das fertige Salz kann bequem auf Eisenbahnwagen verladen werden, da das Bahngeleise unmittelbar an der Ammoniakfabrik vorbeiführt.

In einem Anbau befindet sich ein Aufenthaltsraum für die bei der Salzbereitung beschäftigten Arbeiter und eine Bedürfnisanstalt.

Die Heizungsanlage. Die sämtlichen Apparatenhäuser sind mit Dampfheizungen ausgestattet, welche größtenteils in den geräumigen Kellern dieser Gebäude Aufstellung gefunden haben, wodurch ein Herabsinken der Gastemperatur verhindert wird und gleichzeitig die Räume so beheizt werden, daß ein Einfrieren der Wasserverschlüsse ausgeschlossen ist. Außer der Kondensationsanlage und den Baderäumen, welche mit dem Abdampf der Gassauger-Dampfmaschinen geheizt werden, sind die größeren hallenförmigen Räume der Fabrik — Reinigerhaus, Gasmessergebäude, Ammoniakfabrik und das Haus um die Hochbehälter für Teer und für Ammoniakwasser — mit einer von den üblichen Ausführungen abweichenden Heizungseinrichtung versehen. Diese Heizung wurde nach den Angaben des Direktors und Gemeindebevollmächtigten O. Krell sen. hergestellt.

Der von den Kesseln mit 10 Atm. gelieferte Dampf wird unmittelbar zur Heizung verwendet.

In den Figuren 68 und 69 bezeichnet:

a Dampfzuleitung
b Manometer zum Anzeigen des Dampfdrucks
c Dampfventil
d Heizschlangen
e Ableitungsrohr für das Kondenswasser
f Ausblaseventil
g Nadelventil
h Ausguß, verbunden mit Kondenswasserrückleitung.

Wirkung der Heizung. Das Dampfventil c wird immer vollständig offen gehalten, das Ausblaseventil f bleibt geschlossen und wird nur ausnahmsweise, wenn die kalte Heizung schnell in Gang gesetzt werden soll, geöffnet.

Die Regulierung der Heizung geschieht durch das Nadelventil g.

Ist das Nadelventil geschlossen, so wird sich der durch a bei offenem Ventil c in die Heizschlange d eintretende Dampf dort kondensieren und nach kurzer Zeit das

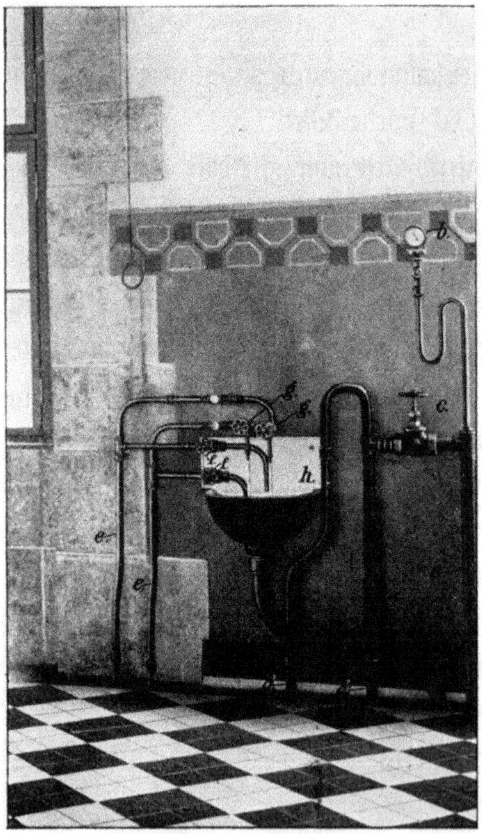

Fig. 68. Regulierung der Hochdruck-Dampfheizung im Gasmessergebäude.

Fig. 69. Regulierung der Hochdruck-Dampfheizung im Reinigergebäude.

ganze Heizschlangensystem d bis zu dem Ventil c mit Wasser füllen, welches sich auf Raumtemperatur abkühlt.

Eine Wärmeabgabe nach dem Raum findet dann auch bei offenem Dampfventil c und 10 Atm. Dampfdruck nicht statt.

Wird nun das Nadelventil g etwas geöffnet, so fließt kaltes Kondenswasser bei g in den Ausguß aus und in die Heizschlangen d tritt solange Dampf ein, bis die Menge des durch die nun in Tätigkeit tretenden Heizflächen kondensierten Wassers genau ebensoviel beträgt als Wasser bei g durch das Nadelventil ausfließt. Je nachdem das Nadelventil mehr oder weniger geöffnet wird, wirken größere oder kleinere Rohrflächen selbsttätig als Dampfheizflächen.

Der Durchmesser des Nadelventils ist derartig bemessen, daß dasselbe bei 10 Atm. Überdruck und ganz geöffnet weniger Wasser ausströmen läßt, als durch die Heizschlangen kondensiert wird. Es kann somit niemals Dampf bis an das Nadelventil zur Ausströmung kommen.

Die Regulierung der Heizung nur durch ein Nadelventil ist sehr einfach und wird noch besonders durch den sichtbar austretenden Wasserstrahl, wodurch eine unmittelbare Schätzung der jeweils zugeführten Dampfmenge ermöglicht ist, erleichtert.

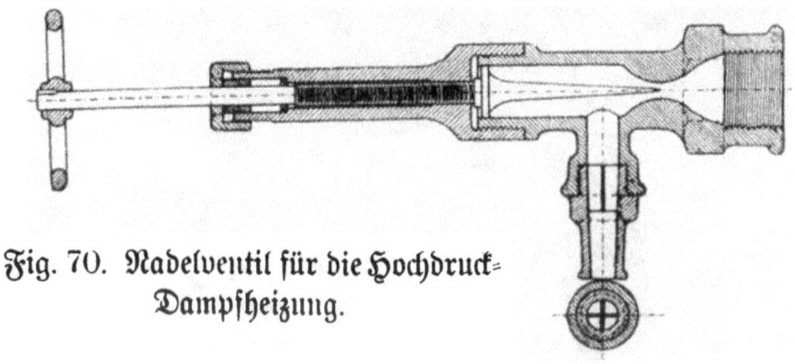

Fig. 70. Nadelventil für die Hochdruck-Dampfheizung.

Nur bei der Maximalleistung, bei größter Kälte, sind die Heizschlangen nahezu ganz mit Dampf erfüllt, den bei weitem größeren Teil der Heizzeit jedoch werden die Heizschlangen nach dem Ende zu mit Kondenswasser gefüllt. Diese mit Kondenswasser gefüllten Abteilungen der Heizschlangen kühlen auch das Kondenswasser ab, wodurch die im Kondenswasser enthaltene Wärme dem beheizten Raum nutzbringend zugeführt wird.

Die Vorteile dieser Heizeinrichtungen, welche sich bereits im Verlauf zweier Heizperioden bewährt haben, sind:

1. die von einer Stelle aus regulierbare, äußerst einfache und übersichtliche Anlage benötigt keinen Kondenswasserabscheider noch sonstige, häufiger Reparaturen bedürftige Teile, ist deshalb zuverlässig im Betrieb,
2. die Anlage verursacht keinerlei Geräusch,
3. Dampfverluste, wie solche bei Verwendung von Kondenswasserabscheidern häufig sind, kommen nicht vor,

4. die Heizung ist ökonomisch im Dampfverbrauch, da auch ein großer Teil der im Kondenswasser enthaltenen Wärme dem beheizten Raum zugeführt wird,
5. die Herstellungskosten betragen, wegen der hohen Leistung der Dampfheizflächen, weniger als die Hälfte der gebräuchlichen Heizanlagen.

Fig. 71. Gasbehälter von 20000 cbm Nutzinhalt mit Saug- und Druckreglerstation am Rochusfriedhof.

5. Die Größe und Anordnung der Gasbehälter.

Zu dem zunächst errichteten Gasbehälter von 44000 cbm Nutzinhalt sollen später noch weitere größere Behälter von etwa 60000 und 70000 cbm Fassungsraum angelegt werden. Einstweilen ist der im alten Gaswerk — Rothenburgerstraße — befindliche Gasbehälter von rund 20000 cbm Inhalt beibehalten und durch eine Saug- und Druckreglerstation dem Betrieb des neuen Werkes eingeschaltet worden, sodaß z. Zt. 44000 + 20000 = 64000 cbm Gasbehälterraum zur Verfügung stehen.

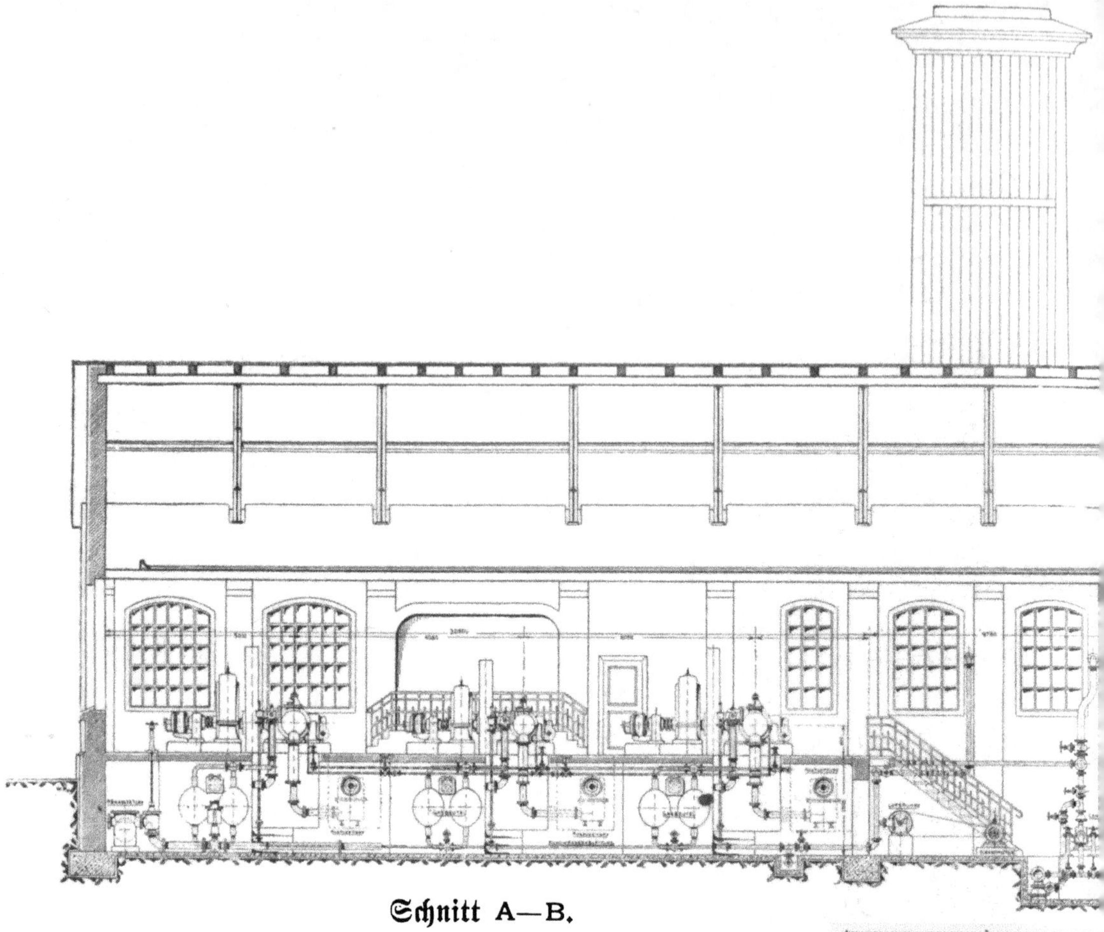

Schnitt A—B.

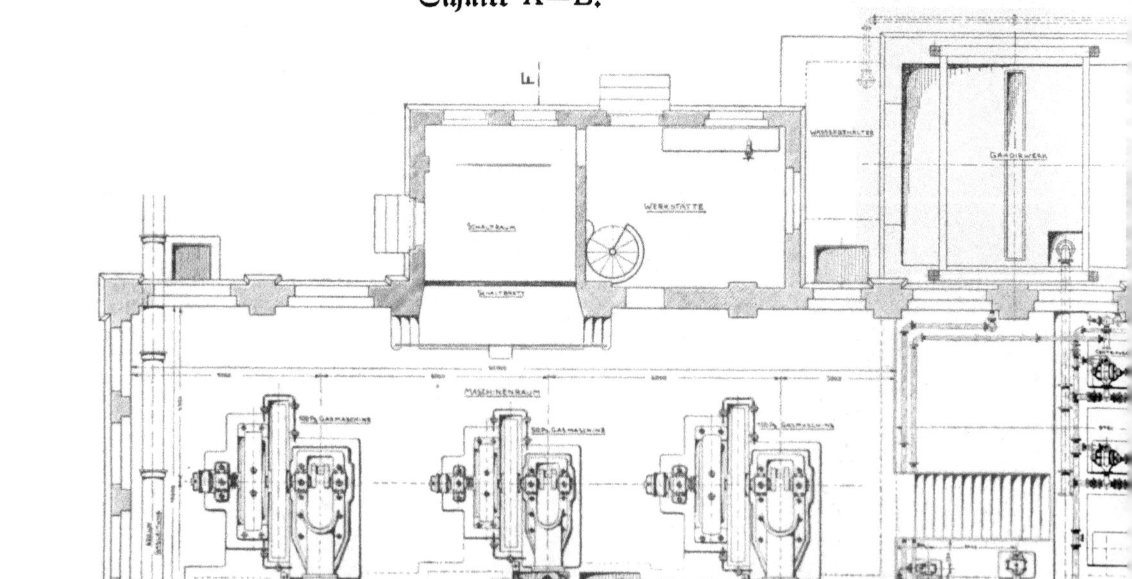

Grundriß.

Elektrische Lich

Tafel 19.

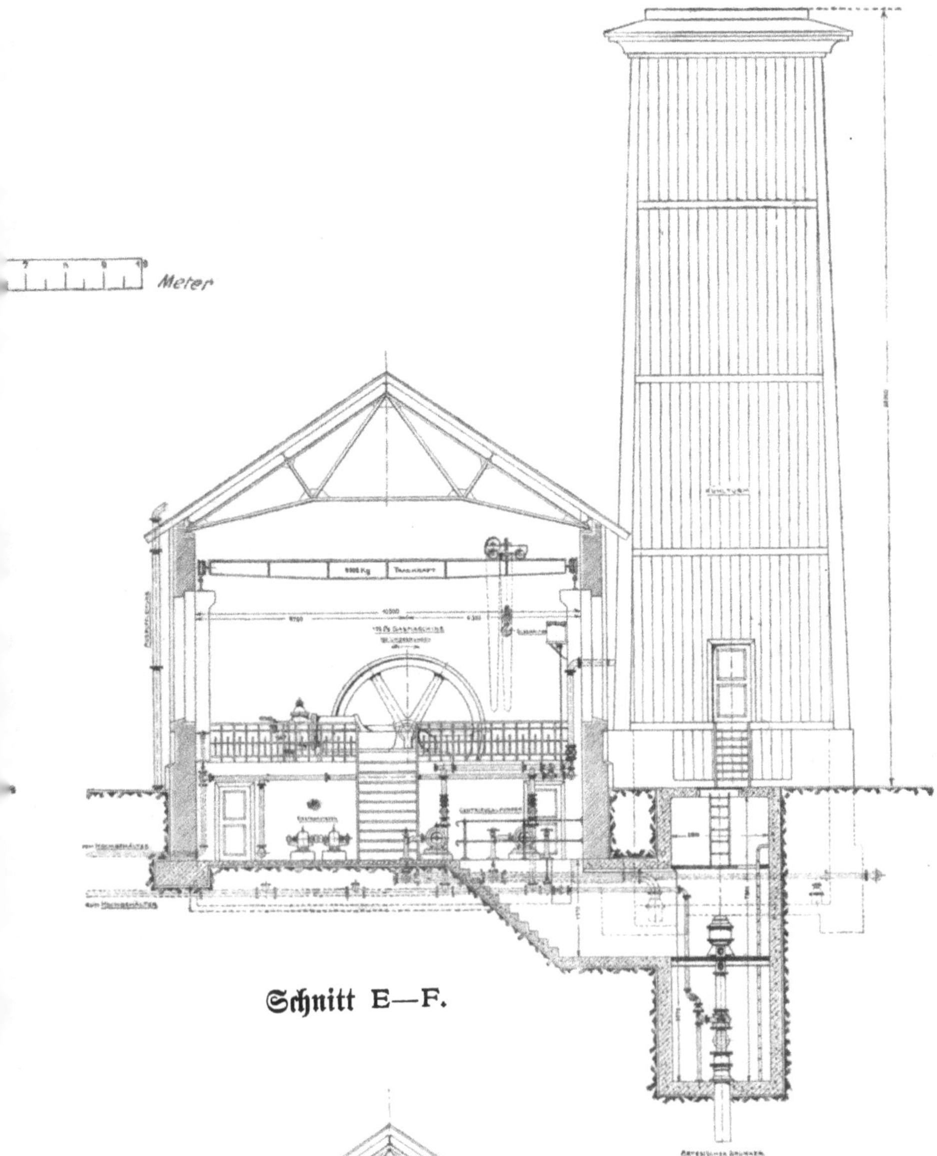

Schnitt E—F.

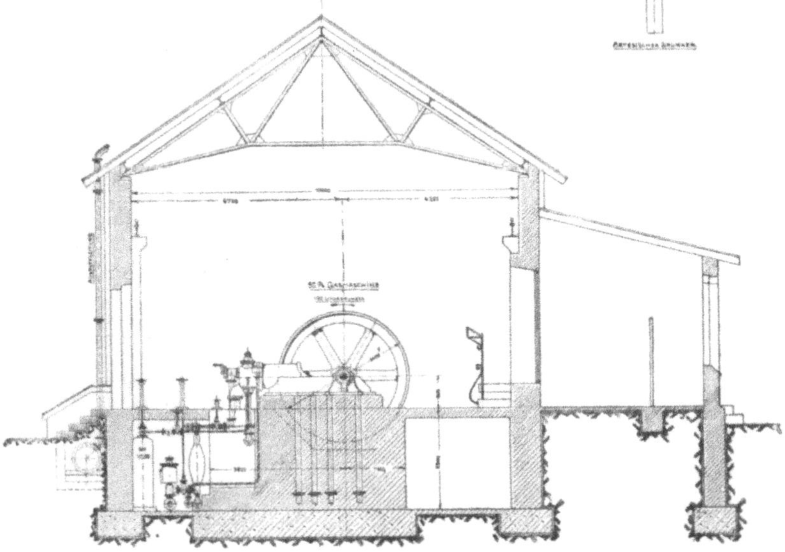

Schnitt C—D.

nlage.

Drehstromdynamo.

6. Die Anordnung der Central-Kraftstation.

Wegen der großen Zahl der zur Verwendung gelangenden Motoren und mit Rücksicht darauf, daß die Kräfte zerstreut liegend gebraucht werden, ist als zweckmäßigstes Betriebsmittel Elektrizität gewählt worden.

Zum Antrieb der Dynamomaschinen werden Gasmotoren verwendet, weil durch den Fortfall des hauptsächlichsten maschinellen Betriebes (Kohlenförderung, Kohlenbrecher, Koksseparation) während der Nacht und durch den wechselnden Tagesbetrieb der Förderanlagen eine Dampfkesselanlage sehr ungleichmäßig beansprucht werden würde.

Die Gasmotoren werden mit Wassergas betrieben.

Der für den gesamten Betrieb des Gaswerkes für Licht- und Kraftzwecke erforderliche Strom wird in einer besonderen Centrale erzeugt.

Diese Centrale umfaßt folgende Abteilungen:

Das Maschinenhaus mit anstoßender Pumpenanlage für die Wasserversorgung des Werkes, den Schalt- und Transformatoren-Raum, sowie die Werkstatt.

Tafel 19 gibt eine Übersicht über die Verteilung und Lage der einzelnen Räume.

Der bauliche Teil der Centrale ist so angelegt, daß die Aufstellung weiterer Maschinen für eine gegebenenfalls notwendig werdende Erweiterung durch Verlängerung des Gebäudes ermöglicht ist.

Vorläufig sind 3 Gasdynamos aufgestellt und zwar:

2 liegende Eincylinder-Gasmotoren, welche mit Leucht- oder Wassergas betrieben bei 187 minutlichen Umdrehungen 100 Pferdestärken eff. leisten,

1 liegender Eincylinder-Gasmotor, welcher mit Leucht- oder Wassergas betrieben bei 187 minutlichen Umdrehungen 50 Pferdestärken eff. leistet.

Besonderes Gewicht ist darauf gelegt worden, daß die Gasmaschinen durch selbsttätige Regelung in ihrer Umdrehungszahl auch bei weitgehender Belastungsänderung möglichst wenig schwanken. Die Maschinen sind daher mit schweren Schwungrädern ausgerüstet, welche ein Schwanken der Umfangsgeschwindigkeit während jeder Umdrehung um mehr als 1 : 180 verhindern sollen.

Fig. 72. Ansicht der Central-Kraftstation.

Die Dynamomaschinen. Die Gasmaschinen sind unmittelbar mit Drehstrom-Dynamomaschinen gekuppelt und ist die Anordnung so getroffen, daß die für die Maschinen gemeinsame Welle, auf welcher nebeneinander Magnetrad und Schwungrad aufgesetzt sind, 3 mal gelagert ist.

Das Magnetrad besteht aus einem Stück. Die Magnetpole sind mit starken Schrauben auf gefrästen Flächen an dem Kranze befestigt und gestatten so jederzeit eine seitliche Herausnahme, ohne eine Demontage oder Verschiebung einzelner Teile notwendig zu machen. Die Pole selbst sind aus Schmiedeeisen gefertigt und haben runden Querschnitt, um durch möglichst geringe Windungslänge der Magnetwicklung den Energieverlust der Erregung zu verringern. Die Polschuhe sind massiv ausgeführt, was vor allem eine solide Konstruktion ermöglicht und womit ferner ein geräuschloser Gang erzielt und außerdem durch den dämpfenden Einfluß der in den Polschuhen entstehenden Wirbelströme die Gefahr des Pendelns beim Parallelbetrieb vermindert wird. Eine Erwärmung der Polschuhe ist durch passende Wahl des Luftabstandes und der Nutenform vermieden.

Fig. 73. Elektrische Licht- und Kraftanlage (Innenansicht).

Die Magnetspulen bestehen aus umsponnenem Kupferdraht.

Den Erregerstrom liefert eine auf der Maschinenwelle fliegend aufgesetzte Erregermaschine, deren Magnetsystem mit dem Außenlager der Drehstrommaschine auf einer gemeinsamen Grundplatte aufgeschraubt ist, wie dies Fig. 74 zeigt.

Die Erregermaschinen sind als Nebenschlußmaschinen nur so bemessen, daß die Drehstrommaschinen ihre normale Spannung und normale Stromstärke noch bei einem Leistungsfaktor ($\cos \varphi$) von 0,7 abgeben. Die Regulierung der Spannung der Hauptmaschine erfolgt lediglich durch Betätigung des Nebenschlußregulators der Erregermaschine.

Der Anker der Drehstrommaschinen ist feststehend angeordnet und in ein gußeisernes Gehäuse eingebaut, welches zweiteilig ausgeführt worden ist. Das Gehäuse ruht mit kräftigen Füßen auf Fundamentplatten mit unterlegten schwachkonischen Keilplatten, welche eine Einstellung nach jeder Richtung leicht und bequem ermöglichen.

Der Ankerkern besteht aus dünnen, mit Papierzwischenlagen isolierten Eisenblechen, in welche die zur Aufnahme der Wirkung dienenden Nuten eingestanzt sind. Die Ankerwicklung ist in vollständig geschlossenem Mikanitrohr eingezogen, wodurch eine gute Isolation erreicht wird und ein Durchschlagen der Wicklungen unter normalen Verhältnissen ausgeschlossen ist. Ein den ganzen Anker umschließendes Schutzblech verhindert eine zufällige Berührung der Wicklung, ohne deren Ventilation

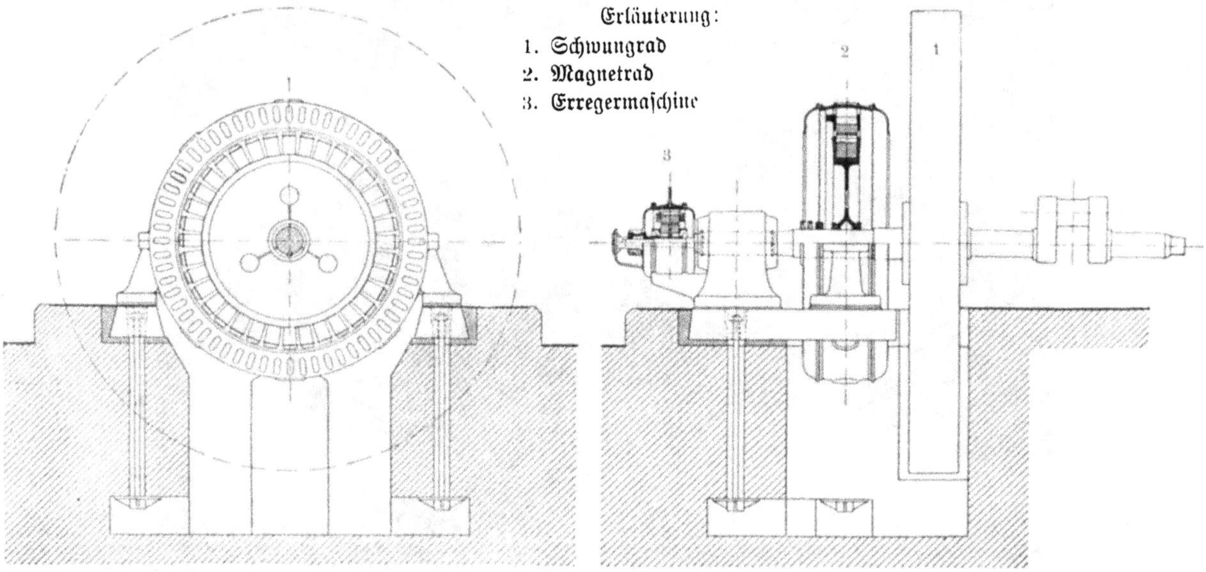

Fig. 74. Anordnung des Magnetrades, des Schwungrades und der Erregermaschine auf gemeinsamer Welle.

zu beeinträchtigen. Die Drehstrommaschinen sind für eine Spannungsänderung von 6—7% bei induktionsfreier Belastung bemessen.

Die mit den beiden 100 PS Gasmaschinen unmittelbar gekuppelten Drehstrom-Dynamos leisten bei $\cos \varphi = 1$ und 440 Volt Spannung zwischen zwei Leitungen und Polwechsel in der Sekunde 80 Kilowatt. Die mit der 50 PS Gasmaschine unmittelbar gekuppelte Drehstrom-Dynamo ist bei gleicher Spannung und Polwechselzahl für eine Dauerleistung von 40 Kilowatt $\cos \varphi = 1$ bemessen.

Zur Sicherung der Nebenschlußwicklungen der Erregermaschinen gegen das Durchschlagen ist der Nebenschlußregulator mit einer besonderen Kurzschlußvorrichtung versehen, welche die Gefahr einer Beschädigung der Nebenschlußwicklung beim Ausschalten beseitigt.

Die 3 Maschinen sind sich auch in ihrer Drehstrom-Schaltungsweise gleich und arbeitet eine derselben entweder allein oder mit den andern Maschinen parallel auf die gemeinsamen Sammelschienen. Von diesen Sammelschienen führen, wie im folgenden beschrieben ist, 4 Leitungen nach den unterhalb des Schaltraumes befindlichen 2 Transformatoren, von denen einer vorerst als Reserve dient. Die Schaltung ist nun derart, daß die Transformatoren den Strom entweder von den Sammelschienen oder aber unmittelbar von der 50 PS Gasdynamo erhalten können.

Die **Transformatoren**. Die Transformatoren dienen zur Versorgung des Lichtnetzes und setzen den von den Drehstromgeneratoren erzeugten Strom von 440 Volt Spannung auf 120 Volt herab.

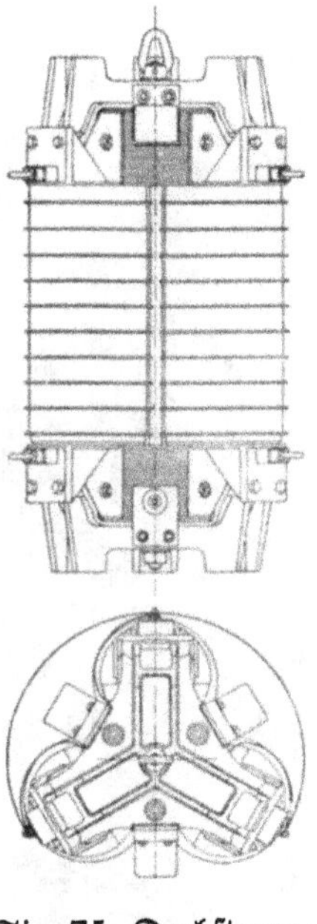

Fig. 75. Drehstrom-Transformator.

Die Drehstrom-Transformatoren gehören der Kerntype an. Die Hoch- und die Niederspannungswicklungen sind auf Kerne aus lamelliertem Eisenblech aufgeschoben, die in ihren beiderseitigen Enden durch Blechpakete zu einem magnetischen Stromkreis vereinigt werden. Die Transformatoren besitzen 3 Kerne, von denen jeder die Primär- und Sekundärwicklung einer der 3 Phasen trägt. Um die Streuung und damit den Spannungsabfall auf ein Mindestmaß herunterzudrücken, sind die Primär- und Sekundärspulen auf den Kernen konzentrisch übereinanderliegend angeordnet.

Die Niederspannungswicklungen bestehen aus Flachkupferspiralen, die auf starke, aus einem Glimmerpräparate gefertigte Hülsen aufgeschoben und deren einzelne Windungen entsprechend von einander isoliert sind. Die Hochspannungswicklungen sind aus einzelnen Spulen zusammengesetzt, die hintereinander geschaltet sind, und deren Zahl derart gewählt ist, daß an den Enden einer jeden nur eine verhältnismäßig geringe Spannung herrscht, so daß ein Durchschlagen der Spulen in sich nicht vorkommen kann.

Diese Anordnung bietet einerseits die Gewähr für eine große Betriebssicherheit und erlaubt andererseits bei etwa notwendig werdenden Ausbesserungen ein bequemes und schnelles Austauschen der beschädigten Spule.

Der von den 3 Drehstromgeneratoren erzeugte Strom wird durch gummiaderisolierte Kabel, welche aus den Fundamentgruben herausführen und im Maschinenhaus-Keller auf großen Porzellan-Isolierrollen verlegt sind, nach der Hauptschalttafel geleitet.

Die Hauptschalttafel, welche alle zur Messung und Kontrolle nötigen Apparate trägt, wurde zwischen 2 Pfeilern in eine Nische eingebaut und bildet mit der Eisenumrahmung, welche seitlich und im Sockel durch roten Karraramarmor und in der Krönung durch farbiges Ornamentglas ausgekleidet ist, ein Schmuckstück des Maschinenhauses.

Beleuchtet wird die Hauptschalttafel durch 4 an Wandarmen befestigte Glühlampen.

Fig. 76. Hauptschalttafel in der elektrischen Licht- und Kraftanlage.

Die Schaltwand besteht aus 5 Marmortafeln, welche sauber aneinander gepaßt, unabhängig von der vorerwähnten Umrahmung auf einem besonders kräftig und zweckmäßig konstruierten, im Schaltraum aufgestellten Eisengerüst befestigt sind.

Von den 5 Feldern der Schalttafel dient das erste von rechts aus gesehen, für die gesamte Bogenlichtbeleuchtung. Außer den Sicherungen und Schaltern für die Bogenlichtbeleuchtung sind hier noch je 1 Ampèremeter zur Messung des von den Transformatoren abgegebenen Lichtstroms und 1 Strommesser für den von den Hauptsammelschienen unmittelbar abgehenden Kraftstrom angeordnet.

Tafel 20.

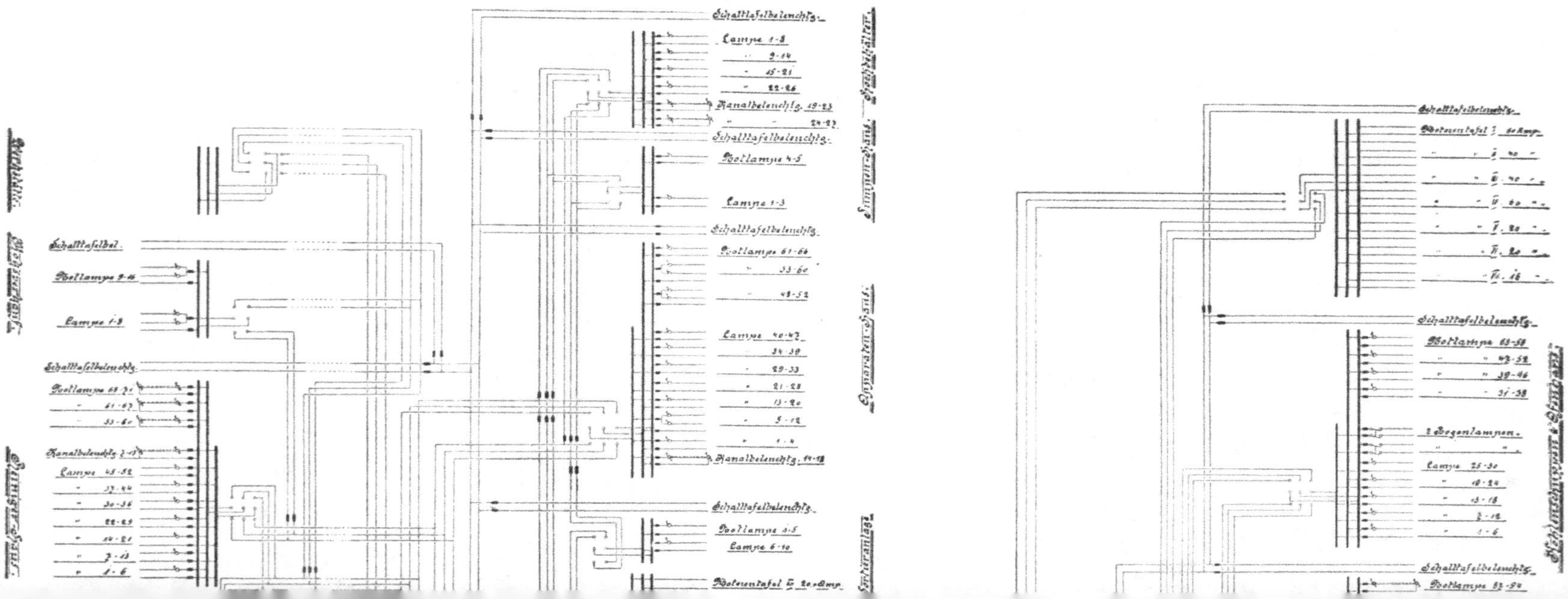

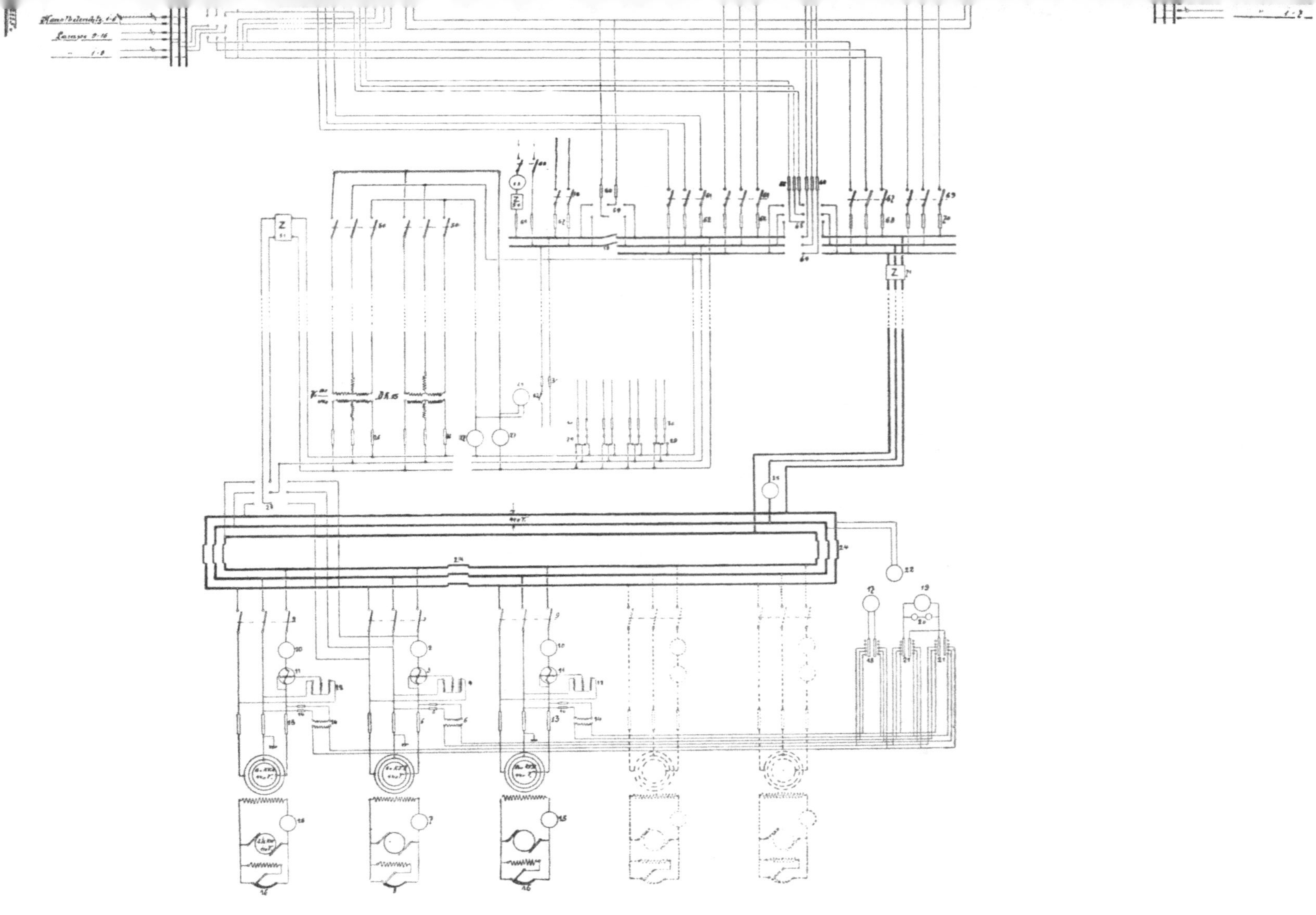

Elektrische Licht= und Kraftanlage (Schaltungsschema).

Sowohl die Bogenlichtbeleuchtung der Centrale, als auch sämtliche Bogenlampen für die Hofbeleuchtung sind so angeordnet, daß die einzelnen Bogenlichtstromkreise mit den vorerwähnten Umschaltern zum Ausgleich etwaiger Belastungsdifferenzen auf jede der 3 Phasen beliebig geschaltet werden können.

Fig. 77. Rückansicht der Hauptschalttafel.

Das zweite Feld enthält je 1 Wattmeter und Ampèremeter für eine 100pferdige und die 50pferdige Gasdynamo, sowie je 1 Ampèremeter zur Messung des Erregerstromes dieser Maschinen; außerdem für jeden der genannten Maschinensätze einen dreipoligen Hebelausschalter und die Handräder zur Bedienung der hinter der Apparatenwand für jede Maschine aufgestellten, oben bereits erwähnten Nebenschlußregulatoren.

Von den Apparaten auf dem dritten Feld ist zunächst das General-Voltmeter, welches die Sammelschienenspannung mißt, zu nennen. Außerdem sind hier noch 3 Spannungsmesser montiert, von denen der erste zur Beobachtung der Lichtspannung dient. Von 2 Klemmen jeder Maschine gehen Meßleitungen nach einem gleichfalls hier angeordneten Voltmeterumschalter, und es kann je nach der Stellung dieses Umschalters die Spannung der im Betriebe befindlichen Maschinen an dem zweiten Voltmeter abgelesen werden. Das dritte Voltmeter ist mit Meßtransformatoren vor dem Wattmeter unmittelbar an die Hauptmaschinenzuleitungen unter Einschaltung von Phasenlampen und den dazu gehörigen Umschaltern angeschlossen und bildet mit den genannten Apparaten zusammen ein einfaches Phasenmeter zum Parallelschalten der Maschinen. Weiter befindet sich auf dem mittleren Feld der Umschalter für die 50 PS Gasdynamo, mit dem die obenerwähnte Schaltung auf Sammelschienen oder Transformatoren vorgenommen werden kann.

Sämtliche Maschinen können auf Kraft und Licht gemeinschaftlich geschaltet werden.

. . . .

Das vierte Feld enthält die gleichen Apparate für die dritte 100 PS Gasdynamo, wie sie auf Feld 2 genannt sind.

Der auf Feld 4 und 5 freibleibende Raum ist für eine spätere Erweiterung der Centrale durch ein viertes Maschinenaggregat bestimmt.

Alle andern Schaltvorrichtungen, wie z. B. die für jede Maschine vorgesehenen dreipoligen Sicherungen finden ihren Platz hinter der Schalttafel und zwar auf dem gleichzeitig für die Anbringung der 5 Marmorfelder dienenden Eisengerüst, welches außerdem die aus blanken Kupferschienen bestehenden mit einem Ölfarbenanstrich versehenen Sammelschienen aufnimmt. Die letzteren sind in Ringleitungsanordnung verlegt und durch 9 leicht bedienbare einpolige Trennschalter in 5 Gruppen unterteilt.

Licht- und Kraftverteilungsanlage. In dem hinter der Hauptschalttafel befindlichen Schaltraum ist die Haupt-Licht- und Kraft-Verteilungstafel angeordnet.

Diese Schalttafel besteht aus 3 Marmorfeldern, die auf einem freistehenden Eisengerüst montiert sind. Der Sockel ist aus perforierten Eisenblech und Profileisenleisten hergestellt.

Unter gewissen Verhältnissen soll auch die in der Wassergasanstalt untergebrachte „Gleichstromcentrale“, in welcher eine etwa 15 Kilowatt Gleichstrommaschine für eine Spannung von 120 Volt und eine Akkumulatoren-Batterie mit einer Kapazität von 288 Ampèrestunden bei 96 Ampère Entladestrom aufgestellt ist, zur teilweisen Stromversorgung des Lichtnetzes in der Leuchtgasfabrik herangezogen werden; dies kann jedoch nur in beschränkter Weise geschehen, weshalb auch hier zunächst nur

Fig. 78. Hauptverteilungstafel für Licht und Kraft.

die später noch beschriebene Notbeleuchtung in den einzelnen Betriebsräumen der Gasfabrik in Frage kommt.

Da die Drehstrom- und Gleichstrom-Erzeugung und -Abgabe entsprechend getrennt ist, teilt sich auch die Schalteinrichtung auf der Hauptverteilungstafel ein in Apparate für Drehstrom und solche für Gleichstrom. Dementsprechend sind die

Apparate auf den für den ersten Ausbau in Betrieb genommenen 2 Marmortafeln systematisch verteilt. Schalter und Meßinstrumente sind auf der Vorderseite, Sicherungen und die Sammelschienen und zwar

1. für Gleichstrom, 2. für Drehstrom-Licht, 3. für Drehstrom-Kraft

auf der Rückseite der Verteilungstafel angeordnet.

Ohne weiter auf die einzelnen Teile dieser Schaltanlage einzugehen, sei folgendes erwähnt:

Von den Gleichstrom-Sammelschienen zweigt zunächst die aus 4 Glühlampen bestehende Hauptschalttafelbeleuchtung ab, ferner die Speiseleitung für die dauernd an die Gleichstromschienen angeschlossene Glühlichtbeleuchtung für die verschiedenen

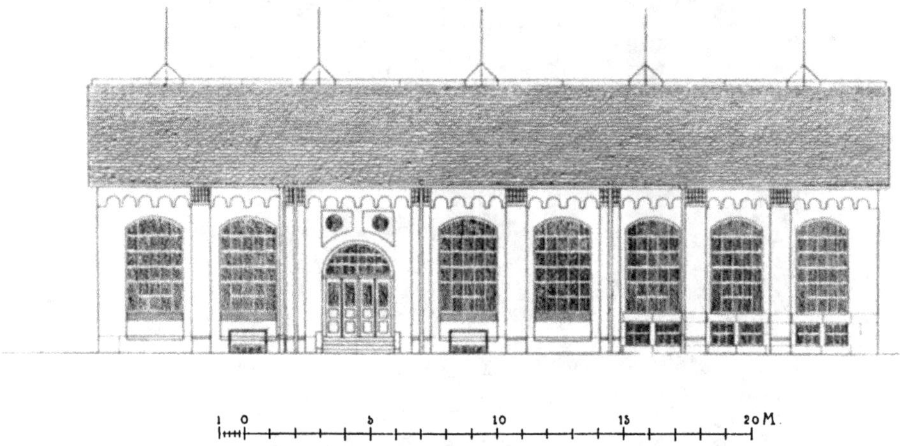

Fig. 79. Ansicht der elektrischen Centrale.

Licht- und Kraftverteilungsschalttafeln. Eine weitere Leitung führt von hier aus nach den in der Centrale zum Antrieb eines Kompressors für die Druckluftanlaßvorrichtung der Gasmaschinen aufgestellten Gleichstrommotor.

Die in den einzelnen Gebäuden verteilten Notlampen, welche beim Versagen der Drehstromcentrale mit Gleichstrom versorgt werden sollen, sind aus diesem Grunde auf eine Phase genommen, welche auf dieser Verteilungstafel mittelst eines zweispaltigen Hebelschalters mit den Gleichstrom-Sammelschienen im Bedarfsfalle in leitende Verbindung gebracht wird.

Die übrige Glühlichtbeleuchtung der Centrale kann gleichfalls an die Wechselstrom-Lichtschienen sowohl, als auch an die Gleichstromschienen gelegt werden.

Von den Wechselstrom-Lichtschienen zweigt zunächst je 1 Speisekabel für die nachfolgend näher bezeichneten Lichtgruppen I und II ab.

Von den Kraftsammel-Schienen führt je 1 Speisekabel nach Kraftgruppe I und II.

Umschaltbar auf die Drehstrom-Licht- oder Kraft-Sammelschienen zweigt von hier aus noch ab je 1 Reservespeisekabel für Licht- und Kraftgruppe I und II.

Beleuchtung und Kraftverteilung außerhalb der elektrischen Centrale.

Der gesamte Licht- und Kraftbedarf verteilt sich folgendermaßen:

1. für Licht- und Kraftgruppe I.

Stromverbrauchstelle	Anzahl der Glühlampen	Anzahl der Bogenlampen	Gesamte Leistung der aufgestellten Motore in PS.
1. Elektrische Centrale und Wasserversorgung	21	3	38,2
2. Gasometerbeleuchtung	1	—	—
3. Gasmessergebäude	25	—	—
4. Reinigergebäude	94	—	17,8
5. Koksverkaufshalle	13	—	—
6. Werkstätten	—	—	20,5
7. Kondensationsanlage	71	—	—
8. Koksseparation und Transportanlage	17	—	70
9. Haus für Teer und für Ammoniakwasser-pumpen	8	—	—
10. Haus um die Hochbehälter für Teer und für Ammoniakwasser	24	—	—
11. Unterirdische Verbindungskanäle	32	—	—
12. Ofenhaus	1	3	9
13. Hofbeleuchtung	—	9	—
Zusammen:	307	15	155,5

2. für Licht- und Kraftgruppe II.

Stromverbrauchstelle	Anzahl der Glühlampen	Anzahl der Bogenlampen	Gesamte Leistung der aufgestellten Motore in PS.
1. Kohlenschuppen:			
a) Transportanlagen	102	—	199,5
b) Kohlenlager	60	—	—
2. Hofbeleuchtung	—	9	—
3. Ofenhaus	—	—	9
Zusammen:	162	9	208,5

Die von der Gleichstromcentrale und von den Drehstrom-Licht- und Kraft-Sammelschienen abgegebene elektrische Energie wird durch Zähler festgestellt.

Eine schematische Darstellung der gesamten, an der Hauptschalttafel und der dahinterliegenden Verteilungstafel sowohl, als auch an den verschiedenen Licht- und Kraftschaltbrettern der einzelnen Betriebsgebäude getroffenen Einrichtungen gibt Tafel 20.

Auf die Ausführung und Einrichtung der Schaltwände und der einzelnen Verteilungstafeln ist besondere Sorgfalt gelegt worden, vornehmlich auf die Zugänglichkeit und Übersichtlichkeit aller Verbindungen. Für die Feuersicherheit ist die Verwendung

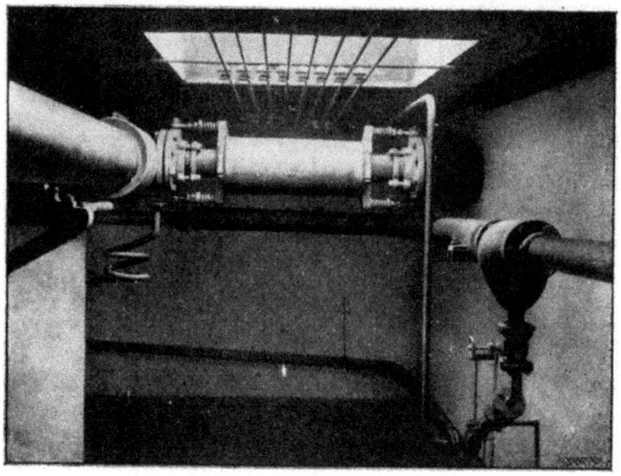

Fig. 80. Unterirdischer Rohrkanal
für Dampf- und elektrische Leitungen.

von Holz oder sonstigen brennbaren Materialien als Konstruktionsmaterial gänzlich ausgeschlossen worden.

Von der Centrale gehen im Ganzen 6 Speiseleitungen aus, die das gesamte Verteilungsnetz innerhalb der einzelnen Betriebsgebäude durch Vermittlung von Verteilungstafeln unter Spannung halten.

An den einzelnen Verteilungstafeln ist je eine Glühlampe untergebracht, die ständig aus der Akkumulatorenbatterie der Gleichstromcentrale in der Wassergasanstalt Strom erhält. Diese Lampen werden durch ein besonderes Kabel mit Strom versorgt und sind nur von der Hauptverteilungstafel in der Centrale aus schaltbar. Es sind hierfür in den Kanälen asphaltierte, zweifach verseilte Bleikabel, und soweit diese nicht mehr benützt werden konnten, eisenbandarmierte Kabel verlegt. Der kleinste Querschnitt für diese Leitungen beträgt 2×40 qmm.

Für jede Licht= und Kraftgruppe ist ein gemeinsames Reservekabel verlegt, dessen Kupferquerschnitt dem jeweilig stärksten Kupferquerschnitt der betreffenden Speisekabel für Gruppe I bezw. II entspricht.

Das Reservekabel kann an den einzelnen Verteilungstafeln durch Umschalter

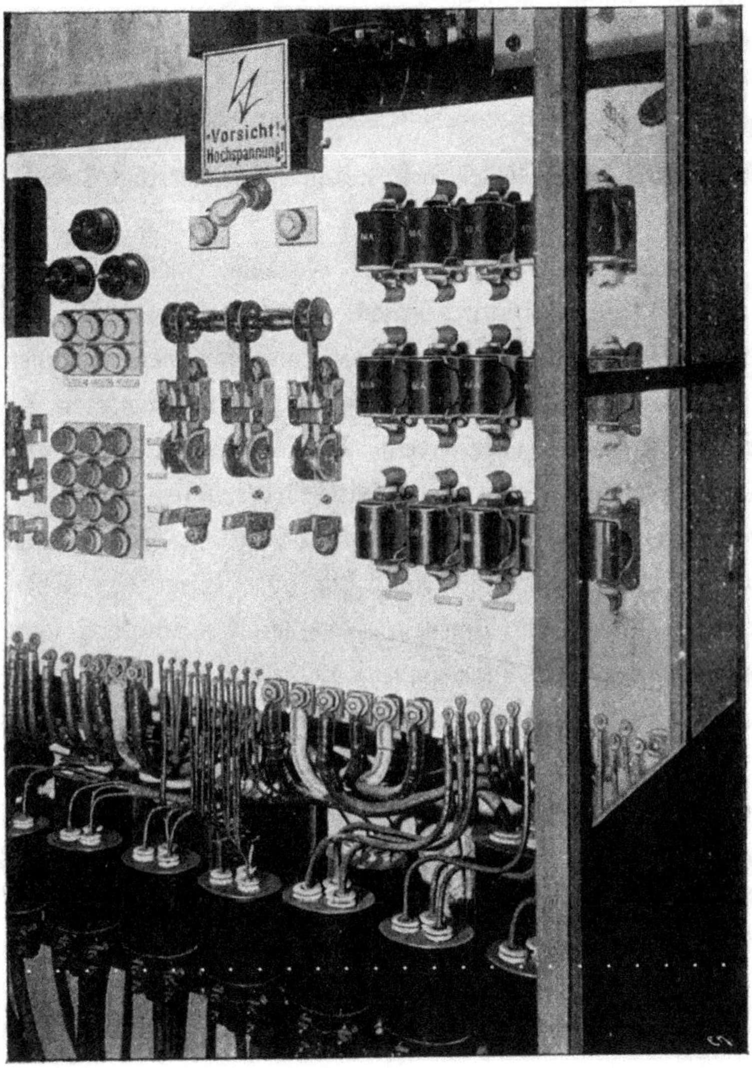

Fig. 81. Verteilungstafel bei der Brecheranlage II (s. Tafel 7).

im Notfall entweder auf die Licht= oder auf die Kraftsammelschienen geschaltet werden, sodaß für den Fall der Beschädigung eines Licht= oder Kraft=Speisekabels dafür gesorgt ist, daß die elektrische Licht= und Kraftanlage in den einzelnen Betriebsräumen ununterbrochen unter Spannung gehalten werden kann.

Die Speisekabel sind als asphaltierte, dreifach verseilte Bleikabel mit doppeltem Bleimantel ausgeführt, soweit sie in den besonderen, mit Riffelblech abgedeckten Kanälen in den unterirdischen Verbindungs- und Heizkanälen verlegt werden konnten.

Die Kabel, welche unmittelbar im Boden verlegt werden mußten, sind noch durch eine Eisenbandarmatur geschützt.

Um Abzweigmuffen zu vermeiden, sind die Kabel nach den nächst liegenden Verteilungstafeln geführt und von da in einer Schleife nach der nächsten Stromverbrauchsstelle.

Der größte für die Speisekabel verlegte Querschnitt beträgt 3×240, der kleinste 3×50 qmm.

In der Nähe des Haupteingangs der Gebäude sind in besonderen Schaltschränken die Verteilungstafeln untergebracht.

Für die Licht- und Kraftverteilung des Kohlenschuppens kommen 3 größere Verteilungstafeln in Betracht, wovon die eine in einem besonderen Schaltraum bei der Kohlenverladestelle II, die andere beim Antrieb für die Kohlentransportanlage und die dritte im Motorraum für die Schüttelförderrinnen steht.

Bei der Berechnung der Leitungsquerschnitte ist für die Glühlampen durchschnittlich eine Stromstärke von 0,8 Amp. zugrunde gelegt; die Speise- und Verteilungsleitungen sind dabei so bemessen, daß bei Vollbelastung der Lichtanlage, d. h. beim Brennen sämtlicher Glühlampen an keiner Stelle des Netzes die Lichtspannung, welche in der Centrale auf 120 Volt gehalten wird, unter 115 Volt herabsinkt.

Die Speisekabel und die Verteilungsleitungen für die Motorenanlage haben solche Querschnitte erhalten, daß die Kraftspannung, welche in der Zentrale auf 440 Volt gehalten wird, bei 75% Belastung der ganzen Anlage an keiner Verbrauchsstelle 420 Volt unterschreitet.

Soweit feuergefährliche Betriebsstellen in Betracht kommen oder mechanische Beschädigungen der Leitungen nicht ausgeschlossen sind, wurden für die Verteilungsleitungen isolierte Gummiaderdrähte in stahlarmierten Röhren verlegt und bilden in diesen Fällen die Beleuchtungskörper eine unmittelbare Fortsetzung der Rohrinstallation. Die Beleuchtungskörper sind hier sämtlich mit gasdicht abschließenden Überglocken versehen.

Die **Hofbeleuchtung**. Als besondere Gruppe wird die Hofbeleuchtung erwähnt, welche sich wiederum in 2 Unterabteilungen scheidet. So erhalten die

Bogenlampen zur Beleuchtung der Haupteinfahrt vom Pförtner- bis Reinigerhaus und diejenige für Hofbeleuchtung zwischen Uhren-, Apparaten- und Reinigerhaus, insgesamt in 3 Gruppen geschaltet, wobei je 3 Bogenlampen in Serie brennen, den Strom unmittelbar von der Centrale.

Die 9 Bogenlampen zur Beleuchtung der Wage und Geleiseanlage beim Kohlenschuppen, des Waggonkippers und der Drehscheibe, wiederum in 3 Gruppen

Fig. 82. Hochdruckcentrifugalpumpen für eine stündliche Leistung von 25 cbm bei 40 m manom. Förderhöhe.

mit je 3 in Serie geschalteten Lampen unterteilt, sind an die Hauptverteilungstafel im Kohlenschuppen angeschlossen.

Die **Wasserversorgung.** In der sich der Centrale angliedernden Pumpenstation, welche zur Wasserversorgung des Werkes dient, sind 3 Pumpenapparate für den ersten Ausbau des Gaswerkes aufgestellt. (s. Tafel 19).

Die im Brunnenschacht befindliche Hochdruckcentrifugalpumpe für eine stündliche Leistung von 20 cbm bei 60 m manometrischer Förderhöhe ist in stehender

Anordnung unmittelbar mit einem asynchronen Drehstrommotor mit Schleifringanker gekuppelt. Diese Pumpe fördert das Wasser vom Brunnen nach dem Hochbehälter in den am Reinigerhaus angebauten Turm. (s. Tafel 16).

Die in der Pumpencentrale aufgestellten 2 Hochdruckcentrifugalpumpen für eine stündliche Leistung von etwa 25 cbm bei 40 m manometrischer Förderhöhe sind ebenfalls unmittelbar mit je einem Drehstrom-Schleifringmotor gekuppelt.

Fig. 83. Mammutpumpenanlage.

Damit die für die Kühlung des Gases und der Motorencylinder verwendeten bedeutenden Wassermengen nicht verloren gehen, ist ein Unterflurkühler (Gradierwerk) für 70 cbm stündliche Leistung vorhanden.

Die zuletzt genannten Pumpen, welche entweder getrennt oder gemeinsam in den Wasserturm arbeiten, saugen das Wasser aus dem Gradierwerksbehälter oder aus einem unterirdisch gelagerten Betonbehälter, welch letzterer aus einem, im Dampfkesselhaus befindlichen Wasserbrunnen von 50 m Tiefe und 300 mm Durchmesser durch eine sogenannte Mammutpumpe gespeist wird.

Für die Pumpenanlage ist eine besondere Schalttafel vorhanden. Außer den daran für jeden Motor angebrachten Sicherungen, Schaltern, dem Ampèremeter und dem Anlaßwiderstand ist noch 1 Wasserstandsanzeiger mit Wecker angebracht, welcher den jeweiligen Inhalt des Wasserhochbehälters anzeigt.

Die Wasserverteilung geschieht durch eine, im Gaswerksgelände verlegte Hauptverteilungsleitung von 150 mm Rohrweite, an welcher auch die für Feuerlösch- und Sprengzwecke benötigten Hydranten angeschlossen sind. Dieses Hauptrohrnetz steht von der Sandreuthstraße aus mit dem städtischen Wasserrohrnetz durch Schieber in Verbindung, um im Notfalle aus demselben Wasser erhalten zu können.

Da die weitaus größte Wassermenge zum Kühlen des Gases dient, so wird das hierfür gebrauchte Wasser zu seiner Wiederverwendung in einem besonderen, im Apparatenhaus aufgestellten Behälter aufgefangen. Von hier aus wird es dem Ofenhause zugeführt und dort zum Kokslöschen benützt. Der Überschuß an Wasser wird im Gradierwerk abgekühlt und dann ebenfalls wieder verwendet.

Der Gesamtwasserverbrauch des Gaswerkes im Tag beträgt etwa 450 cbm; an den einzelnen Verbrauchsstellen sind Wassermesser eingebaut.

7. Die Geleiseanlage und deren Betrieb.

Das einspurige Anschlußgeleise wird von den Industrie-Muttergeleisen auf der westlichen Seite des Rangierbahnhofes durch geeignete Weichenanordnungen abgezweigt. Kurz nach der Einführung desselben in das Gaswerksgelände verzweigt sich das Geleise in 3 Hauptstränge, wobei die beiden an den Kohlenschuppen vorbeiführenden und ausschließlich zur Kohlenanfuhr dienenden Geleise je ein Parallelgeleis bilden, welche mit Geleisestutzen gegen den Ludwigs-Donau-Main-Kanal hin auf einer Drehscheibe endigen. Das dritte Abzweiggeleise führt an dem Reinigergebäude, den Teerbehältern, der Ammoniakfabrik und der Koksseparation vorbei und endigt ebenfalls auf derselben Drehscheibe.

Der Betrieb der Geleiseanlage vollzieht sich so, daß die für das Gaswerk eintreffenden Wagen in dem Fabrikgebiet auf den den Kohlenschuppen zunächst gelegenen Geleisen zur Verfügung gestellt und die abrollenden Wagen ebenda wieder abgeholt werden.

Zur Verständigung des Gaswerkes mit dem Rangierbahnhofe sind eine Läuteleitung, sowie eine Telephonleitung hergestellt. Die auf der Strecke aufgestellten

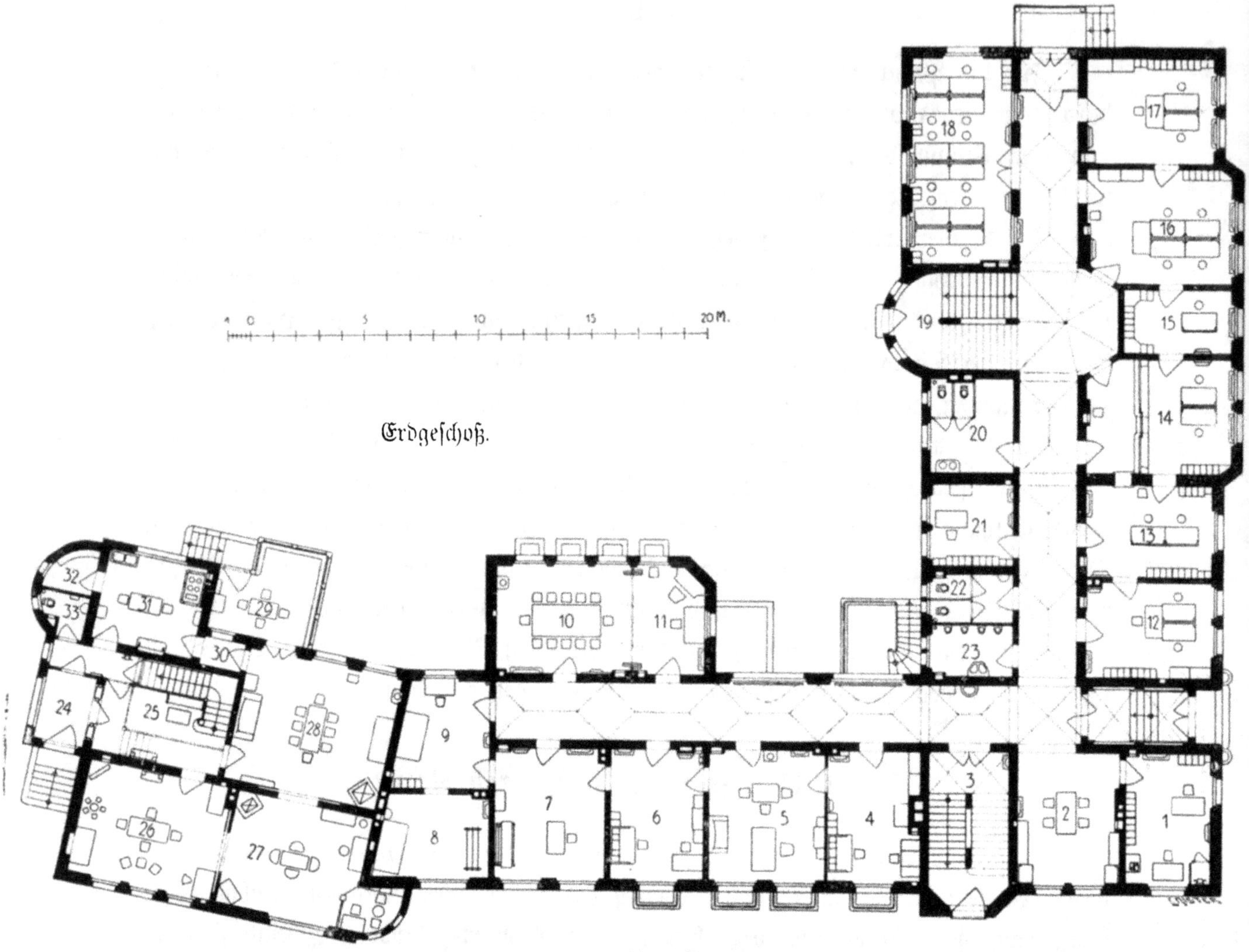

Fig. 84. Verwaltungsgebäude.

A. Amtsräume:

1. Telephonzimmer
2. Warteraum
3. u. 19. Treppen
4. Vorzimmer
5. Direktorzimmer
6. Ingenieurzimmer
7. Assistentenzimmer
8. Zeichenzimmer
9. Plankammer
10. Sitzungsraum
11. Pflegerzimmer
12. u. 13. Schreiberzimmer
14. Lohnbureau
15. Schrankraum
16. Kassenraum
17. Buchhaltung
18. Ausstellungsraum
20. u. 22. Aborte
21. Geräteraum
23. Pißort

B. Wohnräume:

24. Eingang
25. Diele
26. 27. u. 28. Zimmer
29. Halle
30. Anrichte
31. Küche
32. Speise
33. Abort

Bahnwärterposten haben je eine, in dieser Läuteleitung einbezogenen Läutebude, sowie Telephonanschluß.

Das Anschlußgeleise zweigt auf der freien Strecke westlich des Rangierbahnhofes bei der Brücke über den Nürnberg-Maiacherweg aus dem Geleise der Bahn-

Fig. 85. Verwaltungsgebäude (Ansicht).

linie Fürth-Rangierbahnhof ab. Die Länge dieses Geleises, von der Spitze der Anschlußweiche an gemessen, beträgt bis zur Drehscheibe im Gaswerksgelände 3048 m. Das im Fabrikgebiet liegende Industriegeleise ist durch ein Tor abgeschlossen.

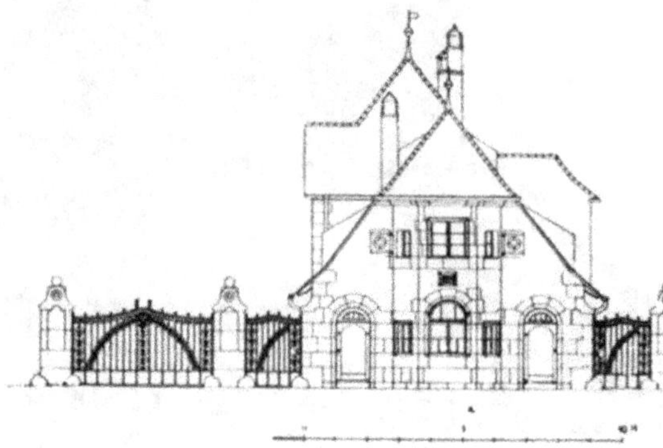

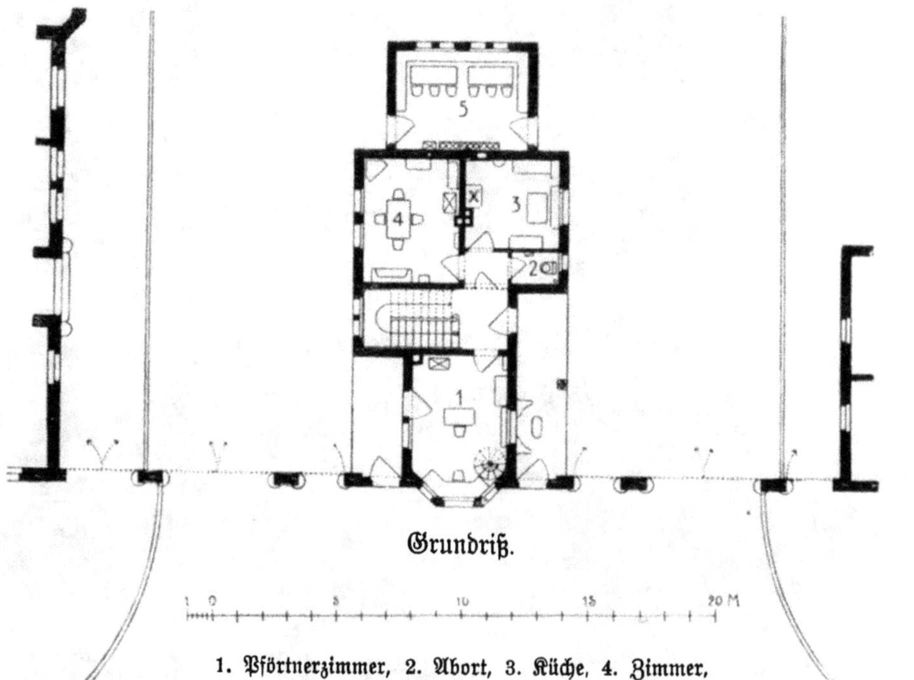

Grundriß.

1. Pförtnerzimmer, 2. Abort, 3. Küche, 4. Zimmer, 5. Arbeiterraum.

Fig. 86. Pförtnerhaus.

8. Anlage der Hauptstraße und Verschiedenes.

Die Hauptstraße zum Gaswerk, die Sandreuthstraße, wird nach ihrem vollständigen Ausbau eine Breite von 26 m erhalten.

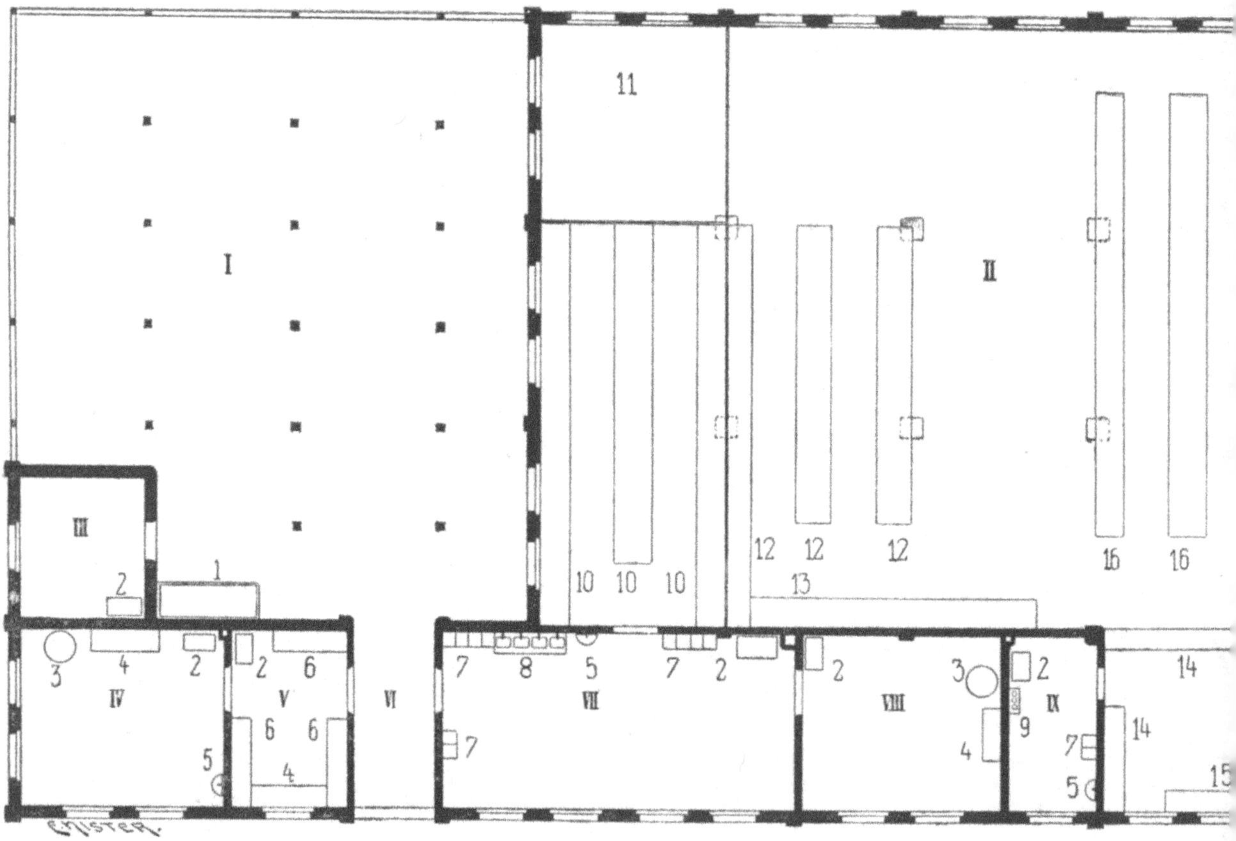

I. Remise für Handwagen
II. Lagerraum
III. Werkstätte für Korbflechter
IV. Aichraum für Gasmesser
V. Vorraum zum Aichraum
VI. Durchfahrt
VII. Flaschnerei
VIII. Gasmesserprobierraum
IX. Arbeiterraum
X. Ölkammer
XI. Schreibstube
XII. Schreinerei
XIII. Schmiede
XIV. Schlosserei
XV. Durchgang
XVI. Arbeiterraum
XVII. Waschraum und Aborte

1. Wassertrog
2. Ofen
3. Kubizierapparat
4. Tisch
5. Wasserhahn mit Ausguß
6. Regal
7. Schränke
8. Waschtisch
9. Gaskocher
10. Regal für Gasuhren
11. Lager für Blei, Stricke, Holz zc.
12. Regal für Maschinenteile
13. Regal für Werkzeuge
14. Kasten mit Schubladen

Werkstätte

Tafel 21.

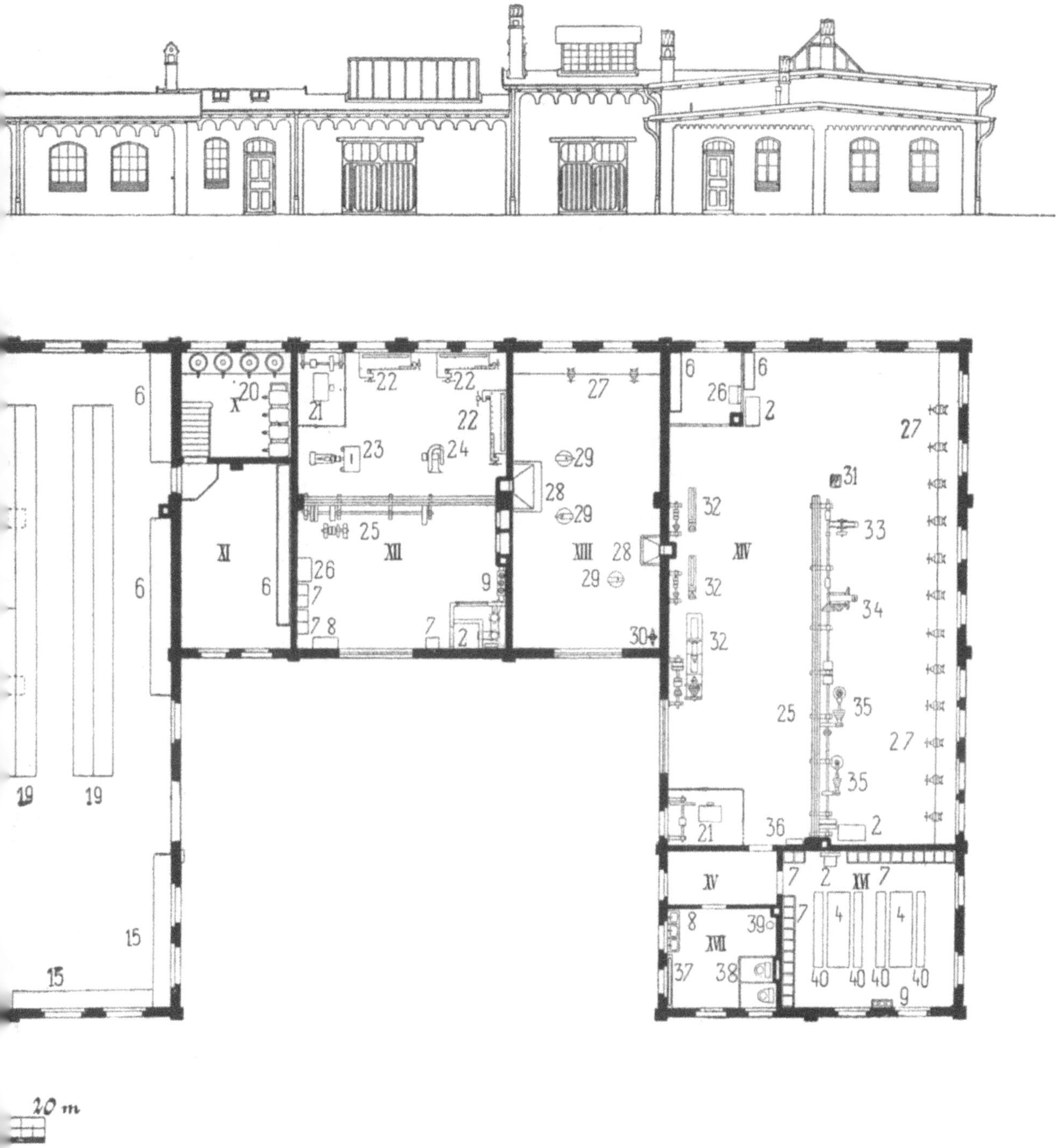

zine.

15. Tisch mit Kasten
16. Regal für Herde
17. Regal für Messingteile
18. Regal für Röhren und Eisen
19. Regal für Fittings
20. Ölfässer
21. Elektromotor
22. Hobelbänke
23. Holzkreissäge
24. Bandsäge
25. Transmission
26. Schreibpult
27. Schraubstöcke
28. Schmiedefeuer
29. Ambose
30. Ventilator
31. Blechschere
32. Metalldrehbänke
33. Schleifstein
34. Hobelmaschine
35. Bohrmaschinen
36. Tisch für Ölgefäße
37. Pißort
38. Abort
39. Gasofen
40. Bänke.

An dieser Straße liegen, wie früher schon erwähnt, das Verwaltungsgebäude, das Pförtnerhaus und ein Wohnhaus für Bedienstete.

Die Einrichtung dieser Gebäude ist aus den Abbildungen zu ersehen.

An der Haupteinfahrt in das Gaswerk ist das Werkstätten= und Magazinsgebäude errichtet (s. Tafel 21). Dasselbe enthält die Schlosserei, die Schmiede, die Schreinerei,

I. Obergeschoß.

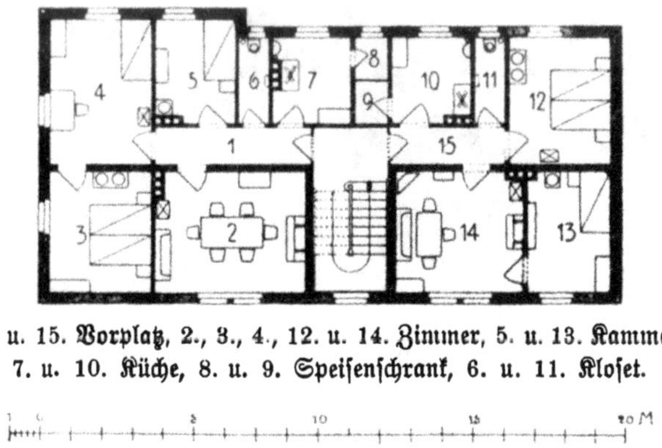

1. u. 15. Vorplatz, 2., 3., 4., 12. u. 14. Zimmer, 5. u. 13. Kammer, 7. u. 10. Küche, 8. u. 9. Speisenschrank, 6. u. 11. Kloset.

Fig. 87. Bedienstetenwohnhaus.

die Flaschnerei, 2 Eichräume für Gasmesser, wovon der eine für die amtliche Untersuchung, der andere zur Vorprüfung der vom Gaswerk reparierten Gasmesser dient. Weiter vorhanden ist eine Werkstätte für einen Korbmacher, ein Schuppen zum Abstellen von Handwagen und ein geräumiges Magazin.

Alle Werkstätten sind mit den neuesten Arbeitsmaschinen ausgestattet, deren Antrieb durch Elektromotore unter Zwischenschaltung von Vorgelegen erfolgt.

Wie bei allen anderen Betriebsräumen, so sind auch hier Arbeiter-Aufenthaltsräume und Bedürfnisanstalten vorhanden.

Auf die Ausführung von Wohlfahrtseinrichtungen ist besonderer Wert gelegt worden.

Die Aufenthaltsräume für die Feuerhausarbeiter sind in einem zweigeschossigen Anbau an das Ofenhaus angeordnet, damit die Arbeiter nicht im erhitzten Zustande den Fabrikhof zu überschreiten haben. Im Erdgeschoß des Anbaues befinden sich

Fig. 88. Innenansicht der Schlosserei und Dreherei.

ein Arbeiterraum, eine Wasch- und Badeanlage, Aborte und ein Raum zum Trocknen von Kleidern; im Obergeschoß in gleicher Höhe mit der Entladeflur des Ofenhauses ein Dienstzimmer für die Gasmeister, sowie ein weiterer Aufenthaltsraum für die Ofenhausarbeiter.

Die Badeanlage besteht hauptsächlich aus Dusche- und Ankleidezellen; nur für alte oder gebrechliche Leute sind Badezellen mit Wannenbädern vorhanden. Außerdem ist ein langer, doppelter Waschtrog aus weiß emailliertem Gußeisen mit Auslaufhähnen und Kopfbrausen aufgestellt.

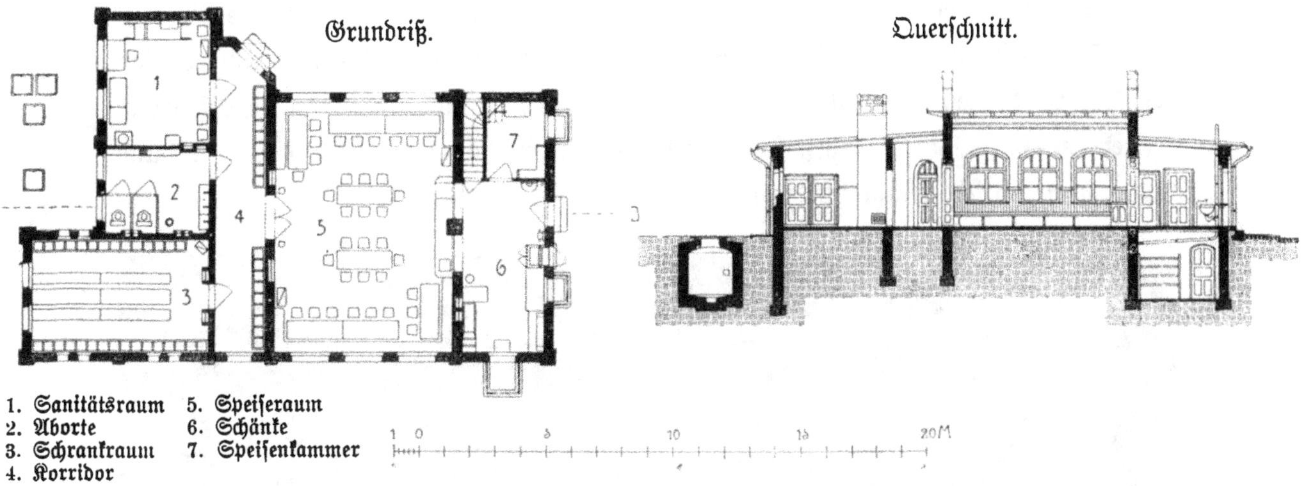

Fig. 89. Gebäude für Speisen= und Getränkeabgabe.

Fig. 90. Innenansicht der Speisen= und Getränkeabgabe.

Jeder Arbeiter erhält Seife und Handtuch vom Gaswerk kostenlos geliefert.

Der Baderaum ist nicht überbaut worden, um ihn mit einem Lüftungsaufsatz versehen zu können. Zwischen dem Bade- und Arbeiterraum ist ein mit Gasheizung betriebener Kaffeekocher aufgestellt, damit den Betriebsarbeitern jederzeit Kaffee und zwar unentgeltlich verabreicht werden kann.

Fig. 91. Innenansicht der Sanitätsstation.

Auch die übrigen Arbeiterräume sind in unmittelbarem Zusammenhang mit den Betriebsstätten angeordnet, während für die auf dem Fabrikhofe beschäftigten Arbeiter ein Aufenthaltsraum in dem zur allgemeinen Benützung bestimmten Speisengebäude vorhanden ist.

Die sämtlichen Aufenthaltsräume sind hell und luftig angelegt, mit Wasserleitung, Gas- oder Dampfheizung und Gasbeleuchtung versehen und mit Tischen, Bänken und der erforderlichen Anzahl Schränke, ferner mit Gaskochern zum Warmhalten von Speisen ausgestattet.

In dem Speisengebäude ist außer einem großen Raum für die Speisen- und Getränkeabgabe und dem bereits erwähnten Aufenthaltsraum für die auf dem Fabrikhof beschäftigten Arbeiter noch ein Sanitätszimmer eingerichtet, welches mit allen für die erste Hilfeleistung bei Unglücksfällen erforderlichen Apparaten, Instrumenten und Medikamenten ausgerüstet ist. Die Sanitätsstation steht unter der Aufsicht eines Arztes, der eine Anzahl Arbeiter im Samariterdienst ausgebildet hat, um die erste Hilfe bei Unfällen, wie sie im Gaswerksbetriebe vorkommen können, zu leisten.

Die Abgabe der Speisen und Getränke erfolgt zu Einkaufspreisen, während auch hier Kaffee kostenlos verabreicht wird. Die während der Nacht beschäftigten Arbeiter holen ihren Bedarf vor dem Beginn der Schicht. Für die Feuerhausarbeiter ist zur Aufbewahrung ihres Nachtvorrats in deren Aufenthaltsraum ein Eisschrank aufgestellt.

Auf den für den späteren Ausbau des Werkes freigelassenen Flächen sind hübsche gärtnerische Anlagen geschaffen und soweit es angängig war, die Fahrstraßen mit Baumanpflanzungen versehen worden. Auch die Beamten und Bediensteten haben entsprechende Gartenanlagen zur Benützung zugewiesen erhalten. Im Gaswerk wohnen: der Direktor, 1 Betriebsingenieur, 1 Betriebsassistent, 2 Maschinenmeister, 4 Gasmeister, 1 Hausmeister, 1 Pförtner und 1 Aufseher für die Speisen- und Getränkeabgabe.

Die Versuchsgasanstalt.

Das leitende Moment für die Errichtung einer Versuchsgasanstalt lag in der Würdigung der außerordentlichen Wichtigkeit der Kohlenfrage für die wirtschaftliche Entwickelung des Gaswerkbetriebes, nächstdem in dem Bedürfnisse durch systematische Untersuchungen über den Wert des verwendeten Kohlenmaterials dauernd Aufschluß zu erhalten.

Während Laboratoriumsuntersuchungen diesen Zweck nur in einseitigem und nicht in ausreichendem Maße erfüllen konnten, war andererseits nicht zu verkennen, daß solche Versuche im Großbetriebe nur schwer mit der erforderlichen Genauigkeit und nicht ohne Störung für den Betrieb selbst durchgeführt werden können.

Es wurde daher zur Errichtung einer besonderen Anstalt geschritten, welche in der Lage ist, unabhängig vom Großbetrieb, aber in nicht allzu weiter Entfernung von den praktischen Verhältnissen, den Erfordernissen zu entsprechen.

Erläuterung:

R	Reiniger	Wt	Wendeltreppe	B_3 und $_4$	Behälter für Eisenvitriol
S	Wascher (Skrubber)	B_1 u. $_2$	Behälter für Waschöl	U	Umlaufregler
Kn	Nachkühler	N	Naphthalin-Wascher	G	Gassauger
Kv	Vorkühler	D	Druckregler mit Umgangsklappe	M	Gasmesser
C	Cyanwäscher	T	Teerscheider	B_5	Behälter für Teer und für Ammoniakwasser.

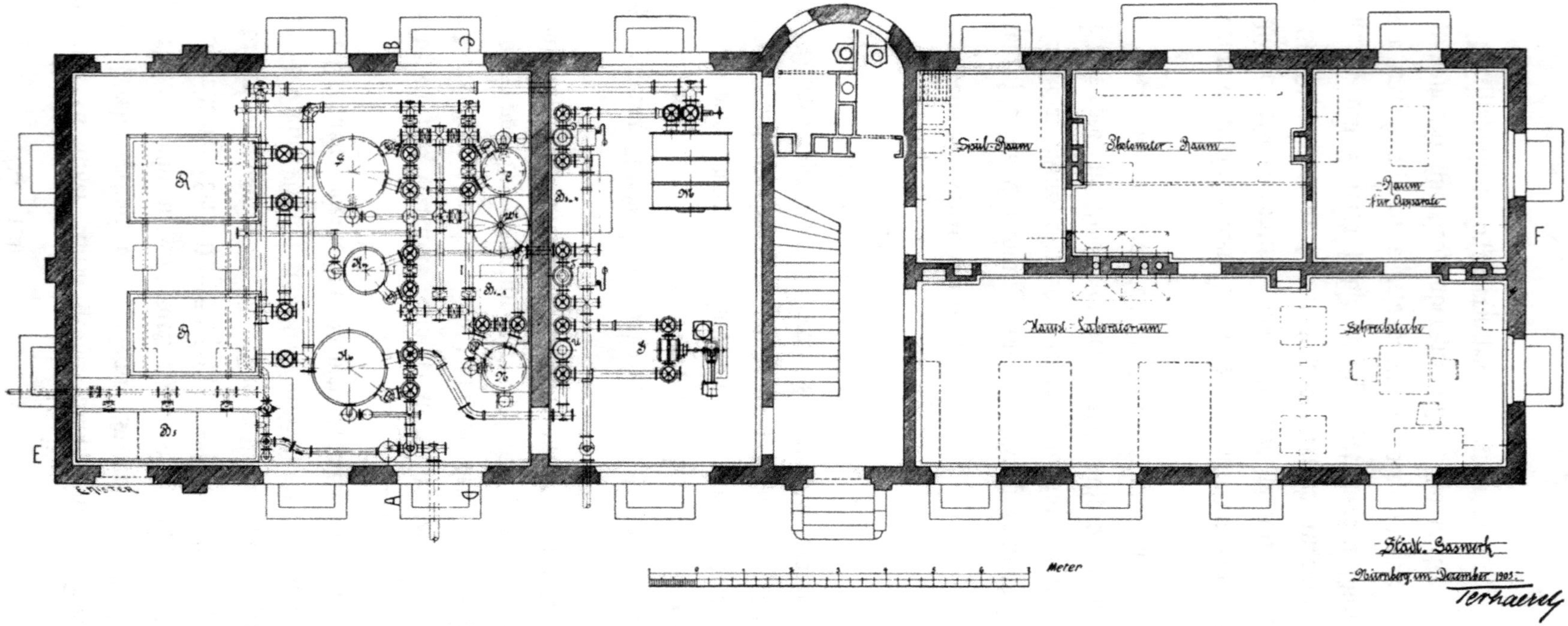

Fig. 92. Versuchsgasanstalt und chemisches Laboratorium (Grundriß).

Gleichzeitig wurde darauf Rücksicht genommen, diese Anlage mit solchen Einrichtungen auszugestalten, welche es ermöglichen, neben der Untersuchung der Kohlen auch an die Prüfung anderer, im Betriebe sich ergebender Fragen, wie der Reinigung des Gases, der Wirksamkeit von Apparaten u. s. w. heranzutreten.

Für die Größenberechnung der Versuchsanlage war im Interesse einer übersichtlichen und einfachen Betriebsführung die Beschränkung auf das unter den gegebenen Verhältnissen erreichbare Mindestmaß geboten.

Der Platz der Versuchsgasanstalt liegt, wie aus dem Lageplan (Tafel 6) ersichtlich ist, etwa 60 m vom Ofenhause entfernt in der Mitte des Gaswerksgeländes, so daß die beim Versuchsbetrieb benötigten Materialien, bezw. die anfallenden Produkte jederzeit bequem an die für dieselben bestimmten Orte befördert werden können.

Das Gebäude der Versuchsgasanstalt zerfällt in zwei Hauptteile, die eigentliche Versuchsgasanlage und das chemische Laboratorium.

Versuchsgasanlage. In den Räumen der Versuchsgasanlage sind nur die Apparate untergebracht; der Versuchsofen befindet sich im Ofenhause des Gaswerks.

Die Anlage enthält in 2 nebeneinander liegenden, größeren Räumen die Apparate und die Reiniger, während ein dritter kleinerer Raum zur Aufbewahrung der beim Versuchsbetrieb benötigten Gerätschaften dient.

In dem geräumigen und hohen Rohrkeller sind verschiedene Behälter u.s.w. aufgestellt.

Bei der Wahl und Anordnung der einzelnen Apparate selbst wurde auf eine möglichste Anlehnung an die Einrichtungen des Großbetriebes Rücksicht genommen.

Die Apparatenanlage ist an einem Betriebsofen des Gaswerkes angeschlossen. Dieser Ofen ist so eingerichtet, daß nach Bedürfnis je „2 Retorten" in verschiedener Lage des Ofens zu Versuchszwecken benützt werden können, wodurch die Möglichkeit einer leichten Veränderung der Vergasungstemperatur erreicht wird. Der Ofen ist ferner für besondere Versuche mit Einrichtungen versehen, welche die Einführung von Wassergas und von Wasserdampf in die Retorten, bzw. in die Steigröhren und in die Vorlage gestatten.

Zur genauen Kontrolle der Betriebsbedingungen ist der Ofen mit selbsttätigen Apparaten zur Aufzeichnung der Temperatur und des Kohlensäuregehaltes der Ofengase ausgestattet.

Aus der Vorlage des Ofens gelangt das Gas durch ein 60 m langes Rohr von 125 mm l. W., welches die Luftkühler ersetzt, in das Apparatenhaus und geht

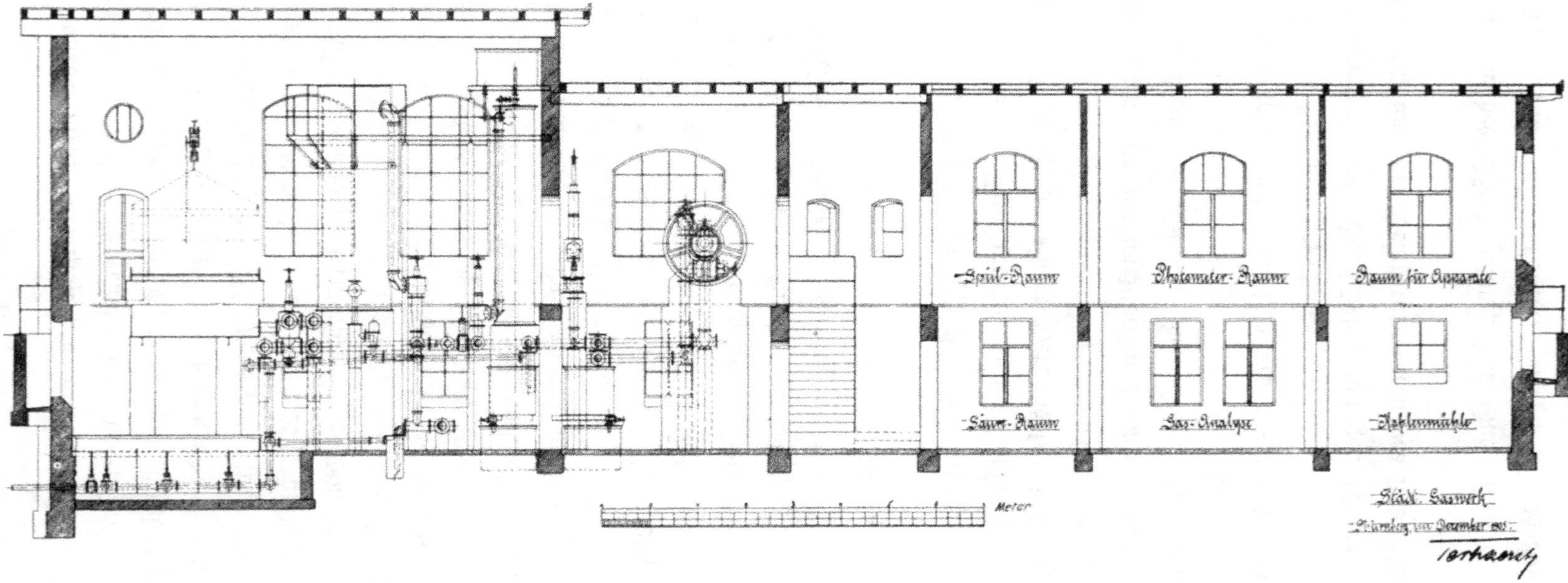

Fig. 93. Versuchsgasanstalt und chemisches Laboratorium (Längsschnitt E—F).

dortselbst der Reihe nach durch einen Wasserkühler, den Gassauger mit Umlaufregler, den Teerscheider, den Naphthalinwäscher, den Cyanwäscher, den Nachkühler, den Ammoniakwäscher, 2 Schwefelwasserstoffreiniger und den Gasmesser.

Der Ausgang des letzteren steht mit einem Versuchsgasbehälter von etwa 3 cbm Fassungsraum in Verbindung, in welchen mittelst einer entsprechenden Vorrichtung dauernd der jeweiligen Gaserzeugung entsprechende Gasmengen abgesaugt und dort zu einer Durchschnittsprobe angesammelt werden können. Der Rest des Gases wird der Betriebsrohrleitung des Gaswerkes vor der Kondensation zugeführt.

Die Schwefelwasserstoffreiniger sind mit Meßvorrichtungen zur Luftzuführung versehen.

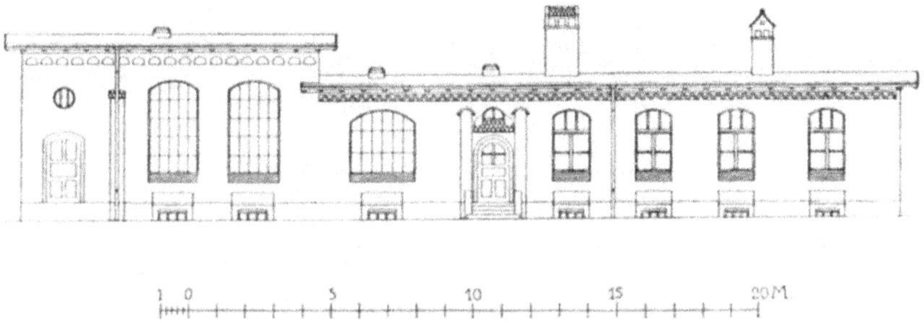

Fig. 94. Ansicht der Versuchsgasanstalt.

Alle Apparate sind so eingerichtet, daß sie je nach Bedürfnis in das Apparatensystem ein- oder ausgeschaltet werden können; der Cyanwäscher kann außerdem sowohl hinter den Naphthalinwäscher, als auch an den Ausgang des Systems hinter den Ammoniakwäscher geschaltet werden.

Die Ein- und Ausgänge sämtlicher Apparate sind mit Manometern und mit Thermometern zur Messung der Gastemperatur und ferner mit Probehähnen versehen, welche die Entnahme von Gas- und Flüssigkeitsproben gestatten.

Über den Wäschern sind auf einer eisernen Bühne, zu welcher ein Treppenaufgang führt, Behälter für Berieselungswasser, Anthracenöl und Eisenvitriol aufgestellt, von welchen aus die verschiedenen Wäscher gespeist werden.

Der Ablauf des Meßbehälters für das Berieselungswasser ist mit einer Art Liebigschen Kühlvorrichtung versehen, welche eine Regelung der Wassertemperatur ermöglicht.

Die von der Kondensation und den Wäschern abgegebenen Erzeugnisse — Teer, Ammoniakwasser, gesättigtes Anthracenöl, Cyanschlamm — gelangen in verschiedene Behälter und Gruben im Rohrkeller, welche so angeordnet sind, daß die aus den einzelnen Apparaten stammenden Mengen zunächst getrennt gemessen und untersucht werden können.

Die Apparatenanlage steht durch eine besondere Leitung mit der Hauptbetriebsleitung des Gaswerkes in unmittelbarer Verbindung.

Chemisches Laboratorium. Nachdem die chemische Seite des Gaswerkbetriebes durch die neuere Anschauung der Gastechnik mehr und mehr an

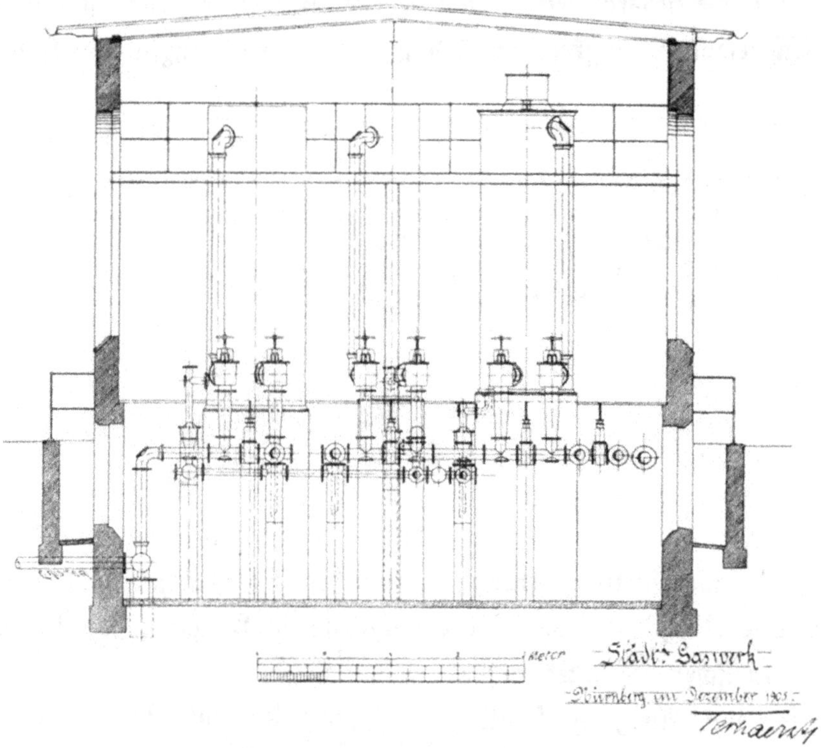

Fig. 95. Versuchsgasanstalt (Querschnitt A—B).

Bedeutung gewonnen hat, wurde der Einrichtung des chemischen Laboratoriums eingehende Beachtung zugewendet.

Das Gaswerkslaboratorium ist als chemisch-technische Untersuchungsanstalt gedacht mit besonderer Berücksichtigung des gas- und feuerungstechnischen Betriebes.

Unter diesem Gesichtspunkte ist die Anordnung der einzelnen Räumlichkeiten und die Auswahl der Einrichtungsgegenstände und Apparate getroffen.

Die Laboratoriumsräume umfassen im Obergeschoß ein geräumiges Hauptlaboratorium für Arbeiten allgemein chemischer Art, an dasselbe anschließend ein

Wagenzimmer zugleich als Bureau bestimmt, ein Kalorimeterzimmer und Raum zur Aufbewahrung von Apparaten, ein Photometerzimmer, einen kleinen Verbrennungsraum und eine Spülküche.

Im Erdgeschoß sind nach Norden gelegen ein Raum für Gasanalyse, ferner sind Räume zur Aufbereitung von Materialproben und zum Lagern von Glassachen, Reagentien, Präparaten u. s. w. vorgesehen.

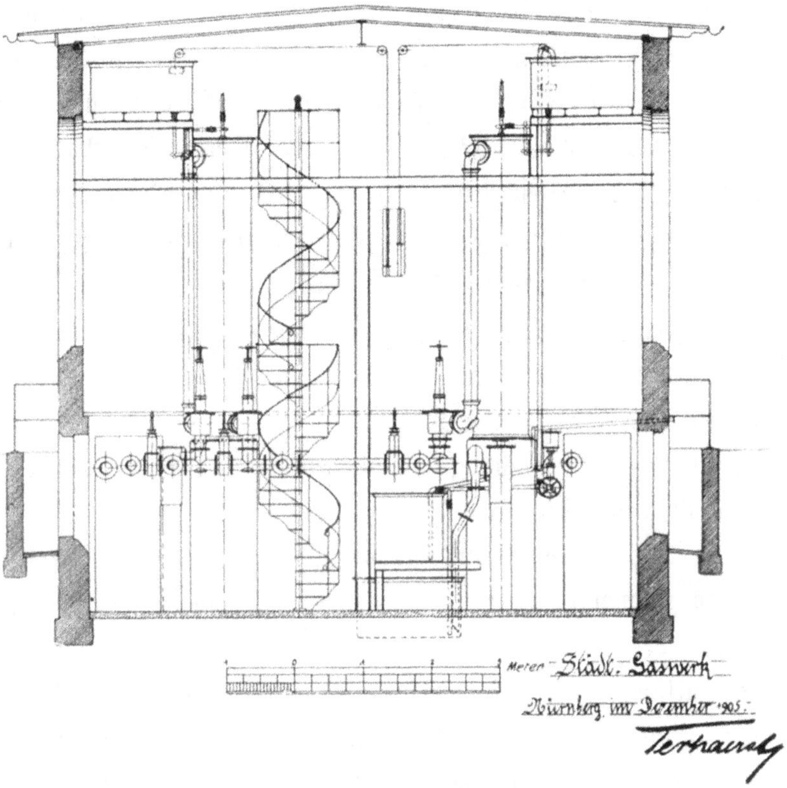

Fig. 96. Versuchsgasanstalt: Querschnitt C—D.

Die Räumlichkeiten wurden in der jetzigen Ausdehnung auch für später in Frage kommende größere Verhältnisse ausreichend groß gewählt.

Über das Wesen der in den Gasanstaltsbetrieb einschlägigen Untersuchungen, wie sie bereits im bisherigen provisorischen Laboratorium, soweit es dessen Einrichtung gestattete, zur Durchführung gelangten, sei im Folgenden einige weitere Ausführung gegeben:

Vorweg beansprucht das zur Gaserzeugung verwendete Kohlenmaterial die Aufmerksamkeit bezüglich seiner chemischen Zusammensetzung. Dieselbe gestattet zusammen mit dem Ausfall der Verkokungsprobe einzelne Schlüsse hinsichtlich der voraussichtlichen Eignung der Kohle zur Gasbereitung und vermag so bei der Auswahl eines Materials wichtige Fingerzeige zu geben. Die endgiltige Entscheidung bleibt dem Vergasungsversuche in der Versuchsgasanstalt vorbehalten. Hier ist es Aufgabe der chemischen Untersuchung, den Anfall an verwertbaren, bezw. verunreinigenden Bestandteilen im Gase unter bestimmten Verhältnissen genau festzustellen.

Bei dem gewaltigen Kohlenbedarf des Gaswerksbetriebes ist ferner die Anlieferung einer dauernd gleichmäßigen Kohlenqualität mit möglichst niedrigem Aschengehalte wünschenswert, da ein verhältnismäßig geringer Unterschied in der Menge der vergasbaren Substanz in der Kohle für den Jahresverbrauch einen ganz erheblichen Wert bedeutet. Auch für den Ausfall des Koks ist ein niedriger Aschengehalt in der vergasten Kohle von Wert. In der bezeichneten Richtung wird daher dauernde Kontrolle geübt.

Die rationelle Führung des Feuerungs- und Ofenbetriebes erstrebt bei geringstem Brennstoffverbrauch eine möglichst günstige Ausnützung desselben. Als Grundlage für die Erkenntnis der wirtschaftlichen Leistung einer Feuerung kommt die Bestimmung der Heizkraft des verwendeten Brennmaterials in Betracht, in bestimmten Fällen auch diejenige der ausgebrauchten Schlacken.

Die kalorimetrische Untersuchung von Brennstoffen wird im Gaswerkslaboratorium auch für andere städtische Anstalten ausgeführt.

Zur Beurteilung der Verbrennungsvorgänge in der Feuerung selbst leistet die Untersuchung der Ofengase in Verbindung mit Temperatur- und Zugmessungen wertvolle Dienste.

Verschiedenfältiges Interesse bedingt die Überwachung der Einrichtungen zur Reinigung des Gases und zum Ausbringen der Nebenprodukte. Die chemische Kontrolle zielt hier auf eine rationelle Wirksamkeit der Apparate und weiterhin auf eine möglichst vollständige Gewinnung der wertvollen Bestandteile „Ammoniak" und „Cyan" aus dem Gase hin. Sie umfaßt fortlaufende Untersuchungen der Gasbeschaffenheit vor und hinter den einzelnen Waschapparaten und die Prüfung der aus denselben anfallenden Erzeugnisse, einschließlich der besonderen Untersuchungen bei der Verarbeitung der letzteren.

Die Kontrolle der Schwefelwasserstoffreinigung erfolgt durch dauernde Beobachtung der Schwefelaufnahme aus dem Gase und der Regenerationsvorgänge in der Reinigungsmasse.

Die Verwendung des fertigen Gases zu Leucht- und zu Heizzwecken macht dessen regelmäßige Prüfung auf seine Qualität und Reinheit erforderlich. Ermittlung der Zusammensetzung, Heizwert, Leuchtkraft und spezifisches Gewicht des Gases geben in dieser Beziehung den erwünschten Anhalt; von gelegentlichem Werte wird die Feststellung des Gasmischungsverhältnisses, sowie dessen Explosionsgrenzen. Untersuchungen verschiedener Art beziehen sich auf regelmäßige Materialprüfung.

Das Gaswerkslaboratorium ist nach Erfordernis der vorzunehmenden Untersuchungen mit allen Apparaten zweckentsprechend ausgestattet. Von solchen, gas- und feuerungstechnischen Zwecken dienenden Apparaten, sind zu erwähnen:

Kalorimetrische Bombe nach Bunte, Kalorimeter nach Junkers, Gasanalyt. Apparate nach Bunte und Hempel, Apparat zur exakten Gasanalyse nach Drehschmidt, Orsatapparat, Normalphotometer, Apparat zur Bestimmung der Flächenhelligkeit von Krüß, Apparate zur Bestimmung des spezifischen Gewichtes nach Krell und nach Schilling, Pyrometer nach Le Chatelier, Wannerpyrometer, Stickstoffthermometer, Differentialmanometer nach Krell, Apparat zur Schwefelbestimmung im Gase nach Drehschmidt, Teerdestillationsapparat.

Pneumometer.

In den beiden zur Stadt führenden Gashauptleitungen von 1000 mm Durchmesser und ebenso in der 400 mm weiten Wassergasleitung zwischen Wassergasanstalt und Apparatenhaus sind Meßapparate eingebaut, durch welche der Gasdurchgang zu jeder beliebigen Zeit bestimmt werden kann.

Die Wirkung der Apparate beruht auf der Feststellung der Strömungsgeschwindigkeit des Gases in der Weise, daß die an einer senkrecht zur Bewegungsrichtung in den Gasstrom eingebrachte Stauscheibe entstehende Staupressung gemessen wird.

Auf der dem Gasstrom zugewendeten Seite wird hierbei eine Stauüberpressung, auf der abgewandten Seite eine Stauunterpressung erzeugt.

Die Summe der beiden Pressungen, welche von der allgemeinen, an der Stauscheibe herrschenden Gaspressung im Gasstrom unabhängig ist, wird durch Differentialmanometer „Mikromanometer" gemessen.

Die Stauscheibe aus Metall ist im Mittelpunkt auf beiden Seiten mit runden Öffnungen versehen, welche die Staupressungen des gegen die Scheibe gerichteten Gasstroms aufnehmen. Jede dieser Bohrungen wird durch je einen besonderen im Innern der Scheibe ausgearbeiteten Kanal nach dem Scheibenumfang und von da in zwei getrennten, parallel mit einander laufenden Röhren nach dem Manometer geführt. Durch einen Dreiweghahn kann entweder die Verbindung der Manometerschenkel mit der Gasleitung oder mit der Außenluft hergestellt werden. Im letzteren Falle befindet sich das Manometer in der Nullstellung.

Aus dem Durchgangsquerschnitt der Rohrleitung und der angezeigten Pressungsdifferenz ergibt sich die Strömungsgeschwindigkeit bezw. die Menge des durchgehenden Gases.

Die Manometerskala ist in Kubikmeter eingeteilt, so daß die durch die Gasröhren fließende Gasmenge unmittelbar abgelesen werden kann.

Die mit der Stadtleitung in Verbindung stehenden Manometer sind im Gasmessergebäude; diejenigen für die Wasserleitung im Maschinenraum der Kondensationsanlage aufgestellt.

Das Gasrohrnetz.

Entwurf eines Rohrnetzplanes. Daß mit der Zunahme des Gasverbrauches auch das Gasrohrnetz der Verbesserung und Ergänzung bedürfte, war mit Sicherheit anzunehmen. Schon während der Bauzeit erwies sich das Rohrnetz, welches durch fortwährendes Anstückeln der Leitungen entsprechend der weiteren Ausdehnung des Gasverbrauches ohne einheitlichen Verlegungsplan entstanden war, an vielen Stellen als unzureichend, um das Gas den Abnehmern mit dem erforderlichen Druck zuzuführen.

Im Herbst des Jahres 1903 mehrten sich die Klagen aus verschiedenen Stadtteilen über schlecht brennendes Licht und Störungen im Betriebe der Gasmotoren. Besonders war dies in den Stadtteilen südlich der Eisenbahn und in Glaishammer der Fall, ferner in den Gegenden um das Marfeld, die Rennwegstraße und St. Johannis.

Die angestellten Untersuchungen ergaben, daß der Gasdruck in den Straßenleitungen zu gering war und wurden infolgedessen im Dezember 1903 an den Hauptverbrauchstagen Druckmessungen durch das ganze Rohrnetz vom Gaswerk bis zu den äußersten Laternen und zwar immer im Verlauf der Hauptabgaberohre vorgenommen. Das Ergebnis dieser Messungen ließ mit Bestimmtheit erkennen, daß die vom Gaswerk an der Rothenburgerstraße ausgehenden Hauptversorgungs-Röhren von 700 mm und 525 mm lichter Weite mit den, dem Spittlertor- und Frauentorgraben folgenden und daran anschließenden 525 mm und 500 mm Leitungen für die an das Gaswerk gestellten Anforderungen zu schwach waren und ein vollständiges Hindernis für die Vermehrung des Gasverbrauches bildeten.

Auf Grund dieser Messungen wurde ein Druckkurvenplan aufgestellt, um diejenigen Gebiete zu kennzeichnen, in denen die Gasversorgung als eine mangelhafte bezeichnet werden mußte.

Die größte Gasabgabe wurde im Gaswerk mit 9620 cbm in der Stunde beobachtet, woraus sich eine Gasgeschwindigkeit von 4,44 m in der Sekunde berechnet, während die höchste zulässige Geschwindigkeit nur 3—4 m betragen darf, wenn die Betriebssicherheit voll aufrecht erhalten werden soll. Diese Tatsachen mußten natürlich dazu führen, die vom Gaswerk begonnenen Erhebungen und Vorarbeiten für die Aufstellung eines Rohrnetzplanes zu beschleunigen, damit die sich zunächst als notwendig herausstellenden Verbesserungen und Ergänzungen noch vor

Fig. 97. Ankunft eines schmiedeeisernen Gasrohres von 1 m Durchmesser und 26 m Länge.

der Inbetriebsetzung des neuen Werkes ausgeführt werden konnten, ganz abgesehen davon, daß es ein dringendes Bedürfnis war, die Erweiterung des Rohrnetzes überhaupt nach einem einheitlichen, auf viele Jahre hinaus giltigen Verlegungsplane vorzunehmen.

Um die Verteilung des Gasverbrauches des ganzen Stadtgebietes feststellen zu können, sind unter Berücksichtigung der Art und der Beschäftigung der Bevölkerung vier concentrisch zu einander liegende Kreise angenommen worden (s. Verteilungsplan im Anhang).

Verteilung des Gasverbrauches in Nürnberg im Jahre 1902.

Kreis	Bezirk	Gasverbrauch in cbm	Bevölkerung		Fläche	
			Anzahl	Verbrauch per Kopf	in qm	Verbrauch per qm
Innere Stadt	I	374 206	5235	71,6	151 000	2,478
	II	672 694	8778	76,6	208 000	3,234
	III	473 416	6103	77,5	201 500	2,350
	IV	492 108	7152	68,6	146 000	3,371
	V	241 759	5672	42,6	102 000	2,370
	VI	409 173	4147	98,7	201 000	2,040
	VII	1 033 308	8079	127,9	210 000	5,120
	VIII	1 219 457	7627	159,9	186 000	6,550
I. Ring	IX	901 423	7341	122,8	698 000	1,292
	X	595 580	5910	100,8	418 000	1,425
	XI	303 866	4859	62,6	459 000	0,662
	XII	568 924	6641	85,7	414 000	1,374
	XIII	568 646	9897	57,5	469 000	1,210
	XIV	376 335	8907	42,3	456 000	0,820
	XV	616 315	3414	180,5	653 000	0,930
	XVI	712 508	5402	131,9	505 000	1,410
II. Ring	XVII	844 583	25606	33,0	3 022 000	0,280
	XVIII	222 857	5499	40,5	1 394 000	0,160
	XIX	111 095	5686	19,5	2 362 000	0,050
	XX	168 132	4614	36,6	1 230 000	0,140
	XXI	299 045	8058	37,1	1 682 000	0,520
	XXII	325 315	6931	64,9	1 508 000	0,210
	XXIII	107 947	1983	54,4	1 524 000	0,070
	XXIV	25 227	776	32,5	1 928 000	0,010
	XXV	257 660	6622	38,9	1 318 000	0,200
	XXVI	176 730	6237	28,3	2 544 000	0,070
	XXVII	835 172	27053	30,9	1 492 000.	0,560
	XXVIII	907 613	22146	41,0	2 072 000	0,440
	XXIX	198 088	7774	25,5	2 022 000	0,100
	XXX	179 641	5581	32,2	1 748 000	0,100
	XXXI	718 807	11187	64,3	3 612 000	0,200
III. Ring	XXXII	—	874	—	5 714 000	—
	XXXIII	201 854	3778	53,4	3 350 000	0,060
	XXXIV	14 129	568	25,0	2 212 000	0,007
	XXXV	1 573	928	1,7	1 676 000	0,001
	XXXVI	—	463	—	1 570 000	—
	XXXVII	1 838	391	4,7	1 610 000	0,001
	XXXVIII	23 895	553	43,2	2 066 000	0,011
	XXXIX	55 466	2816	19,7	2 769 000	0,020

Das von der Stadtmauer umschlossene Gebiet bildet den ersten Kreis; hier befinden sich die größten Ladengeschäfte. Daran anschließend folgt der erste Ring, welcher von den reicheren Bürgern bewohnt wird, dann der zweite Ring mit Fabriken und endlich der dritte Ring mit Landbevölkerung. Dieser letztere ist im Süden der Stadt z. B. nicht geschlossen.

Fig. 98. Verlegung eines schmiedeeisernen Gasrohres von 1 m Durchmesser und 26 m Länge in der Straße „An den Rampen."

Zur besseren Übersicht der Verteilung des Gasverbrauches ist jeder Ring noch in Bezirke geteilt, welche sich den vorhandenen Hauptversorgungsröhren anschließen. Es sind im Ganzen 39 Bezirke vorhanden.

Was die Zunahme des Gasverbrauches anbetrifft, so wird der Gasverbrauch der inneren Stadt in einer gewissen Zeit seinen Höhepunkt erreicht haben, auf welchem er stehen bleiben wird, da die Bevölkerungszunahme daselbst bereits jetzt zum Stillstand gekommen ist. Der Gasverbrauch im ersten und zweiten Ring wird gleichmäßig zunehmen, obwohl die Bevölkerungszahl im zweiten Ring stärker als im ersten Ring steigt. Die Zunahme im Gasverbrauch und in der Bevölkerung wird im dritten Ring am schwächsten sein. Unter Beobachtung vorstehender Festsetzungen wurde der zu erwartende Gasverbrauch für die einzelnen Bezirke bestimmt und zwar in Rücksicht darauf, daß das neue Werk auf 60 Millionen cbm Jahresgaserzeugung ausgebaut werden kann.

Selbstverständlich wäre es nicht ratsam und auch mit sehr erheblichen Kosten verbunden gewesen, das Rohrnetz in seinen Hauptspeiseleitungen sofort für diese Jahresabgabe auszubauen und wurde daher die Einrichtung derart getroffen, daß der erste Ausbau bis zu einem Verbrauch von 40 Millionen cbm Gas genügt und erst nach Überschreiten dieser Zahl zu einem weiteren Ausbau des Rohrnetzes geschritten werden muß. Das Hauptaugenmerk wurde darauf gerichtet, das vorhandene Rohrnetz nicht umzulegen, sondern durch den Einbau von Speiseleitungen eine genügende Versorgung der Stadt zu bewirken.

Bis zu einem jährlichen Gasverbrauch von 40 Millionen cbm ist das Stadtgebiet in zwei Versorgungszonen mit je einer Speiseleitung und bis zu einem Jahresverbrauch von 60 Millionen cbm in drei Versorgungszonen mit wiederum je einer Speiseleitung eingeteilt.

Die Anlage der Speiseleitungen ist nach dem sog. Verästelungssystem entworfen, da das Ringsystem infolge der dabei notwendigen großen Rohrabmessungen zu erheblichen Mehrkosten geführt hätte. Es wurden aber die Speiseleitungen an ihren äußersten Enden durch genügend starke Leitungen miteinander verbunden, sodaß auch bei einer anderen Verteilung des Gasverbrauchs als angenommen, die Gasversorgung gesichert ist.

Bei der Trassenführung der Speiseleitungen kam es darauf an, dieselbe so einzurichten, daß die Herstellung der Leitungen mit dem geringsten Kostenaufwande durchführbar war. Es ergab sich dabei die in dem Rohrnetzplane — siehe Anhang — angegebene Trasse. Hiernach beträgt der Abstand der außen gelegenen Speiseleitungen ungefähr 1 bis 1,5 km von der Stadtgrenze.

Bei den Abmessungen der Speiseleitungen wurde als größter Stundenverbrauch der zweitausendste Teil des Jahresgasverbrauches zu Grunde gelegt, eine Erfahrungszahl, welche sich aus dem nachstehenden Vergleich der Betriebsergebnisse von 16 deutschen Großstädten ergeben hat.

Als geringster Druck in den Straßenleitungen wurden 30 mm angenommen. Zu dieser Zahl kommt man durch folgende Überlegung: Am Brenner eines Glühlichtes sind 25 mm Druck nötig, in der Installationsleitung soll ein Druckverlust

Zusammenstellung des Gasverbrauchs in 16 deutschen Städten in den Jahren 1880—1902.

Laufende Nr.	Stadt	Durchschnittliche Zunahme im Jahre in %				Verhältnis der größten Abgabe in 24 Stunden und in 1 Stunde zur Jahresabgabe		Verbrauch auf die Einheit bezogen im letzten Jahre in cbm	
		der Gasabgabe	der mittl. Bevölkerung	d. Verbrauchs auf den Kopf	d. Verbrauchs auf die Flächeneinheit	in 24 Stunden	in 1 Stunde	auf den Kopf	auf 1 qm
1	Berlin	4,8	2,6	1,8	4,86	1/208	1/2083	85,2	2,79
2	Hamburg . . .	3,9	2,8	0,9	4,15	1/190	—	77,5	0,76
3	München . . .	3,7	3,7	0,2	1,60	1/208	1/1583	34,6	0,20
4	Breslau	3,9	2,1	1,4	4,26	1/208	1/1887	51,6	0,67
5	Dresden	5,1	2,4	2,9	4,20	1/200	1/1695	81,5	0,78
6	Köln a. Rh. . .	5,1	2,7	2,5	4,20	1/222	1/2174	96,3	0,33
7	Nürnberg . . .	6,8	3,3	2,1	4,95	1/217	1/2083	66,6	0,32
8	Hannover . . .	6,0	2,8	2,7	5,85	1/227	1/2381	106,0	0,65
9	Magdeburg . . .	5,2	2,5	3,4	5,12	1/208	1/2083	61,0	0,27
10	Düsseldorf . . .	7,5	4,1	2,8	8,40	1/200	1/2083	85,3	0,43
11	Stettin	5,2	3,2	1,2	5,10	1/204	1/2000	43,2	0,16
12	Chemnitz . . .	6,2	4,2	2,3	4,12	1/185	1/1449	52,2	0,31
13	Charlottenburg . .	15,4	9,2	6,0	14,60	1/222	1/2222	130,7	1,34
14	Stuttgart . . .	4,6	2,2	2,3	4,16	1/218	1/2000	75,6	0,50
15	Bremen	6,5	1,7	4,6	7,10	1/222	1/2326	90,5	0,68
16	Elberfeld . . .	5,7	2,5	3,1	5,68	1/222	1/2083	97,3	0,51

von 2 mm zulässig sein, die Gasuhr nimmt bis 2 mm Druck weg und in der Zuleitung soll 1 mm Druck durch Reibung verloren gehen. Die Speiseleitungen sind ungefähr 6 km lang und wurde ein Druckverlust von 7 mm auf 1 km Rohrlänge der Berechnung zu Grunde gelegt. Werden somit im neuen Werk 60 mm Druck gegeben, so bleibt für die am weitesten entfernten Versorgungsleitungen noch ein Druckverlust von 8 mm übrig. Da letztere etwa 1—1½ km lang sind, so ergibt sich für die Versorgungsleitungen, d. h. für die Leitungen, welche das Gas von den Hauptspeiseleitungen aus den Verbrauchsstellen zuführen, ein Druckverlust von etwa 7 mm wie bei den Hauptspeiseleitungen.

Die Berechnung der Rohrdurchmesser wurde nach der Formel $d^5 = 0,84 \frac{l Q^2}{h + i}$ vorgenommen, wobei bedeutet:

d den Durchmesser der Leitung in cm, l die Länge in m, Q den größten Stundenverbrauch gleich dem 2000. Teil des Jahresverbrauches in cbm, h den Druckverlust in mm, i die durch die Höhendifferenz hervorgerufene Druckmehrung oder

Höhe des neuen Gaswerkes 308,000 über N.-N.

Speisepunkt	l in m	Q in cbm	h in mm	Höhe über N.-N	i in mm	d in cm	Gewählter Durchm. in mm
A. Speiseleitung I.							
Plärrer	1 700	10 127	12	308,06	—	104,1	1000
Dennerstraße	180	4 383	1	308,06	—	78,0	700
Mohrentor	580	1 494	4	302,51	− 4	64,0	525
Hallertor	275	1 286	2	301,16	− 6	50,2	525
St. Johannisstraße	1 680	5 744	12	306,79	− 1	84,2	800
Bucherstraße	900	4 557	6	316,79	+ 8	64,6	650
Rollnerstraße	800	3 253	5	318,00	+ 1	65,6	650
Rennwegstraße	1 500	2 078	11	318,90	+ 1	53,6	550
Sulzbacherstraße	680	1 304	5	316,63	− 2	50,3	550
B. Speiseleitung II.							
Tafelfeldstraße	1 540	11 093	11	308,08	—	107,9	1000
Pillenreutherstraße	400	10 113	3	308,77	—	102,8	1000
Allersbergerstraße	600	5 573	4	310,36	+ 1	79,3	800
Wilhelm Späthstraße	280	4 866	2	310,82	—	77,4	750
Schloßstraße	1 050	3 662	7	310,48	—	70,1	700
Ostendstraße	1 370	3 038	10	312,07	+ 1	59,8	600
Oberveilhofstraße	740	2 057	5	—	—	58,1	600
Sulzbacherstraße	260	762	2	316,63	+ 3	30,2	550
Frauentorgraben	700	4 540	5	308,91	+ 1	72,6	750
Marienstraße	430	2 338	3	307,80	− 1	62,9	500
Treustraße	260	2 202	2	310,66	+ 1	51,2	500
C. Speiseleitung III.							
Sandreuthstraße	120	9 046	1	—	—	96,2	1000
Schwabacherstraße	1 200	8 089	8	—	—	96,2	1000
Wallensteinstraße	1 310	7 261	9	—	—	93,4	900
Leyherweg	1 075	5 439	8	—	—	80,3	800
Austraße	550	5 195	4	—	—	82,9	800
Fürtherstraße	310	3 764	2	303,36	—	71,3	700
Schnieglingerstraße	1 100	2 604	8	303,55	—	60,1	600
Bucherstraße	1 350	1 442	9	309,42	+ 5	44,2	450
Löbleinsstraße	1 500	827	11	318,09	+ 7	34,3	350

Minderung unter Berücksichtigung, daß ein Meter Steigung oder Fall eine Druckmehrung oder Minderung von 0,8 mm hervorruft.

Das Ergebnis dieser Berechnung ist in nebenstehender Tabelle zusammengestellt: Die Ausführung erfolgt natürlich entsprechend dem auftretenden Bedürfnis, d. h. der Zunahme des Gasverbrauchs.*)

Um den nächsten Anforderungen, welche an die Leistungsfähigkeit des Gaswerkes und damit auch an die Beanspruchung des Stadtrohrnetzes gestellt wurden, Rechnung zu tragen, ist im Jahre 1904 ein Teil der Speiseleitung II zur Ausführung gelangt und zwar die Strecke von dem neuen Gaswerk durch die Landgrabenstraße, Wölkernstraße, Schweiggerstraße, Harsdorferstraße, Regensburgerstraße und Schloßstraße bis zur Burgerstraße. Hierdurch wurde die Versorgung der südlich der Eisenbahn liegenden Stadtteile, in welchen es im Winter 1902 zu fortwährenden Betriebsstörungen kam, vollständig sicher gestellt.

Die Länge des Hauptrohres betrug am 31. Dezember 1905 271 233,62 l. Meter mit einem Inhalt von 8 542 689 cbm, was einen mittleren Rohrdurchmesser von rund 200 mm entspricht.

Bestand des Gasrohrnetzes in Nürnberg am 31. Dezember 1905.

Laufende Nr.	Durchmesser in mm	Länge in m	Laufende Nr.	Durchmesser in mm	Länge in m
1	25	7 963,78	14	250	4 689,20
2	37,5	10 528,77	15	300	9 889,00
3	50	50 912,65	16	350	296,00
4	62,5	2 495,29	17	375	109,00
5	75	14 160,10	18	400	181,00
6	87,5	1 011,45	19	450	522,55
7	100	87 576,43	20	500	2 520,80
8	112,5	899,95	21	525	1 143,02
9	125	10 301,99	22	550	182,80
10	150	40 294,21	23	700	1 330,37
11	175	1 945,61	24	750	286,30
12	200	12 953,28	25	800	1 433,35
13	225	3 797,95	26	1000	3 808,77

*) Die ungefähren Kosten für die Ausführung des Entwurfes betragen:

für die Speiseleitung	I	500 000 Mk.
„ „ „	II	720 000 „
„ „ „	III	780 000 „
	also insgesamt	2 000 000 Mk.

Gesamtansicht des neuen Gaswerkes in Sandreuth von der Münchener Bahnlinie aus gesehen.

Waggon-kipper | Kohlen-schuppen | Ofenhaus | Wassergasanstalt Hochbehälter für Teer u. Ammoniak Koksseparation | Kondensations-anlage | Gasbehälter Kokshochbahn | Reinigeranlage und Wasserturm Koks-Kleinverkauf Eisenbahngeleise | Magazin Werkstätten | Verwaltungs-gebäude

NEUES GASWERK
DER STADT
NUERNBERG.
10 0 10 20 30 40 MTR
1904

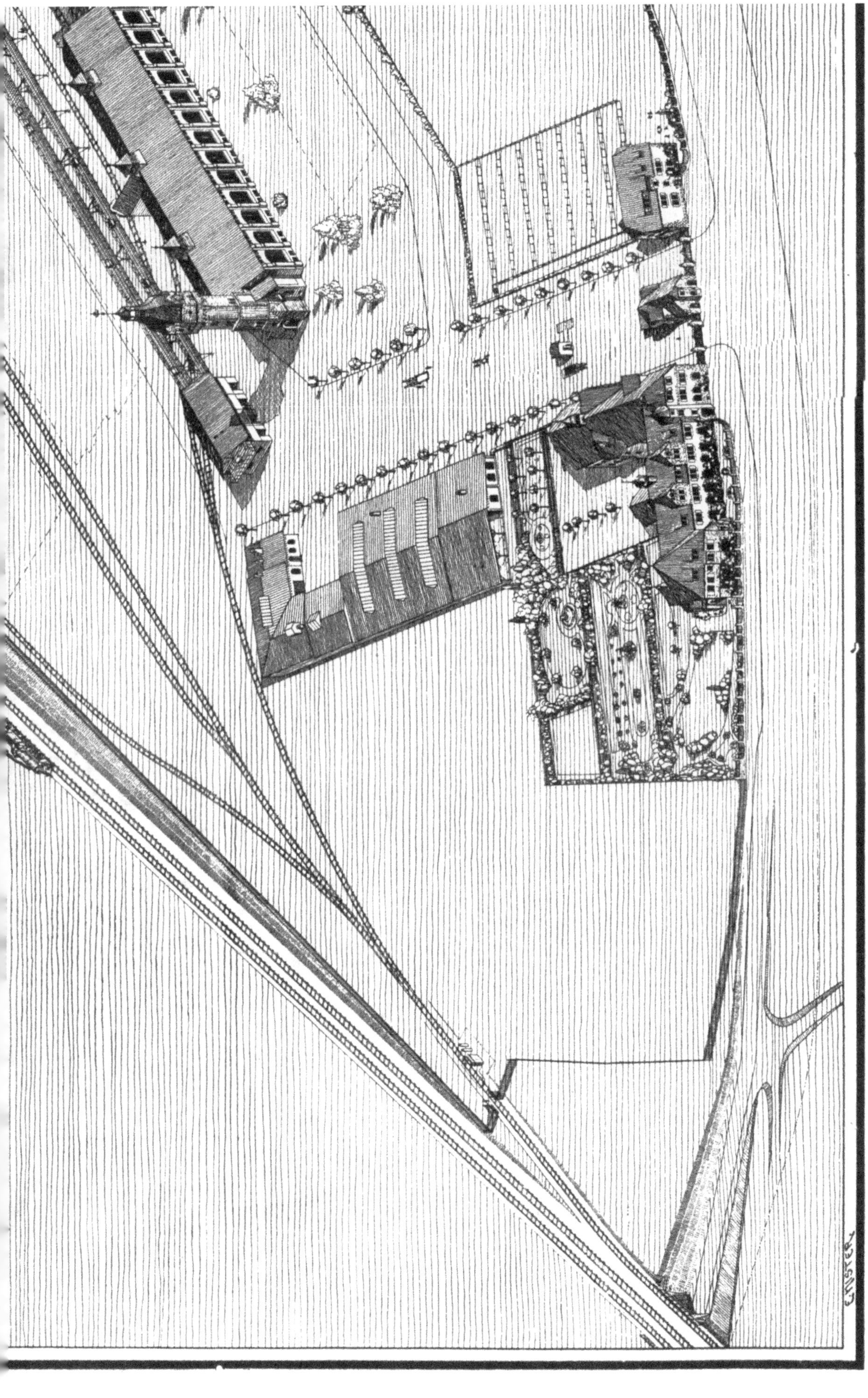

Tafel 5.

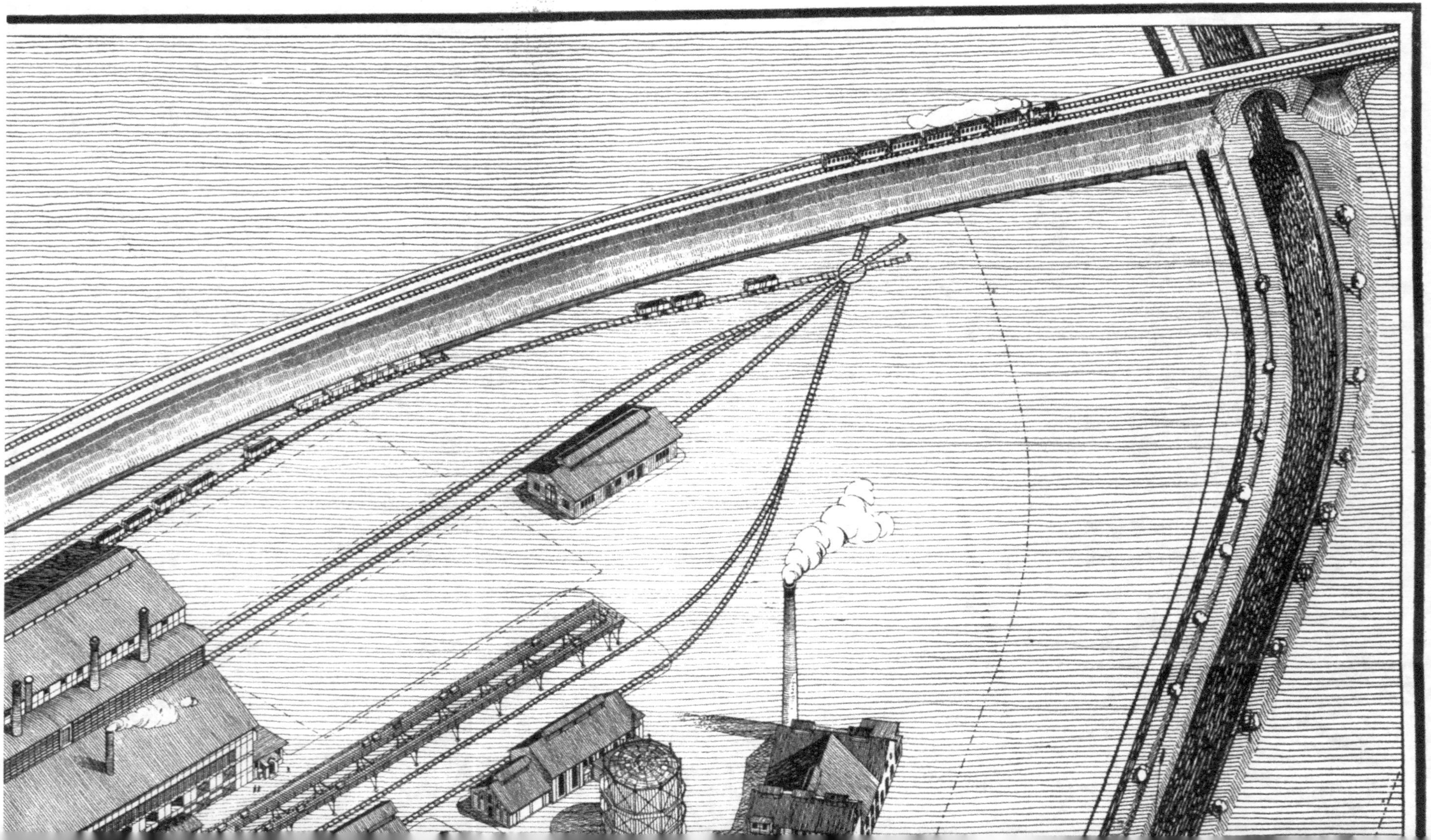

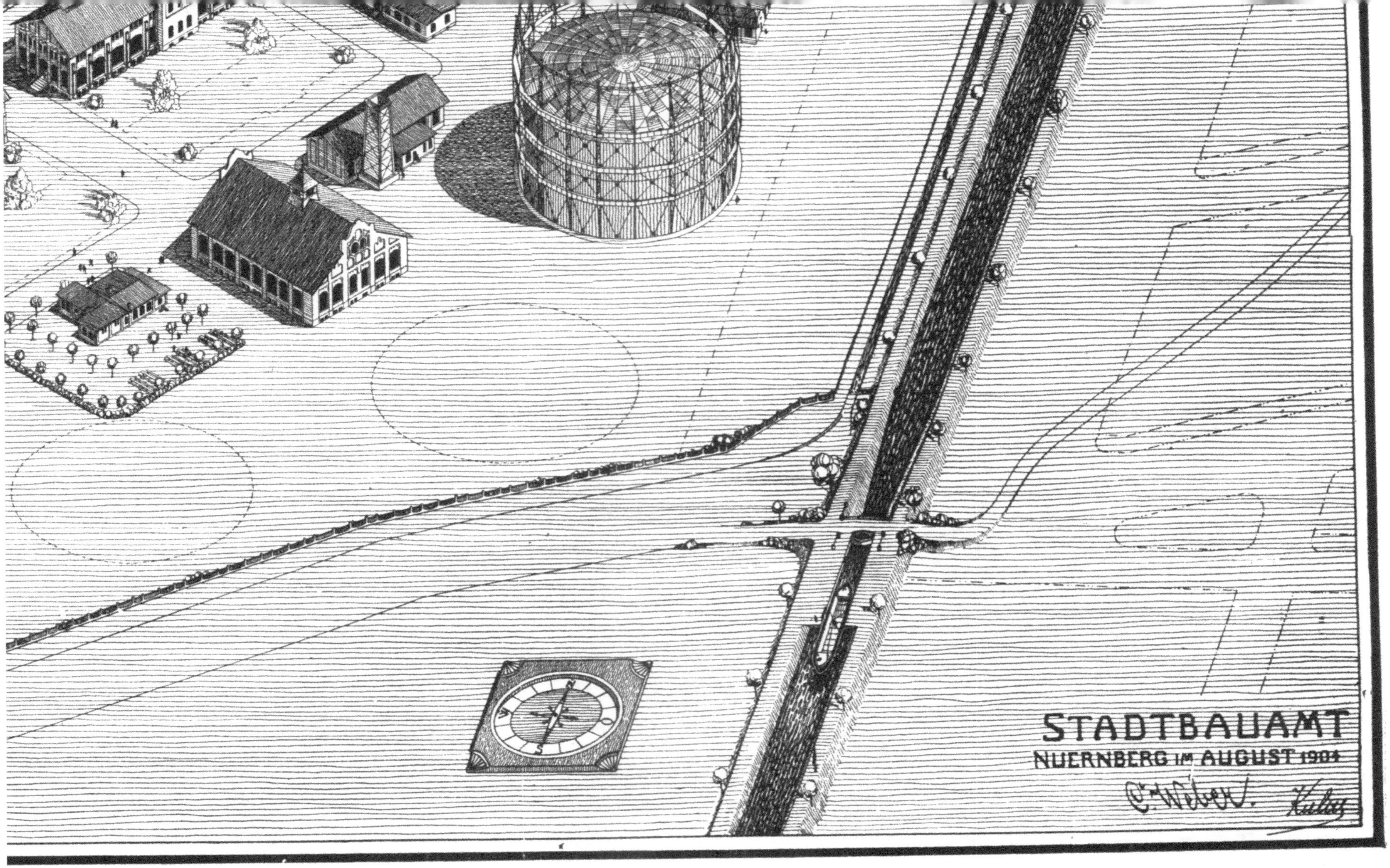
STADTBAUAMT
NUERNBERG IM AUGUST 1904
C. Weber.
Kulay

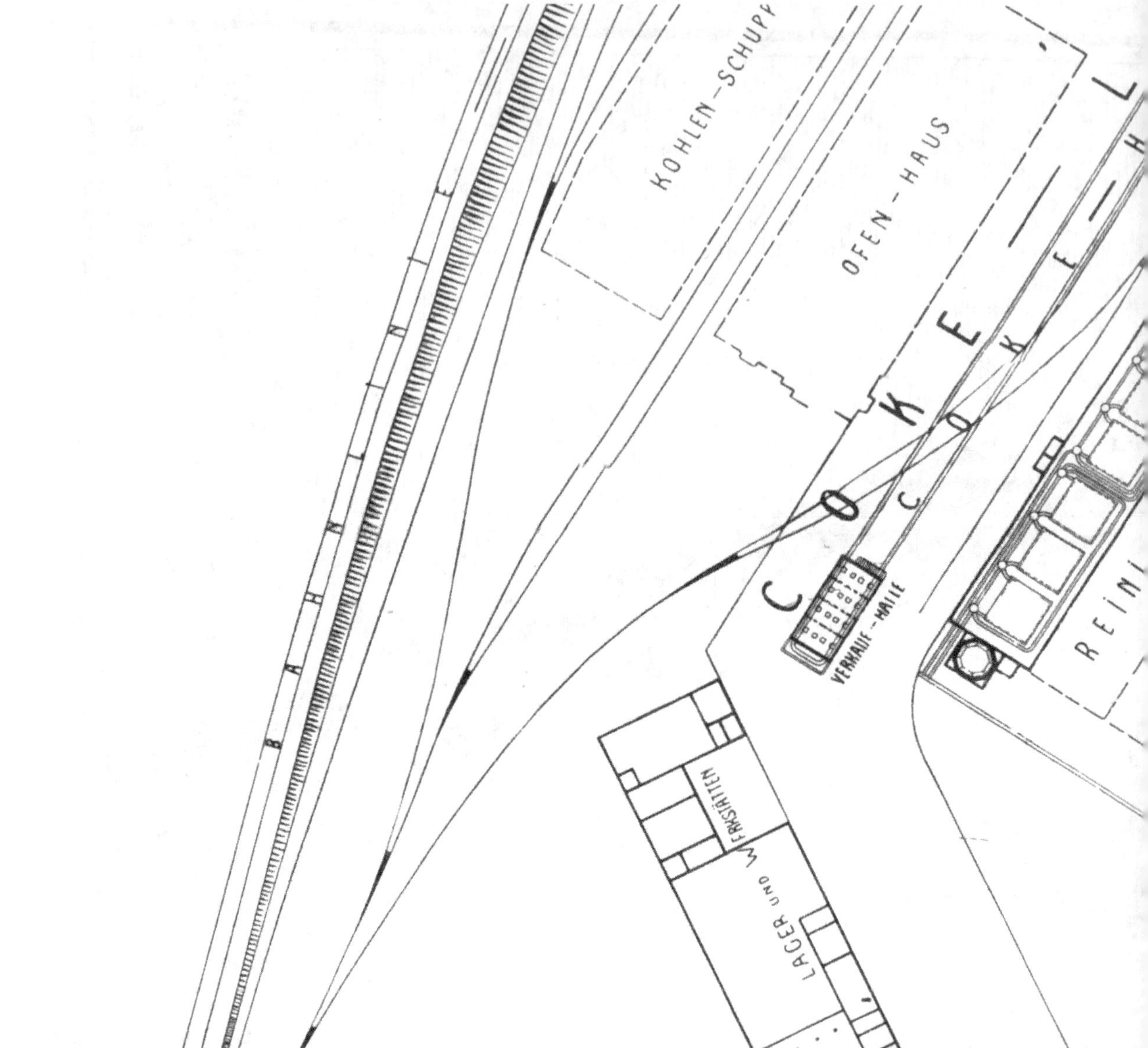
BAHNLINIE
OFEN-HAUS
COKE
WAGGON WAGE
LAGER UND WERKSTÄTTEN
FUHRWERKS-
WAGEN
ABFAHRT
VERWALTUNGS-GEBÄUDE

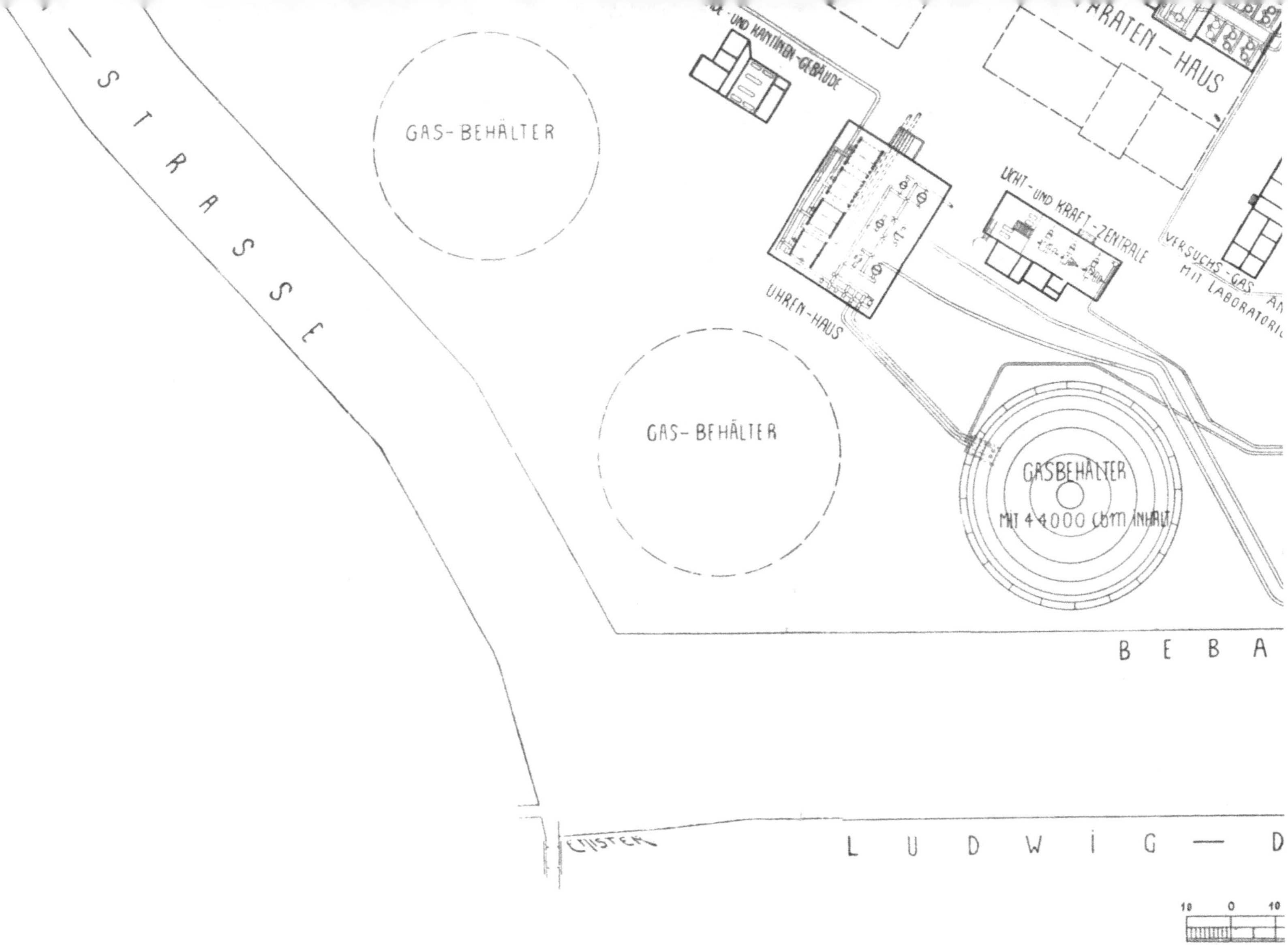

Lageplan. Neues Gaswerk

Tafel 6.

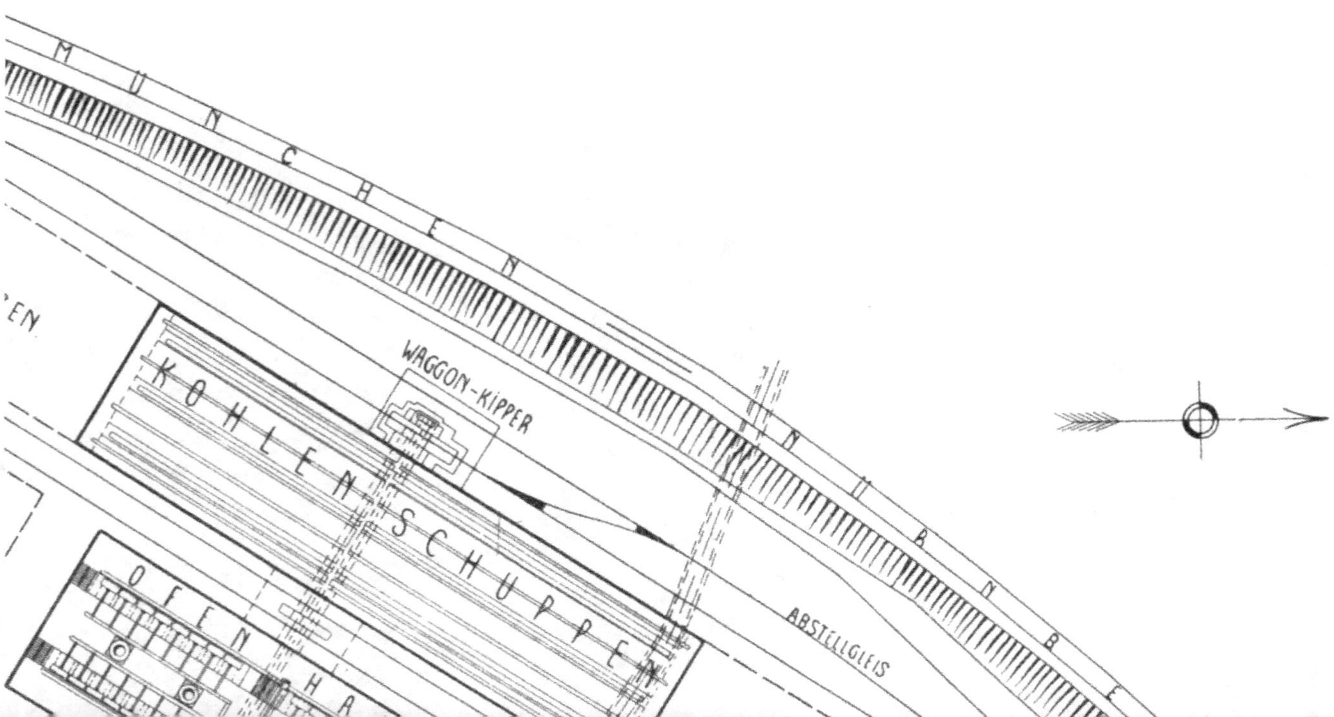

MÜNCHEN
BAHN
WAGGON-KIPPER
KOHLENSCHUPPEN
ABSTELLGLEIS
OFENHA

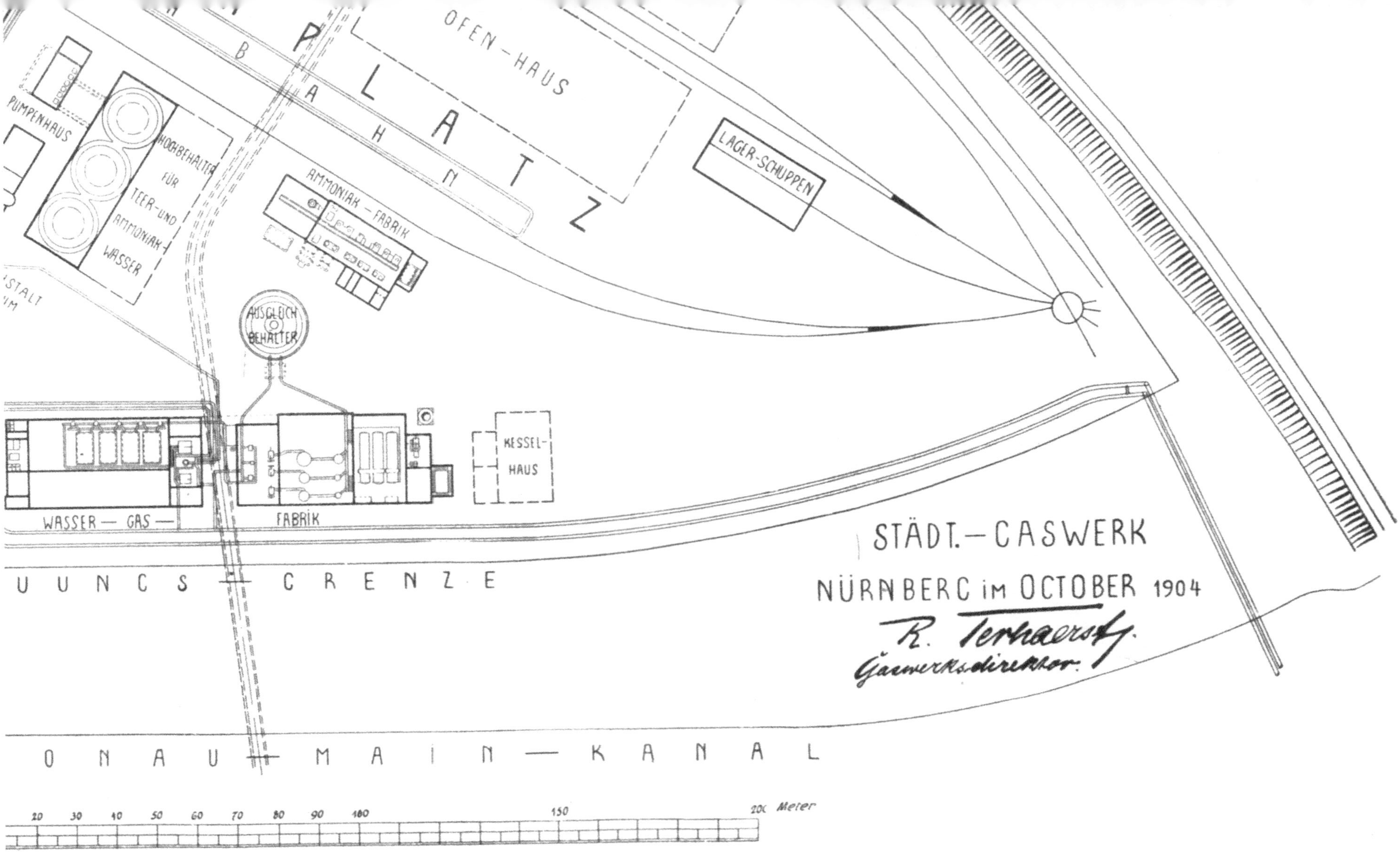

Nürnberg — Sandreuth.

Anhang.

Verwaltung und Betrieb.

Verwaltung. Die Gaswerksverwaltung obliegt unter der Oberaufsicht des Magistrats dem Verwaltungsausschuß der Anstalt, dem Pfleger (einem bürgerlichen Magistratsrat) und dem Direktor.

Bei Schluß des Jahres 1904 waren in der Verwaltung und im Betrieb beschäftigt: 7 Beamte, 50 Bedienstete und einschließlich der Laternenanzünder und Lampenwärter 440 Arbeiter.

Maßgebend für den Anschluß an das städtische Gasrohrnetz und den Gasbezug sind die ortspolizeilichen Vorschriften vom 29. August 1905 und das Ortsstatut vom gleichen Tage, die an Stelle der betreffenden Vorschriften vom 8. Juli 1891 getreten sind.

Die für Anschlüsse erforderlichen Arbeiten an Hauptgasleitungs- und Zuleitungsrohren, die Verbinduug mit den Gaszählern und den Haupthähnen, ferner die Aufstellung und Beseitigung der Gasmesser, sowie Abänderungsarbeiten an diesen Gegenständen und Einrichtungen dürfen ohne Ausnahme nur durch Bedienstete oder Beauftragte des städtischen Gaswerkes ausgeführt werden, welches alle hiezu erforderlichen Gegenstände auf Kosten des Gasabnehmers liefert. Alle sonstigen Einrichtungs-, Erweiterungs-, Abänderungs- und Wiederherstellungsarbeiten können nach freiem Ermessen des Gasabnehmers Fachleuten (Installateuren), die vom Magistrat die Genehmigung zur Herstellung von Gaseinrichtungen erhalten haben, übertragen werden.

Die Abgabe von Gas erfolgt ausschließlich durch Gasmesser, die vom Gaswerk geliefert und von demselben auf Kosten des Abnehmers aufgestellt werden.

Seit 1. August 1899 ist auch die Abgabe durch Gasselbstmesser (Automaten) für höchstens 3 Flammen, Koch- und Heizeinrichtung (nicht lediglich für Beleuchtungszwecke) eingeführt. Die ganze Einrichtung wird in einfacher Ausstattung vom Gaswerk auf Kosten der Stadt geliefert; reicher ausgestattete Einrichtungen hat der Abnehmer auf seine Kosten zu beschaffen.

Für die durch das Gaswerk vorzunehmende Prüfung von Gaseinrichtungen sind Gebühren zu entrichten, die sich von 1,50 bis 15,— Mk. nach der Größe der Gaszähler abstufen.

Der Preis des Gases beträgt seit 1. Juli 1899 für das Kubikmeter zu Beleuchtungszwecken 18 (früher 20) Pf., zu technischen Zwecken 12 (früher 13) Pf., bei Bezug durch Gasselbstmesser für beide Zwecke 14 Pf.

Ende 1904 betrug die Zahl der Hausanschlüsse 27318 mit 1791 nassen und 24404 trockenen Gasmessern, sowie 1123 Gasselbstmessern, die Zahl der installierten Gasflammen für Beleuchtungszwecke 155458, die Zahl der vorhandenen Gaskraftmaschinen 533 mit 2980,5 PS.

Der Gasabgabe entsprechend mußte auch das Gasrohrnetz erweitert und verbessert werden. Dasselbe hatte 1890 eine Länge von 144589 m, 1900 von 244604 und 1904 von 256962 m. Der Rauminhalt des Rohrnetzes war Ende 1904 8130 cbm, der mittlere Durchmesser 200,7 mm.

Betriebsergebnis im Jahre 1904. Im Jahre 1904 wurden 19761390 cbm Gas erzeugt, davon 13629340 cbm im alten Gaswerk an der Rothenburgerstraße, 504370 cbm im Gaswerk Doos, 475883 cbm im neuen Gaswerk Sandreuth und 868850 cbm (Wassergas) in der Wassergasanstalt des letzteren Werkes.

Die größte Erzeugung in 24 Stunden betrug 88120 cbm, die kleinste 32030 cbm.

Durchschnittliche Ausbeute:	aus 1000 kg Kohlen	auf den Tag und die Retorte
im Gaswerk an der Rothenburgerstraße . .	309,20 cbm*)	289,91 cbm
„ „ Doos	293,90 „	185,12 „
„ „ Sandreuth	300,60 „	420,13 „

In der Wassergasanstalt wurden aus 1000 kg Koks durchschnittlich 1594 cbm Wassergas gewonnen.

An Nebenerzeugnissen wurden gewonnen: 40047550 kg Koks und Koksasche, 3540638,50 kg Teer, 293519 kg schwefelsaures Ammoniak, 532550 kg Retortengraphit.

*) Es sei hierzu bemerkt, daß auch Zusatzkohlen (Bogheadkohlen) vergast wurden.

Die Gasabgabe bezifferte sich auf 19749455 cbm, die sich nach der Art der Verwendung folgendermaßen verteilen:

Straßenbeleuchtung	1698533,90	cbm	=	8,60%
Städtische Gebäude	549047,80	„	=	2,78%
Privatbeleuchtung	7570775,80	„	=	38,33%
Koch-, Heiz- und Kraftgas . . .	8260461,30	„	=	41,83%
Verkehrsanstalten	286876,00	„		1,45%
Gasselbstmesser	343282,00	„		1,74%
Eigener Verbrauch	375743,00	„	=	1,90%
Freikonsumenten	7503,00	„	=	0,04%
Summa	19092222,80	cbm	=	96,67%
Verlust.	657232,20	„	=	3,33%
Insgesamt . . .	19749455,00	cbm	=	100,00%.

Rechnungsabschluß des Jahres 1904.

Einnahmen.

Aus dem Betrieb	4529914,58	Mk.
Aus dem Erneuerungsfonds	85074,85	„
Aus Anlehensmitteln	508274,50	„
Summa	5123263,93	Mk.

Ausgaben.

Für den Betrieb	3112105,30	Mk.
Für Neuanlagen	594552,93	„
Für Verzinsung und Tilgung	185249,08	„
Für Abschreibung zum Erneuerungsfond . .	85074,85	„
Summa	3976982,16	Mk.
Mehreinnahmen	1146281,77	„

Ende 1904 betrug der Buchwert der gesamten Gaswerksanlagen (einschließlich der Beleuchtungseinrichtungen) 11822325,95 Mk., der zu verzinsende und tilgende Aufwand für das neue Gaswerk 8624095,09 Mk., woneben ein Anlehensrest für das alte Gaswerk von 695857,— Mk. besteht.

Betriebsergebnis im Jahre 1905. Im Jahre 1905 wurden 20103755 cbm Gas erzeugt, davon 234850 cbm im alten Gaswerk an der Rothenburgerstraße,

523485 cbm im Gaswerk Doos, 17692110 cbm im Gaswerk Sandreuth und 1653310 cbm (Wassergas).

Die größte Gaserzeugung in 24 Stunden betrug 94950, die kleinste 29600 cbm.

Durchschnittliche Ausbeute:	aus 1000 kg Kohlen	auf den Tag und die Retorte
im Gaswerk an der Rothenburgerstraße . .	301,00 cbm	303,00 cbm
im Gaswerk Doos	288,00 „	178,60 „
im Gaswerk Sandreuth	308,00 „	412,65 „

In der Wassergasanstalt Sandreuth wurden aus 1000 kg Koks durchschnittlich 1752 cbm Wassergas gewonnen.

An Nebenerzeugnissen wurden gewonnen: 44371000 kg Koks und Koksasche = 73,9% der vergasten Kohlen (64,3% im Jahre 1903), 3671900 kg Teer = 6,12% der vergasten Kohlen (5,45 im Jahre 1903), 464205 kg schwefelsaures Ammoniaksalz = 0,77% der vergasten Kohlen (0,54% im Jahre 1903), 699360 kg Retortengraphit = 0,12% der vergasten Kohlen (0,06 im Jahre 1903).

Die Gasabgabe bezifferte sich auf 20120395 cbm, die sich nach der Art der Verwendung folgendermaßen verteilen:

Straßenbeleuchtung	1754341,50 cbm	=	8,72%
Städtische Gebäude	403518,00 „	=	2,01%
Privatbeleuchtung	7560688,60 „	=	37,58%
Koch-, Heiz- und Kraftgas . . .	8755235,00 „	=	43,51%
Verkehrsanstalten	106431,00 „	=	0,53%
Gasselbstmesser	479864,00 „	=	2,38%
Eigener Verbrauch	656061,00 „	=	3,26%
Freikonsumenten	17142,00 „	=	0,09%
Summa	19733281,10 cbm	=	98,08%
Verlust	387113,90 „	=	1,92%
Insgesamt . . .	20120395,00 cbm	=	100,00%.

Die Arbeitslöhne für die Gaserzeugung, bestehend aus den Löhnen für die Feuerhausarbeiter, den Kohlen- und Kokstransport und die Gasreinigung betrugen:

im Jahre 1903 in den beiden Gaswerken — Rothenburgerstraße und Doos — bei einer Gaserzeugung von 17984050 cbm zusammen Mk. 237547,00 oder **für je 100 cbm 1,329 Mk.**

im Jahre 1904 in den drei Gaswerken — Rothenburgerstraße, Doos und Sandreuth — bei einer Gaserzeugung von 19761390 cbm Mk. 240427,00 oder **für je 100 cbm 1,217 Mk.**

im Jahre 1905 in den drei Gaswerken — Sandreuth, Doos und Rothenburgerstraße — bei einer Gaserzeugung von 20103755 cbm Mk. 153323,00 oder **für je 100 cbm 0,78 Mk.**

Die Gaserzeugung im alten Gaswerk wurde am 23. Januar 1905 vollständig eingestellt.

Gebäude c

NEUES GASWERK
DER STADT NUERNBERG
BAUTEN
ENTLANG DER
SANDREUTHSTRASSE
STADTBAUAMT

uthstraße

BELEUCHTUNGS-PLAN
DER
STADT-NUERNBERG.
Stadtbezirk - Fürth
Doos
Gaswerk Doos
Station Doos
Fürther-Strasse
Leyh
Höfen
Gaismannshof

Schnepfenreuth
Wetzendorf
Thon
Station Nürnberg Nordwest
Pegnitz
Johannis Friedhof
Zellengefängnis
Cavallerie Kaserne
Infanterie Kaserne
Rosenau
Ludwigsbahnhof

Marienberg.
Neuhaus.
Kleinreuth.
Grossreuth.
Tiefenfeld
Klingenhof.
Herrnhütte
Nordost-Bahnhof.
Umgehungs-Bahn.
Nordbahnhof
Neugrossreuth.
Weigelshof.
Schoppershof.
Stadtpark
Wöhrd.
Tullnau.

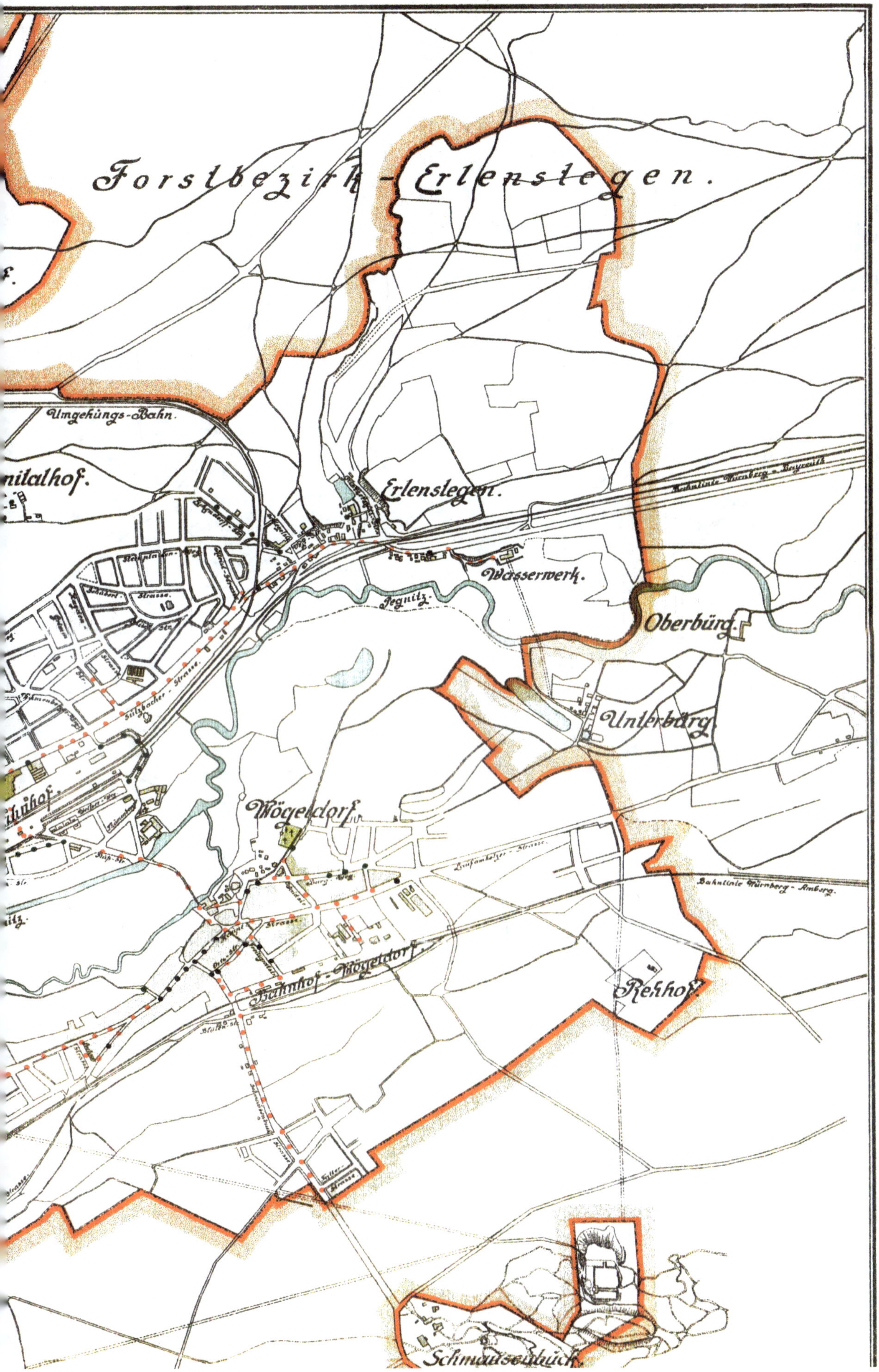
Forstbezirk - Erlenstegen.
Umgehungs-Bahn
Erlenstegen.
Wasserwerk.
Pegnitz
Oberbürg.
Unterbürg.
Mögeldorf.
Bahnlinie Nürnberg - Amberg.
Bahnhof - Mögeldorf.
Rehhof.
Schmausenbuck.

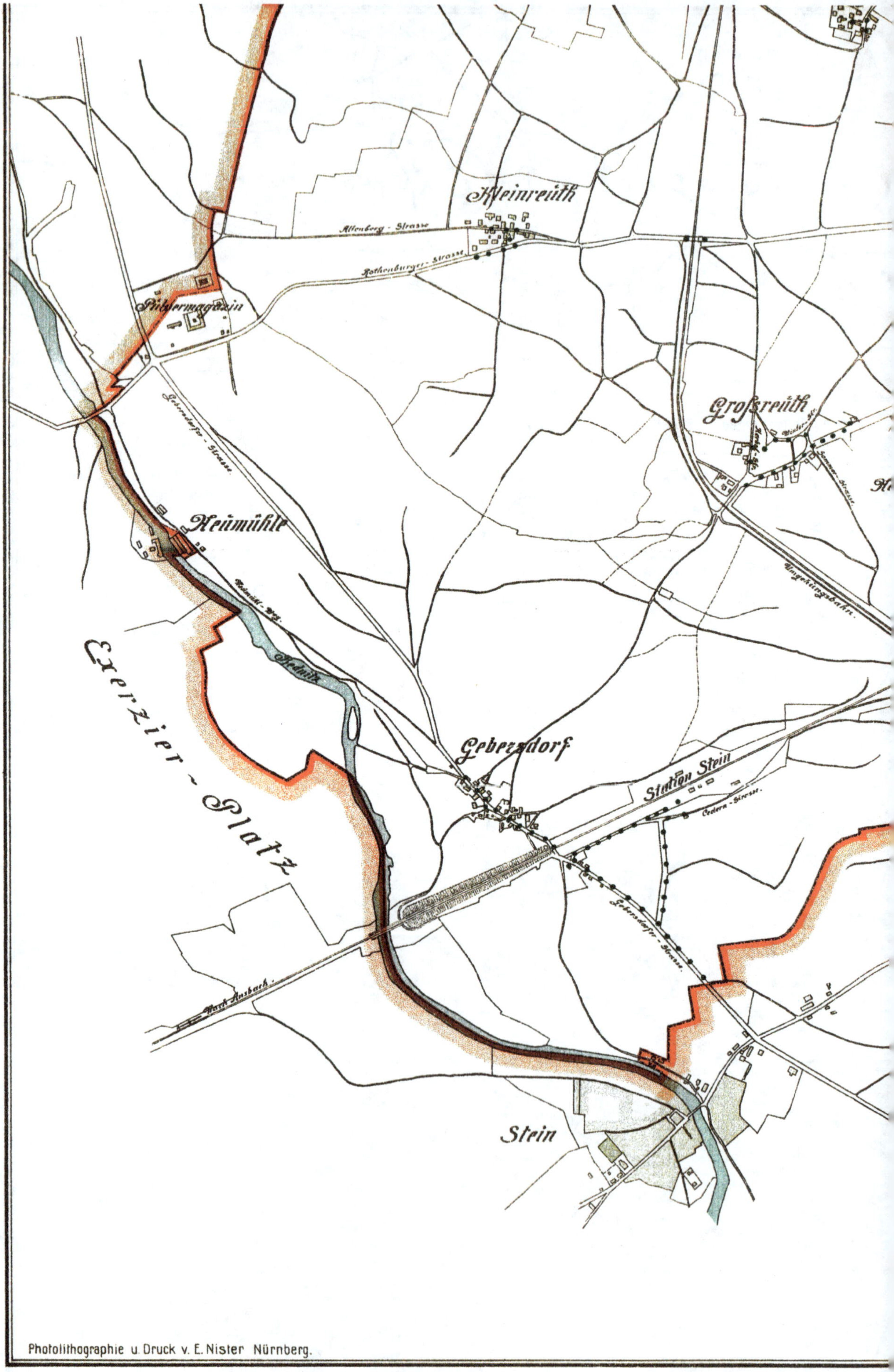
Kleinreuth
Altenberg-Strasse
Rothenburger-Strasse
Pulvermagazin
Grossreuth
Neumühle
Gebersdorfer-Strasse
Umgehungsbahn
Exerzier-Platz
Rednitz
Gebersdorf
Station Stein
Nach Ansbach
Stein
Photolithographie u. Druck v. E. Nister Nürnberg.

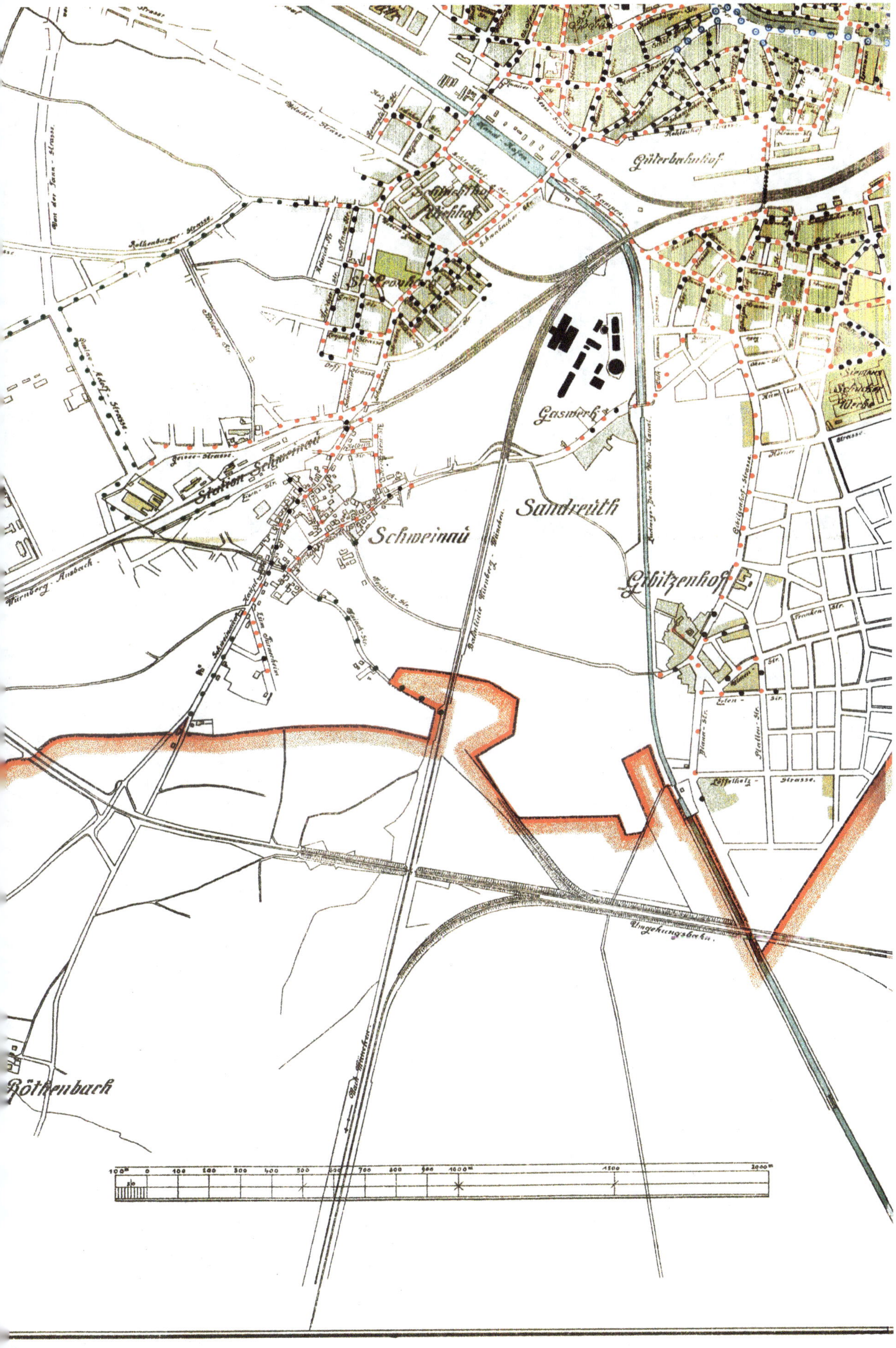

Güterbahnhof
Gaswerk
Sandreuth
Schweinau
Station Schweinau
Gibitzenhof
Röthenbach
Umgehungsbahn

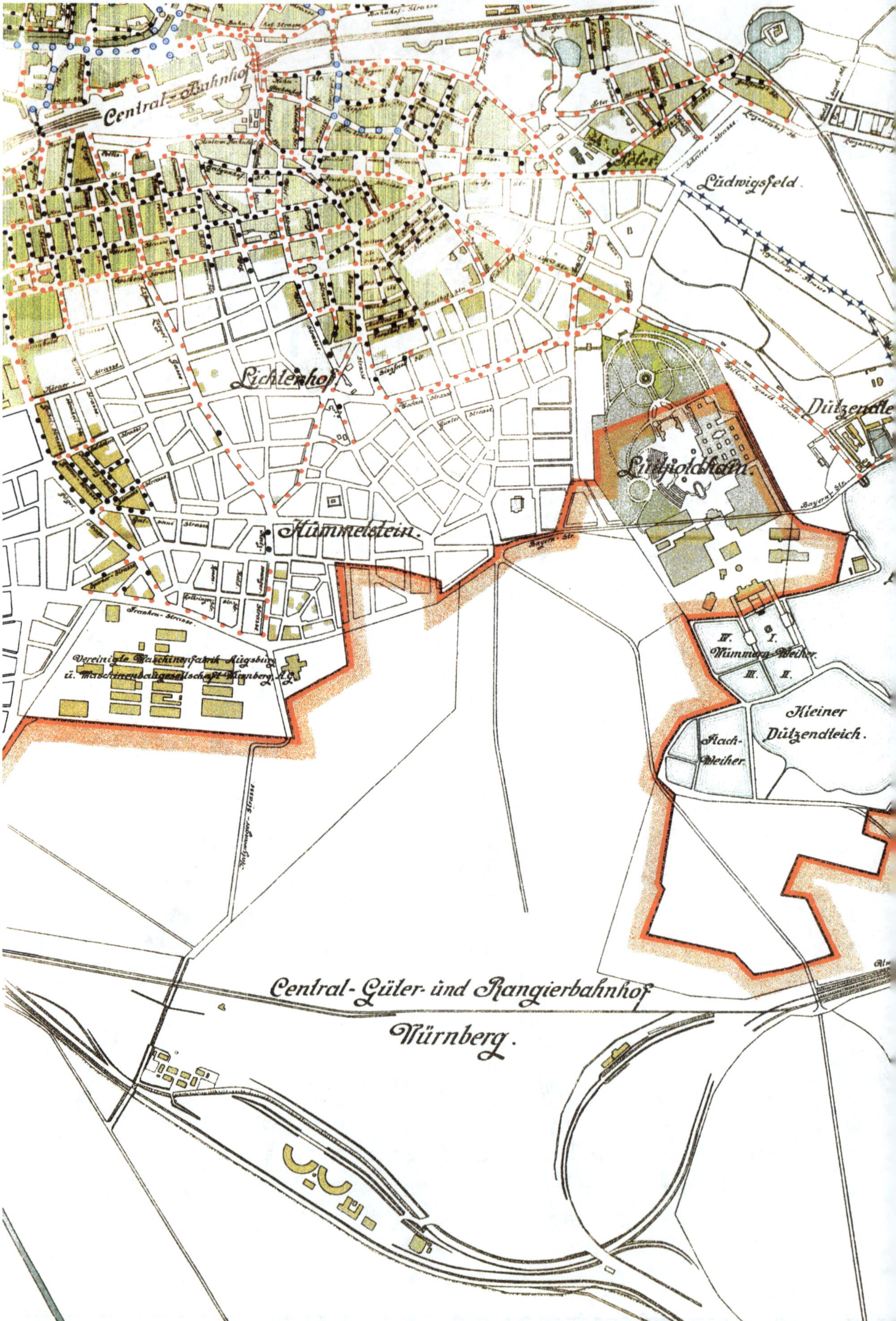
Central-Bahnhof
Ludwigsfeld
Lichtenhof
Hummelstein
Luitpoldhain
Vereinigte Maschinenfabrik Augsburg u. Maschinenbaugesellschaft Nürnberg A.G.
Nummern-Weiher
Kleiner Dutzendteich
Flach-Weiher
Central-Güter- und Rangierbahnhof
Nürnberg

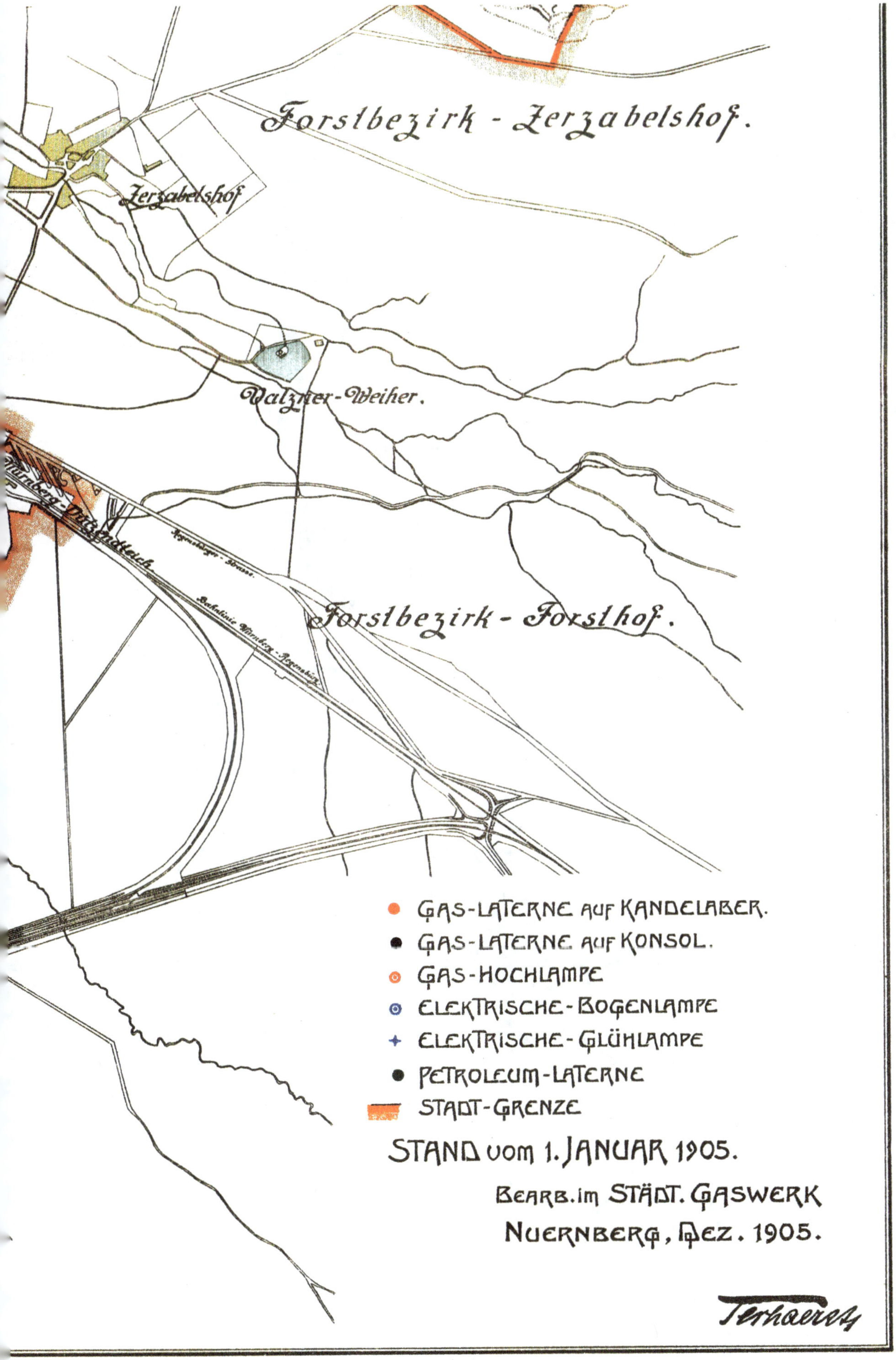
Forstbezirk - Zerzabelshof.
Zerzabelshof
Valzner-Weiher.
Forstbezirk - Forsthof.
GAS-LATERNE AUF KANDELABER.
GAS-LATERNE AUF KONSOL.
GAS-HOCHLAMPE
ELEKTRISCHE-BOGENLAMPE
ELEKTRISCHE-GLÜHLAMPE
PETROLEUM-LATERNE
STADT-GRENZE
STAND vom 1. JANUAR 1905.
BEARB. im STÄDT. GASWERK
NUERNBERG, DEZ. 1905.

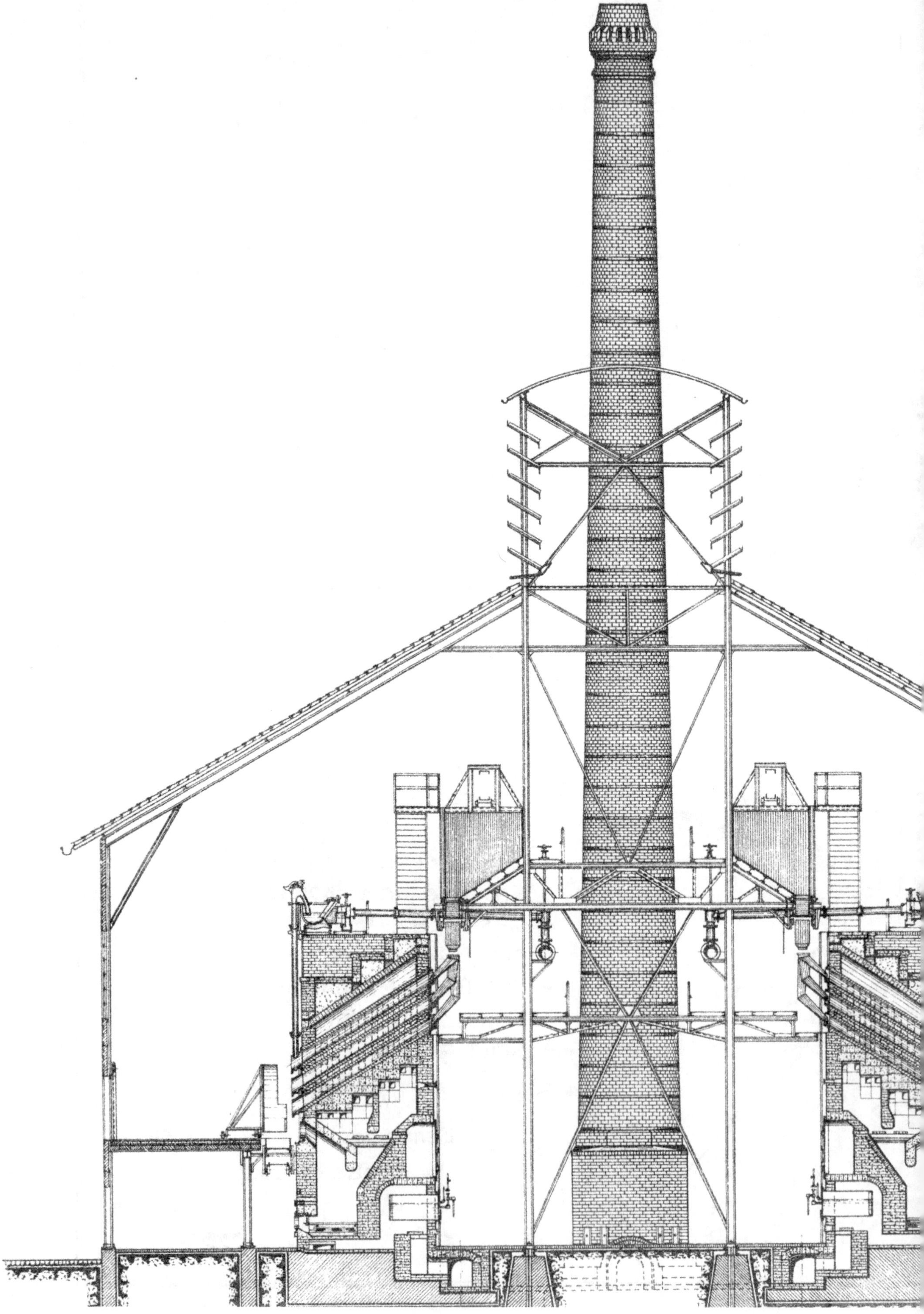

ues Gaswerk
tadt Nürnberg.
Ofenhaus.

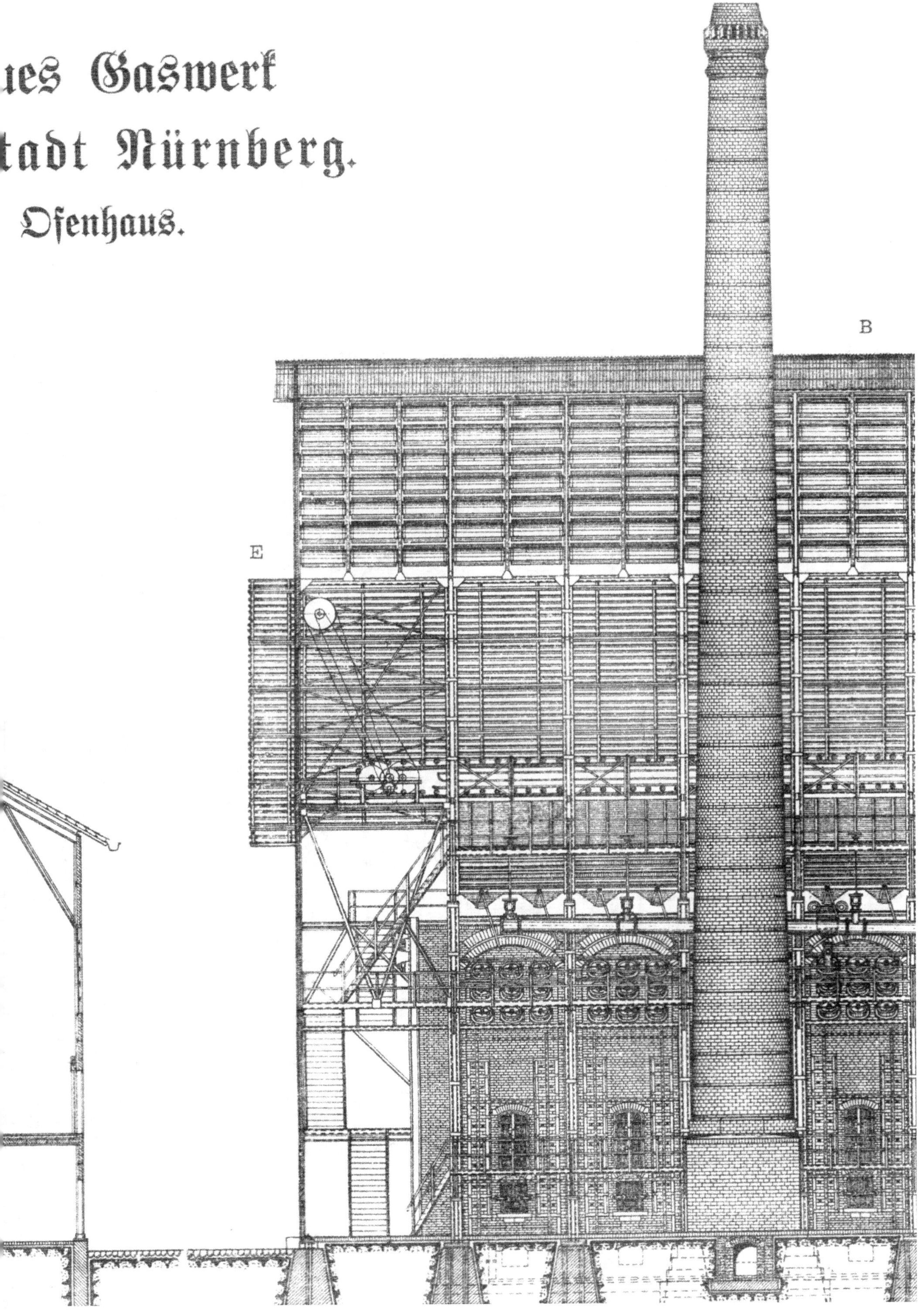

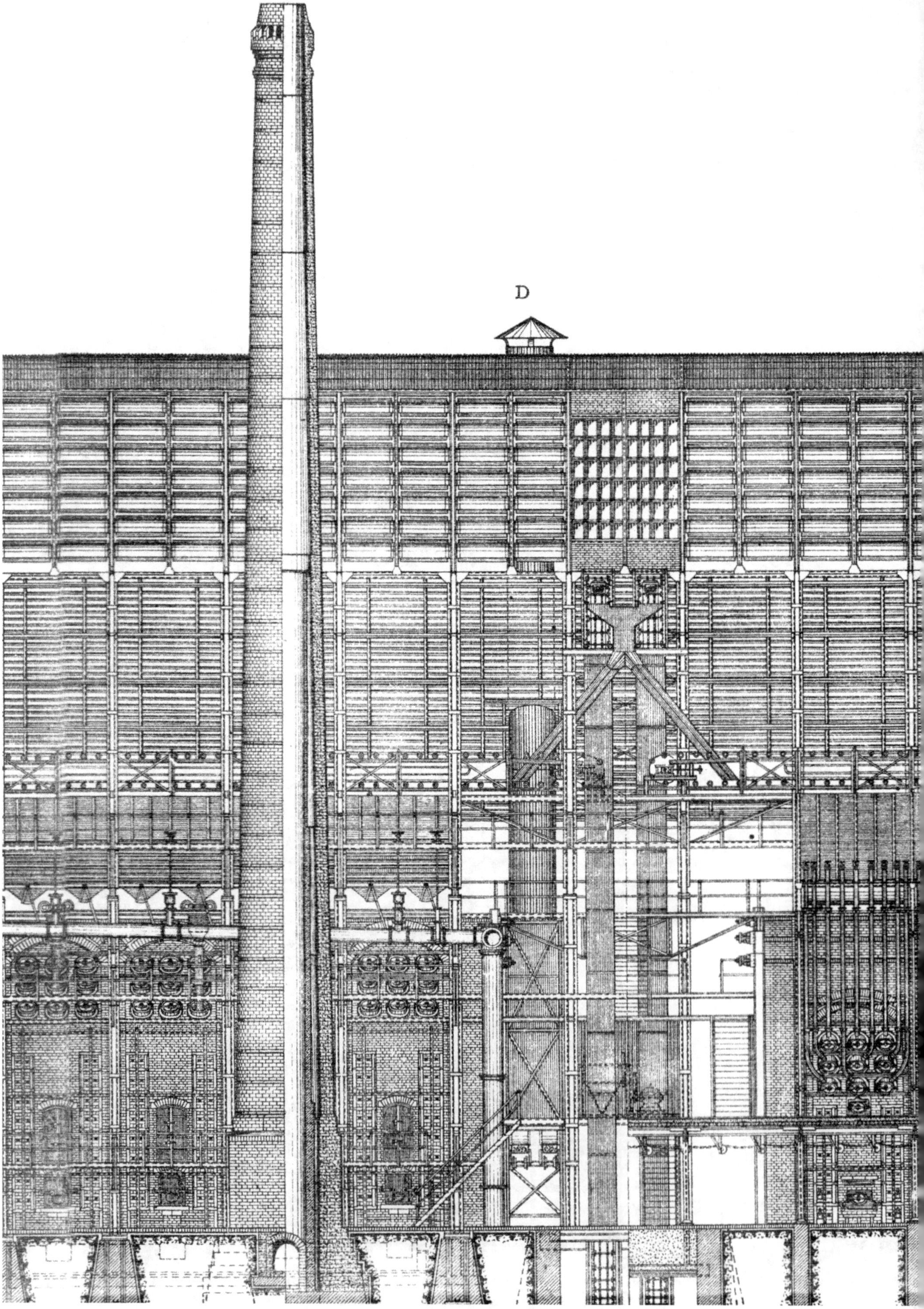
D

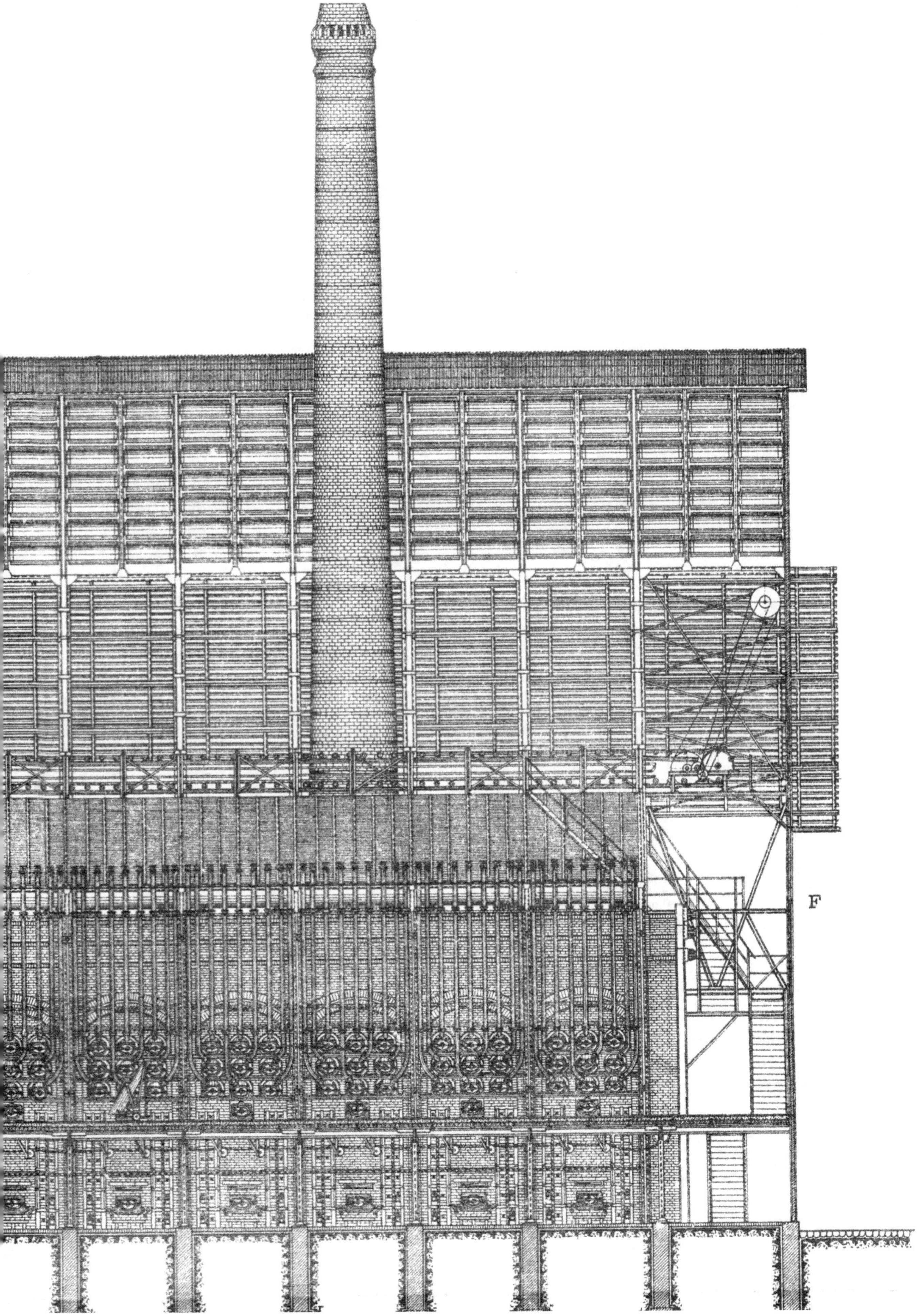

F

Querschnitt A—B.

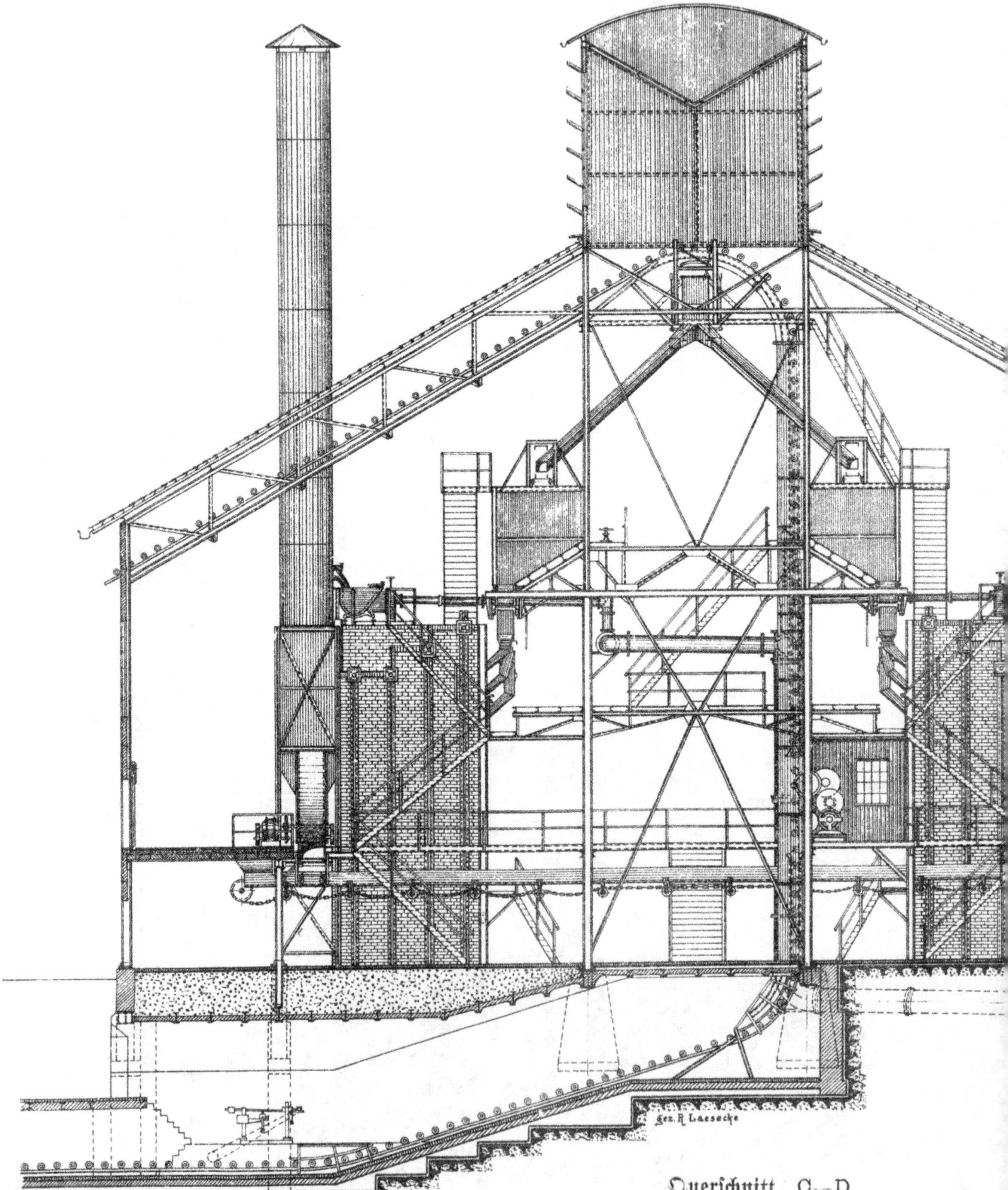

Querschnitt C—D.

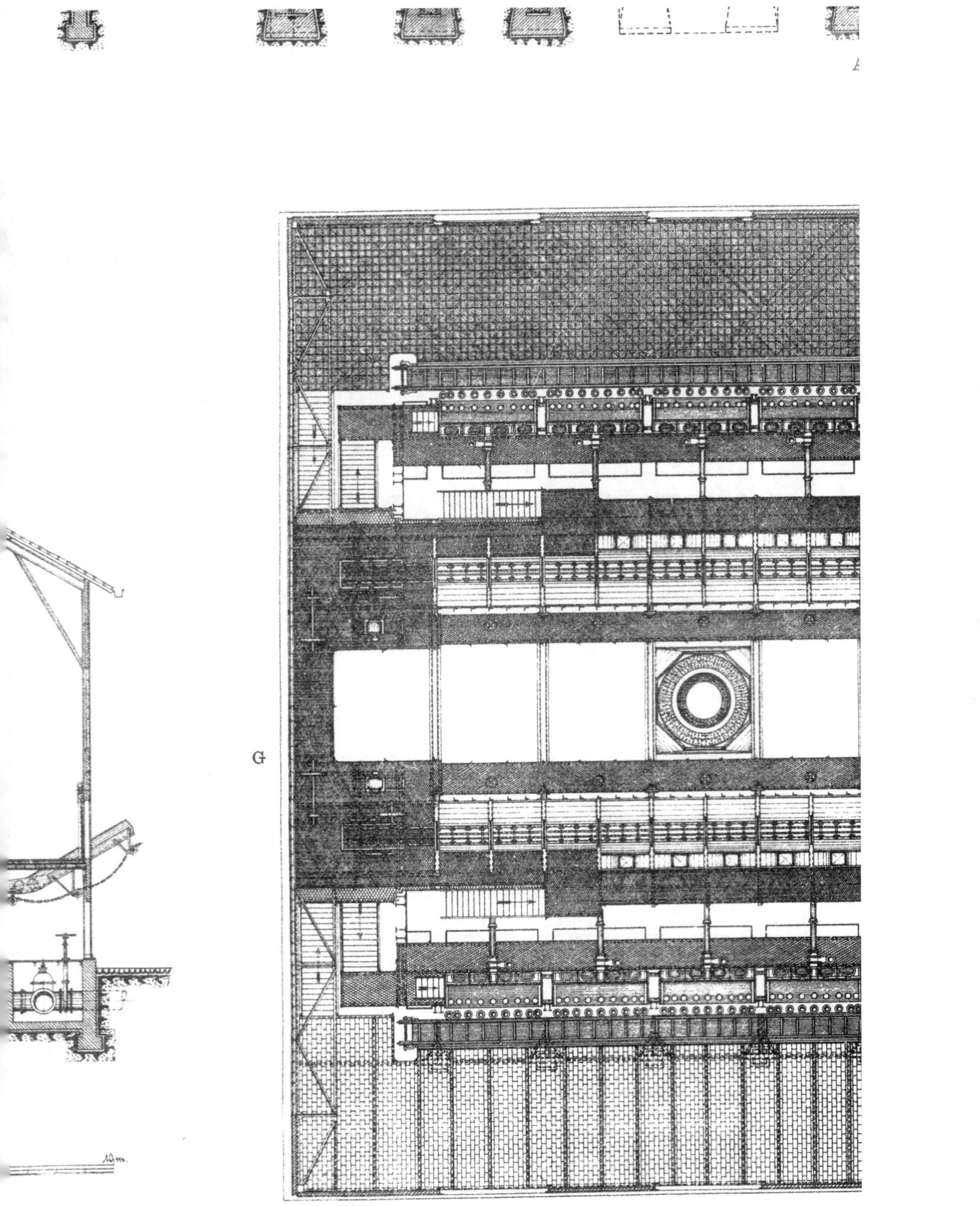
G

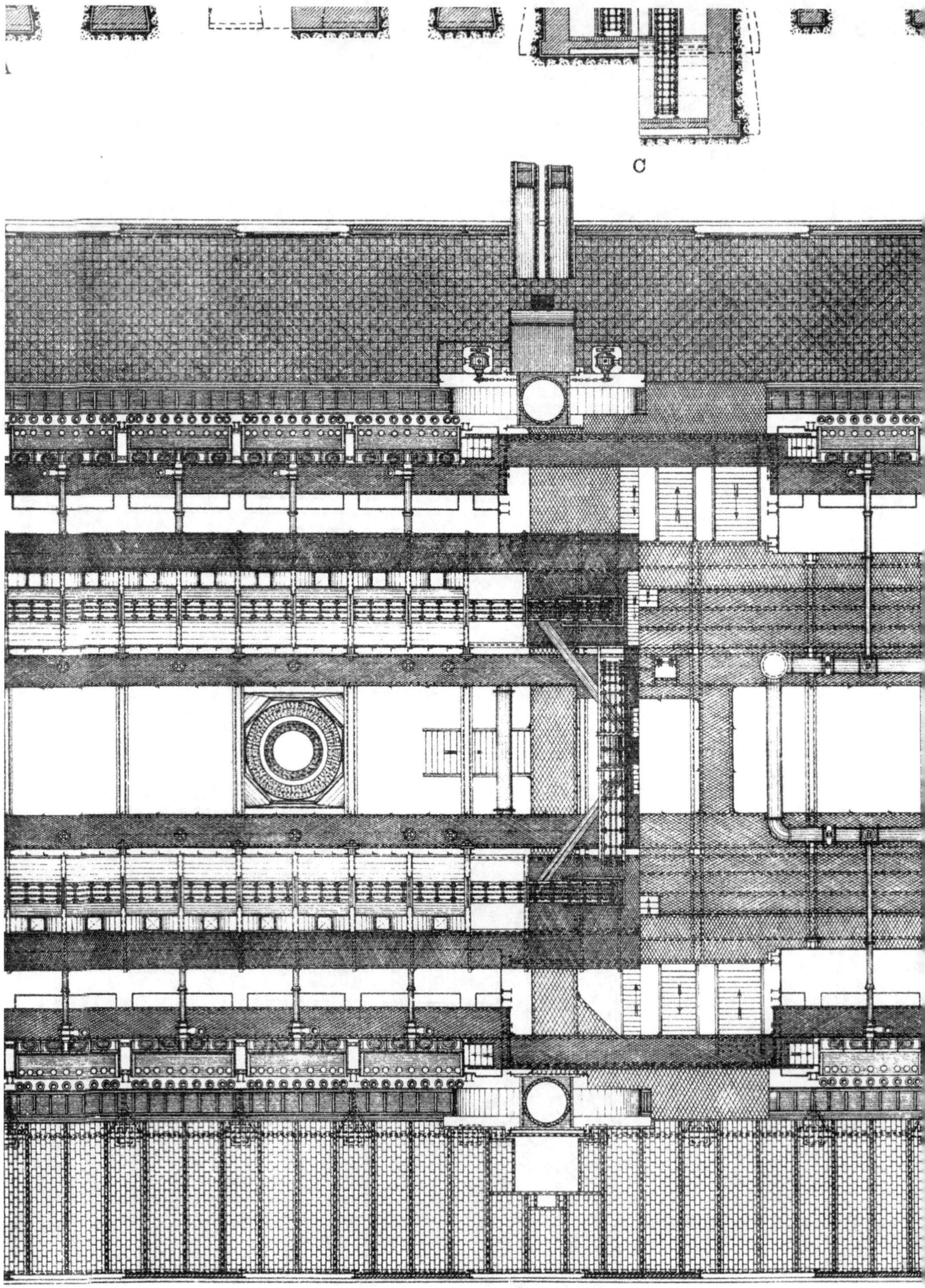

Grundriß E—F.

Längenschnitt G—H.

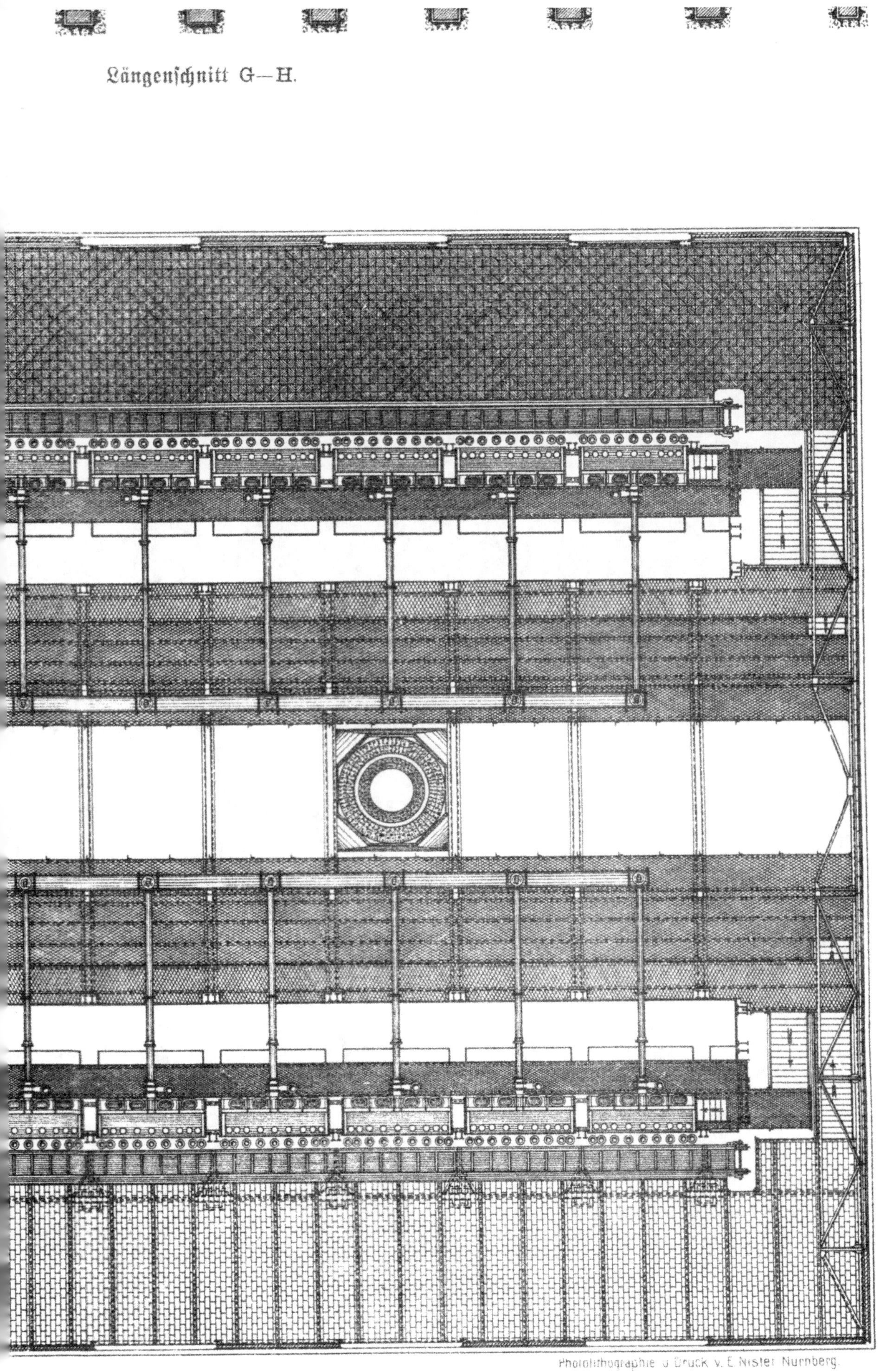

H

Photolithographie u Druck v. E Nister Nürnberg.

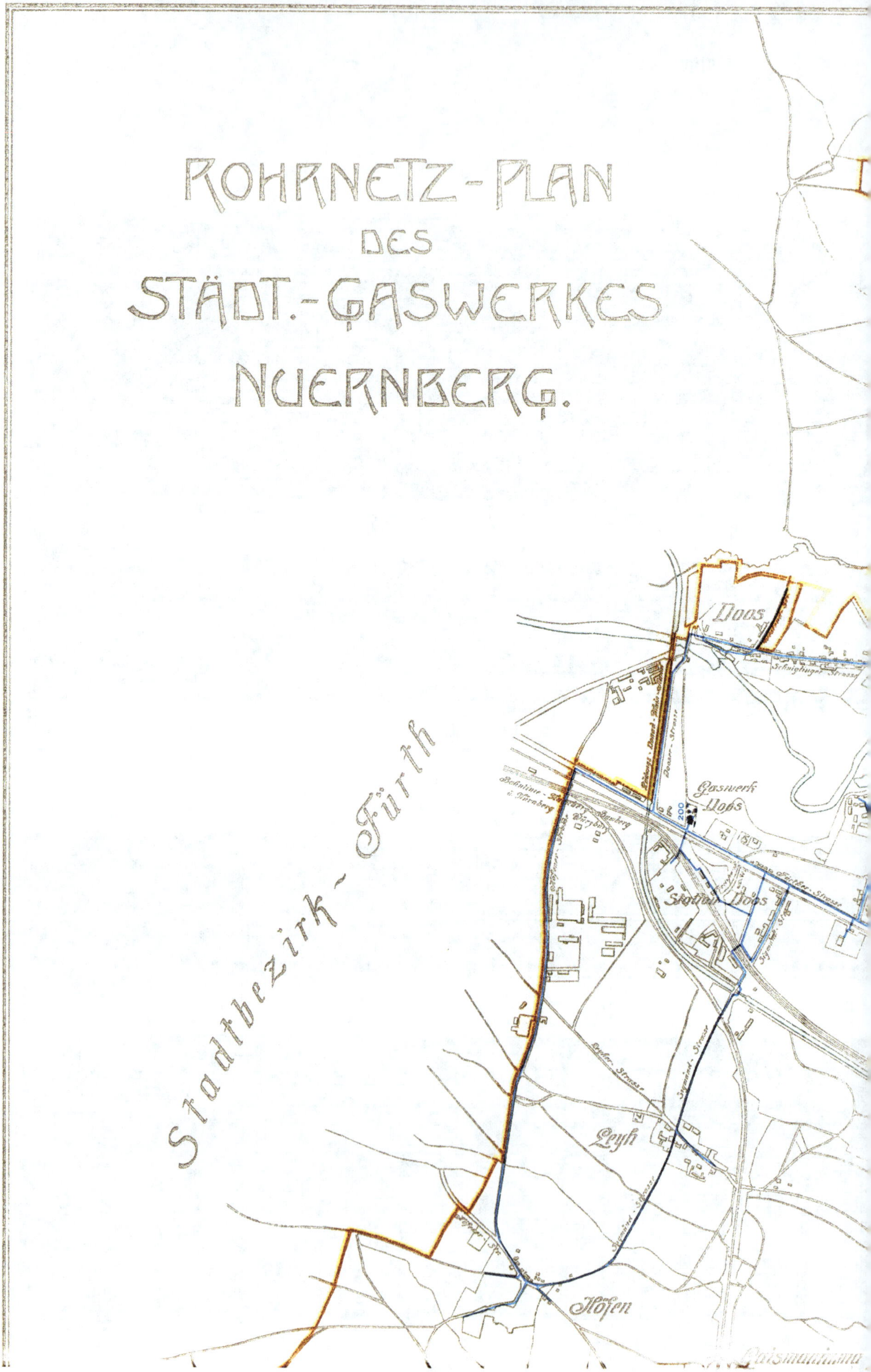
ROHRNETZ-PLAN
DES
STÄDT.-GASWERKES
NUERNBERG.
Stadtbezirk - Fürth
Doos
Gaswerk Doos
200
Station Doos
Leyh
Höfen

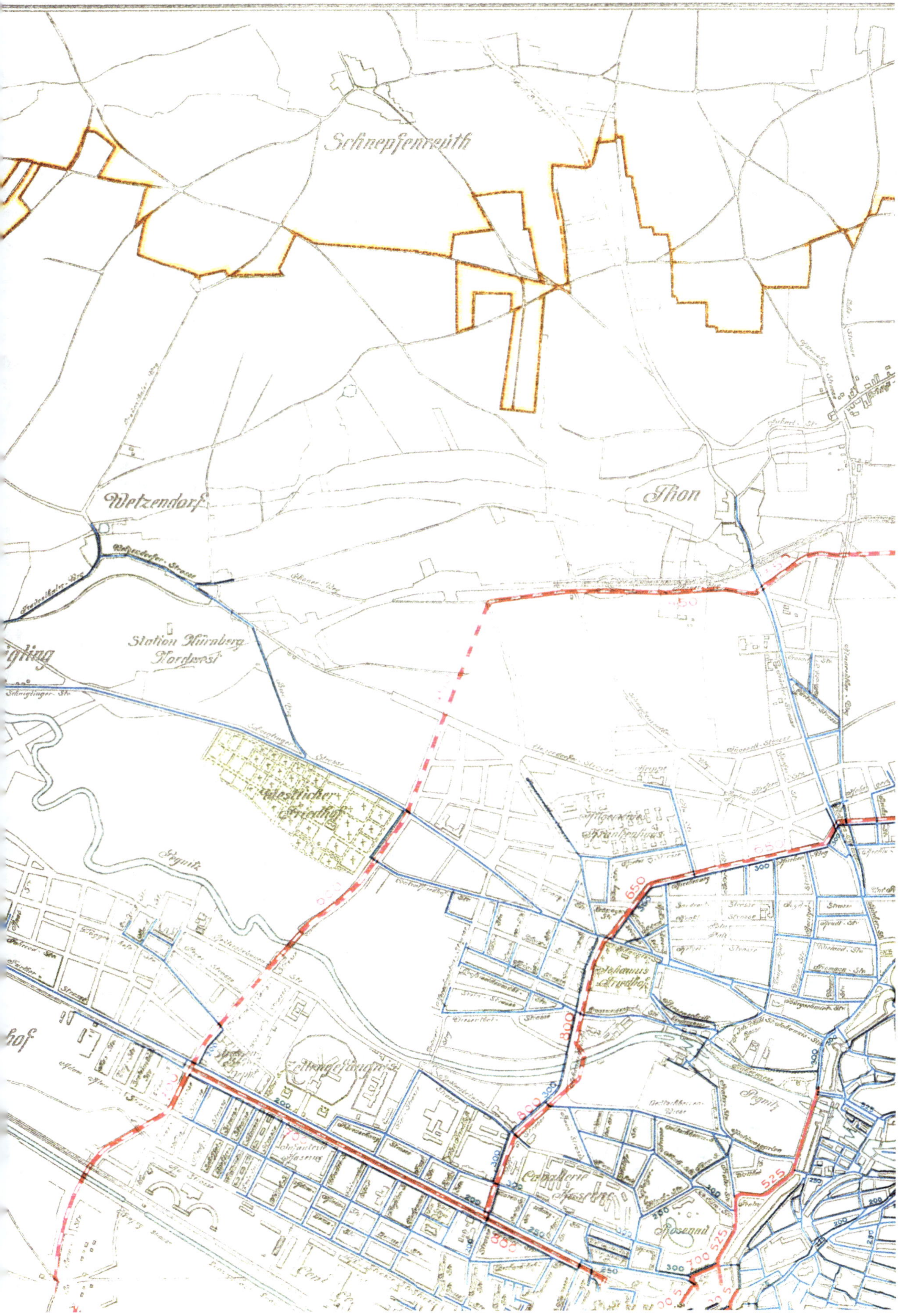
Schnepfenreuth
Wetzendorf
Thon
Station Nürnberg Nordwest
Westlicher Friedhof
Johannis Friedhof
Zellengefängnis
Cavallerie Kaserne
Rosenau
Pegnitz

Martenberg.
Neuhaus.
Kleinreuth.
Grofsreuth.
Tiefenfeld.
Ilingenhof.
Herrnhüt
Nordost-Bahnhof.
Umgehungs-Bahn.
Nordbahnhof.
Neugrofsreuth.
Weigelshof.
Schoppershof.
Stadtpark.
Friedens-Strasse.
Wöhrd.
Tullnau.
350
550
500
600

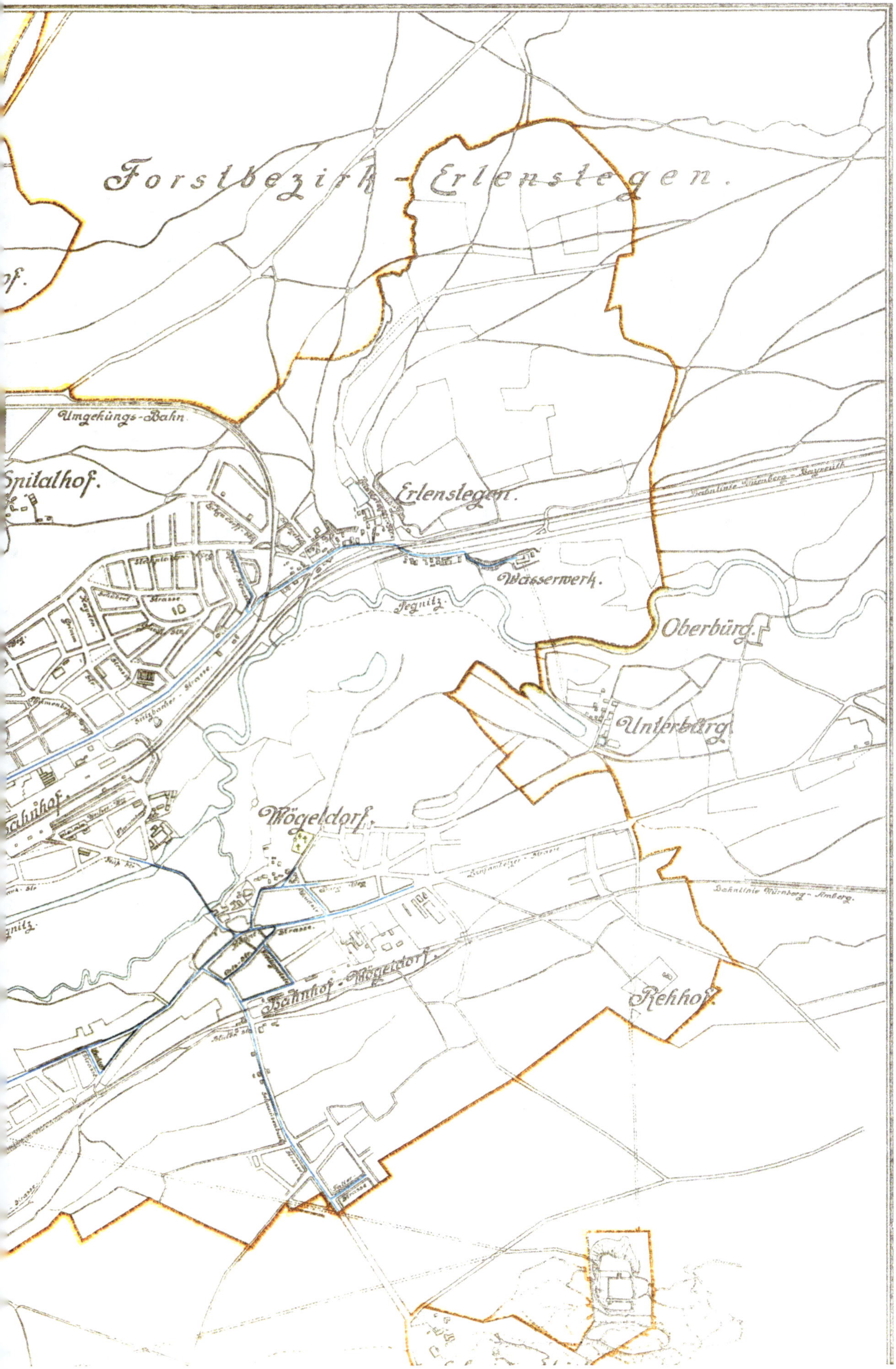
Forstbezirk - Erlenstegen.
Umgehungs-Bahn
Erlenstegen.
Wasserwerk.
Pegnitz
Oberbürg.
Unterbürg.
Mögeldorf.
Bahnhof - Mögeldorf.
Rehhof.
Bahnlinie Nürnberg - Amberg

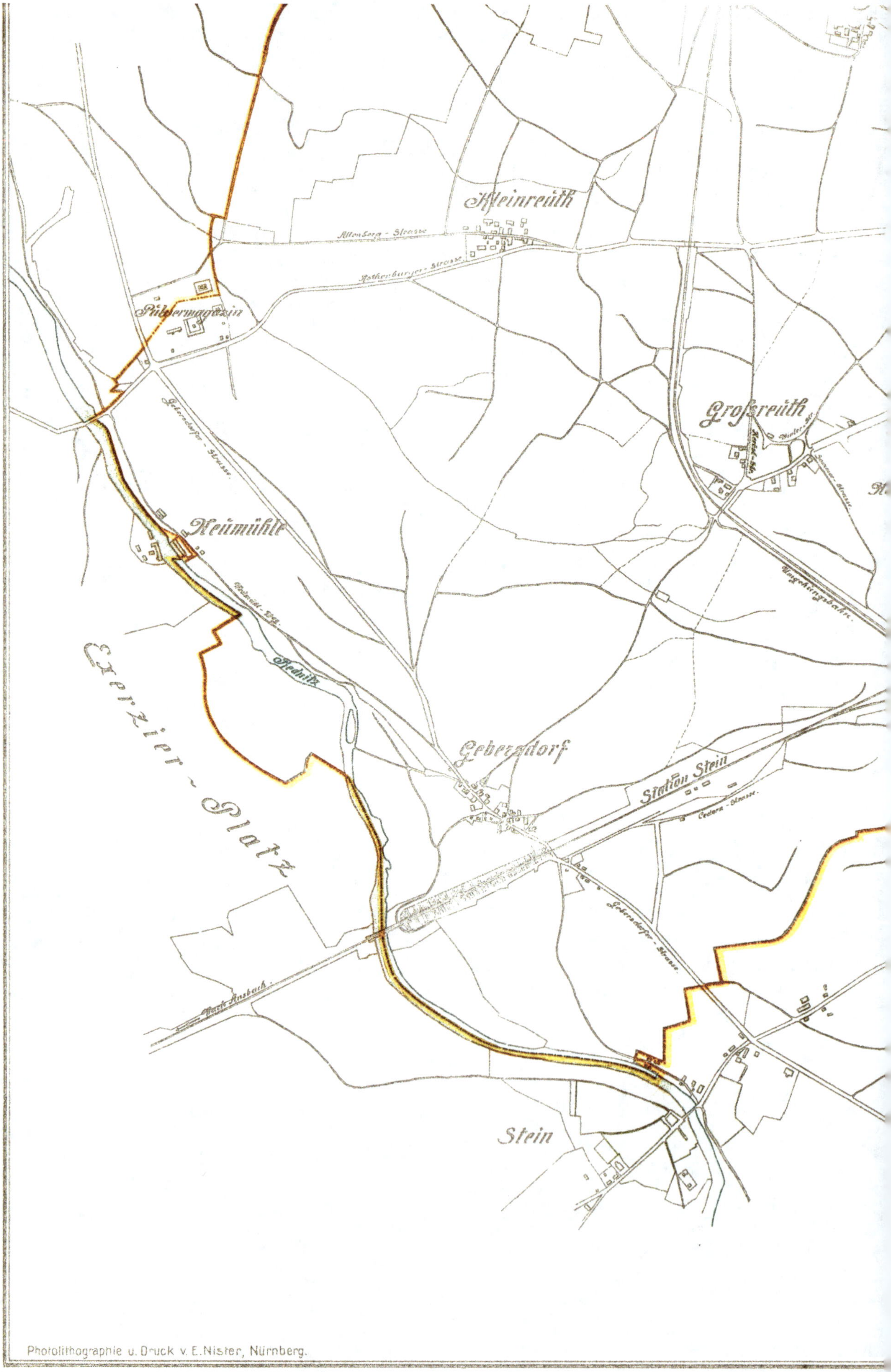

Photolithographie u. Druck v. E. Nister, Nürnberg.

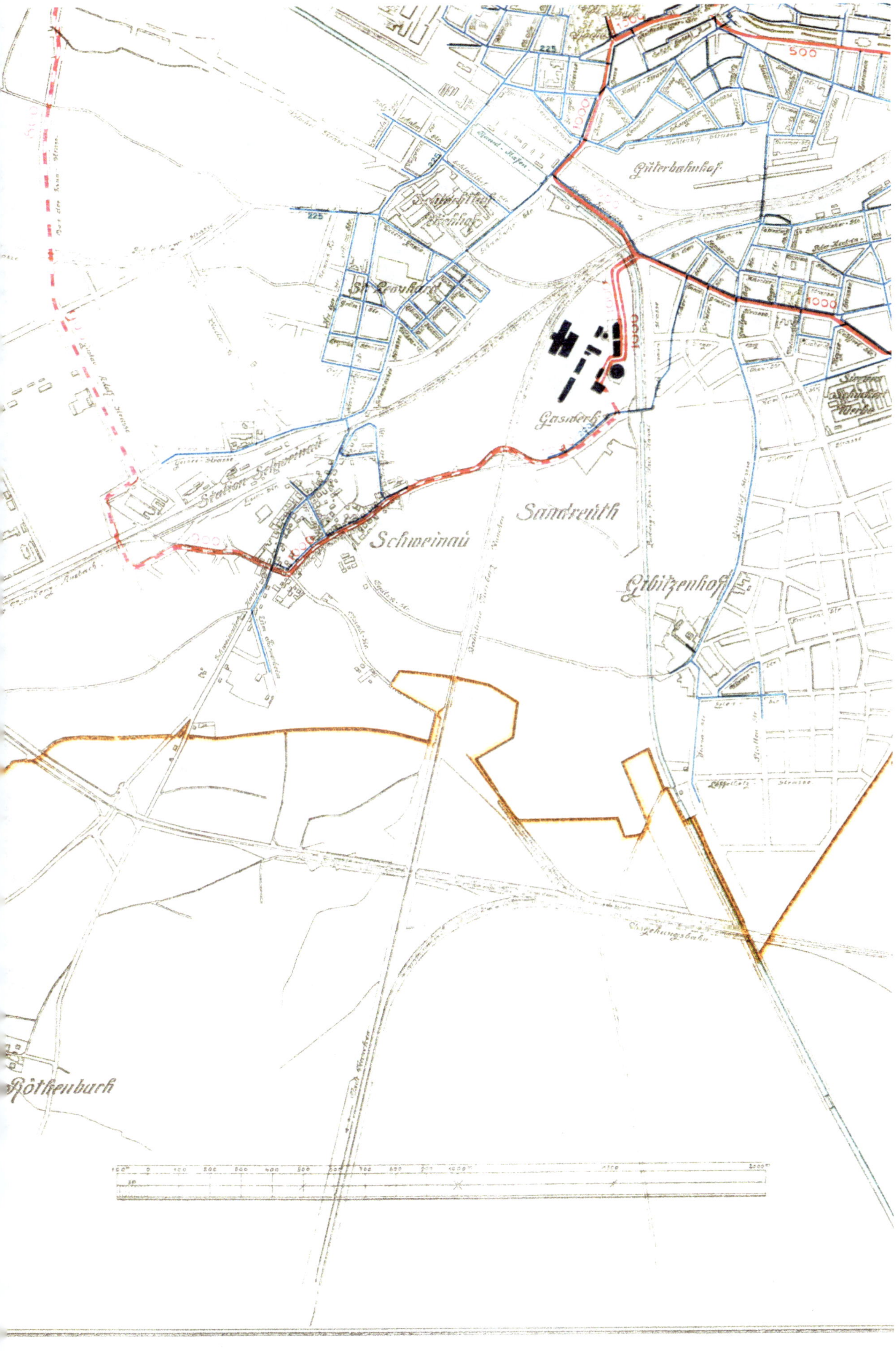

Güterbahnhof
St. Leonhard
Station Schweinau
Schweinau
Gaswerk
Sandreuth
Gibitzenhof
Röthenbach
Umgehungsbahn
500
1000

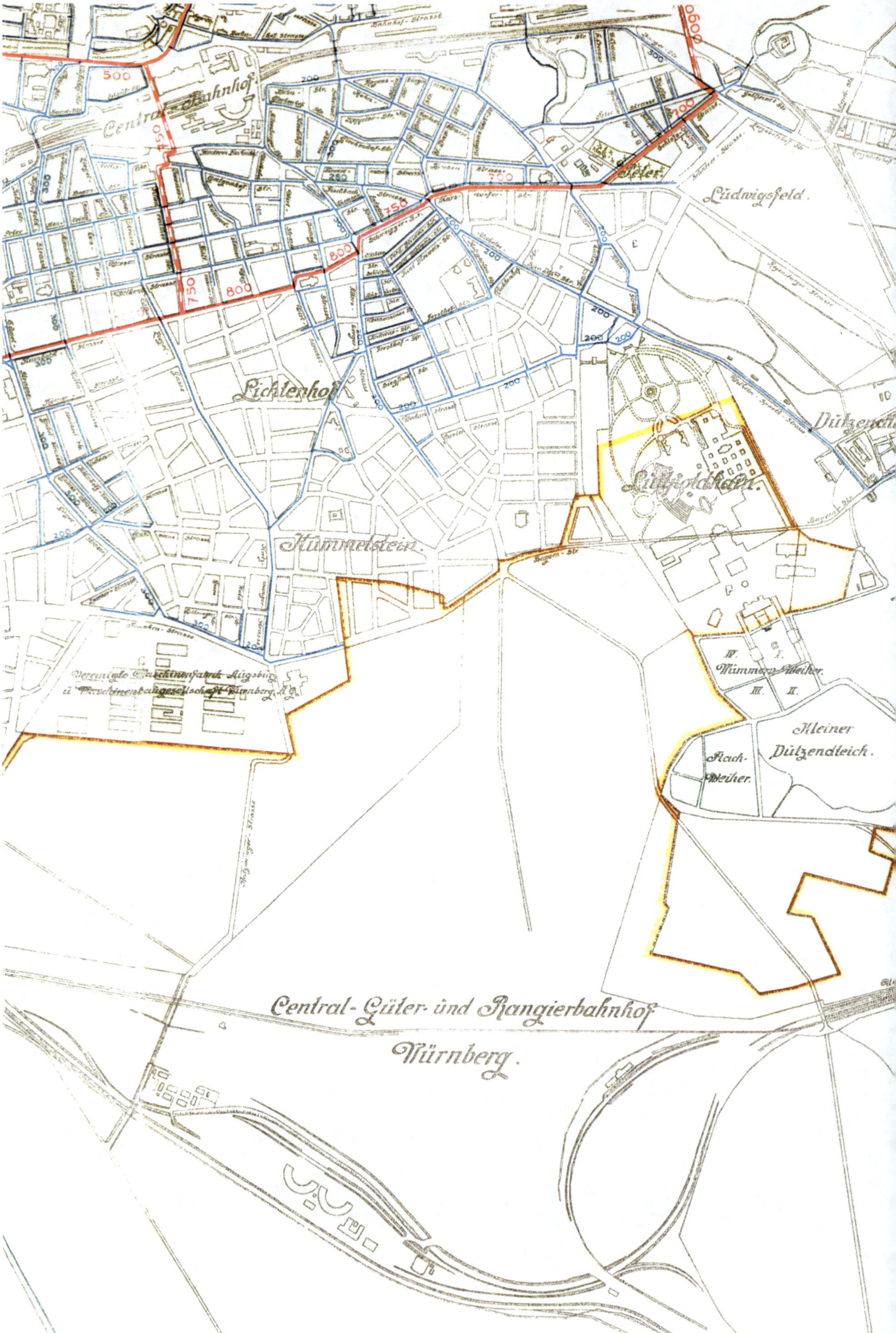
Central-Bahnhof
Ludwigsfeld.
Lichtenhof
Hummelstein.
Luitpoldhain.
Kleiner Dutzendteich.
Central-Güter- und Rangierbahnhof
Nürnberg.

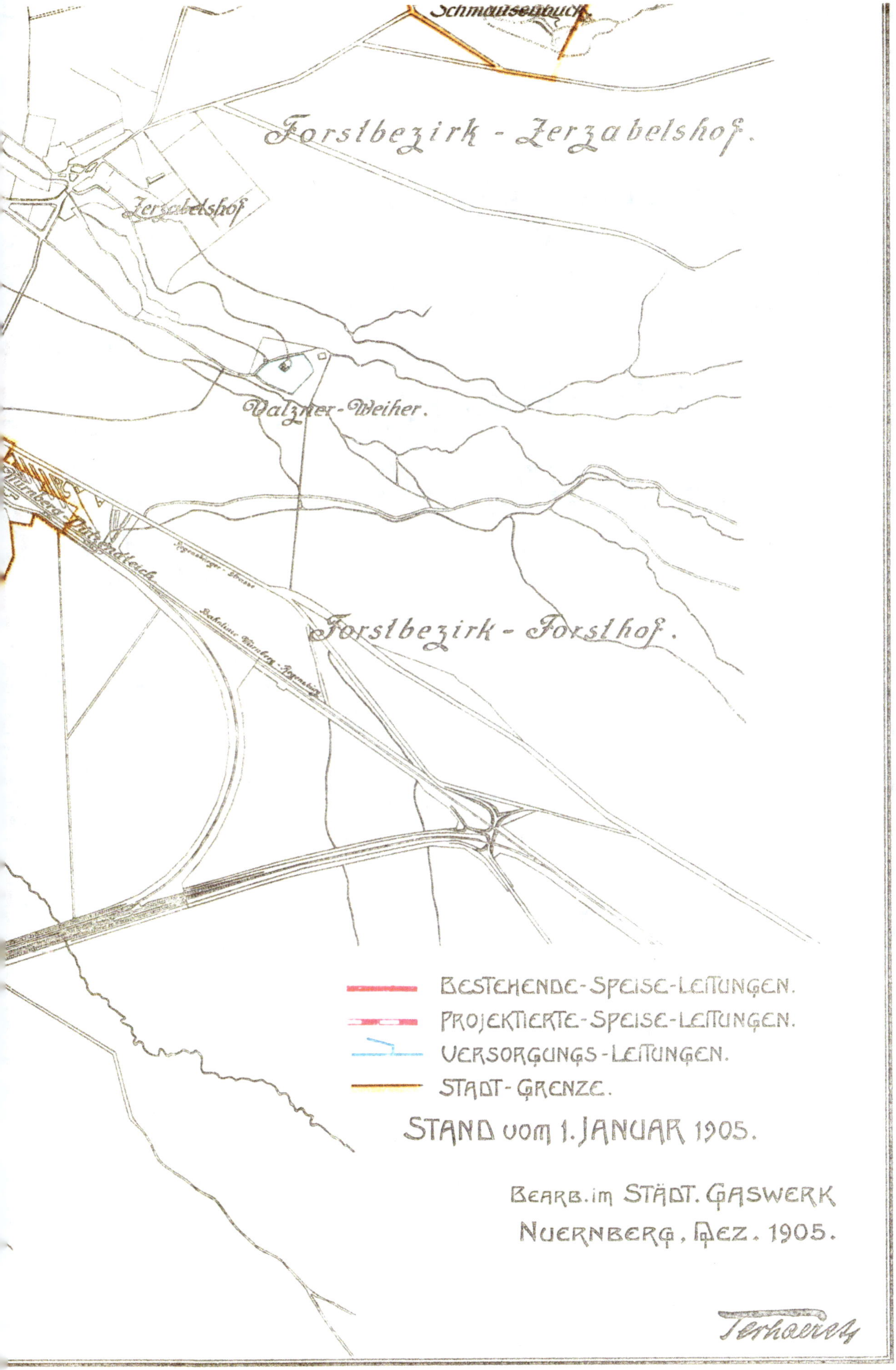
Schmausenbuck.
Forstbezirk - Zerzabelshof.
Zerzabelshof
Valzner-Weiher.
Forstbezirk - Forsthof.
BESTEHENDE-SPEISE-LEITUNGEN.
PROJEKTIERTE-SPEISE-LEITUNGEN.
VERSORGUNGS-LEITUNGEN.
STADT-GRENZE.
STAND vom 1. JANUAR 1905.
BEARB. im STÄDT. GASWERK
NUERNBERG, DEZ. 1905.

Verteilung des Gasverbrauches in Nuernberg im Jahre 1902.

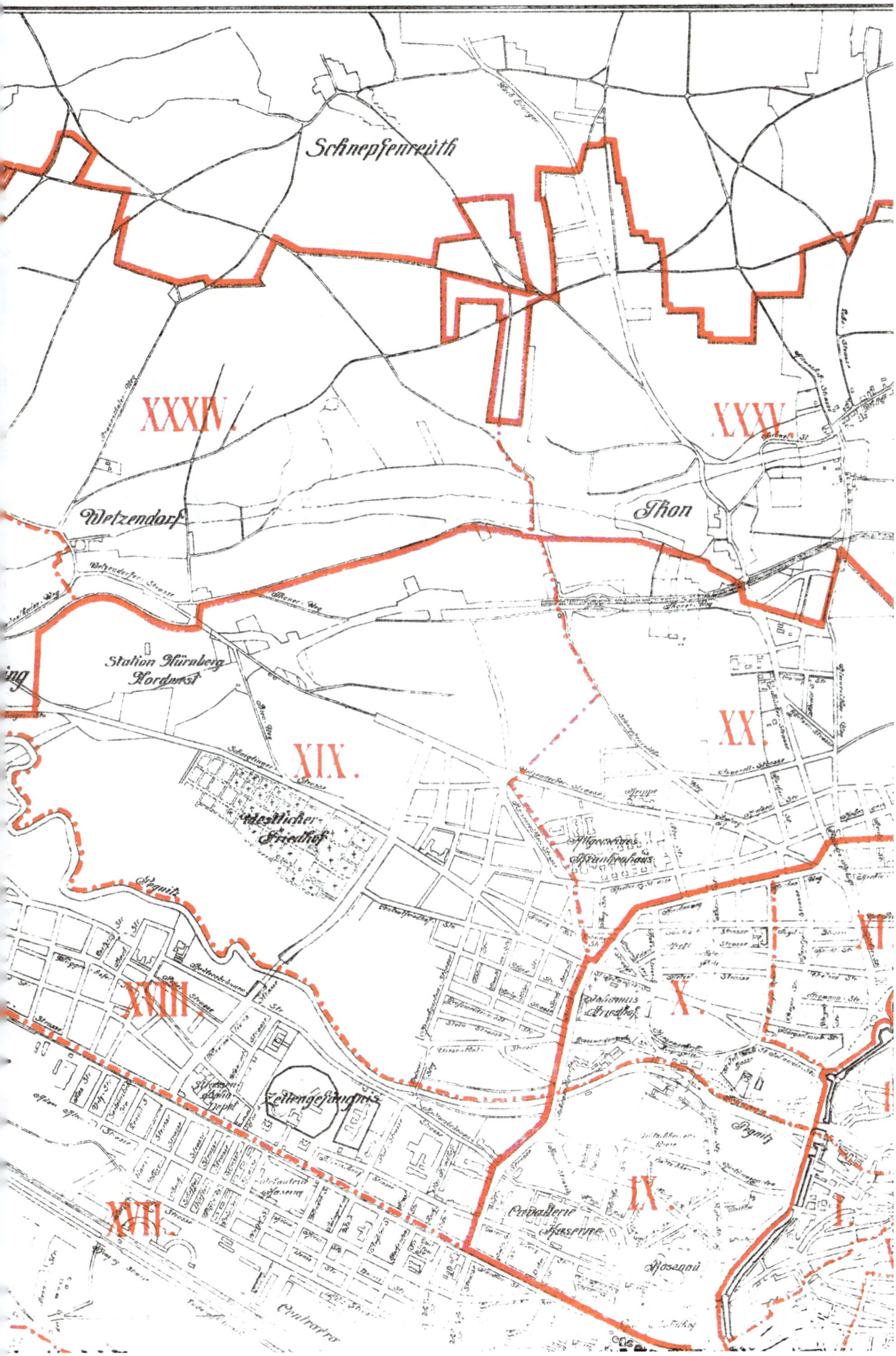
Schnepfenreuth
XXXIV.
XXXV
Wetzendorf
Thon
Station Nürnberg Nordwest
XIX.
XX.
Westlicher Friedhof
Allgemeines Krankenhaus
Pegnitz
XVIII.
X.
Johannis Friedhof
Zellengefängnis
IX.
Cavallerie Kaserne
Rosenau
XVII.
I.

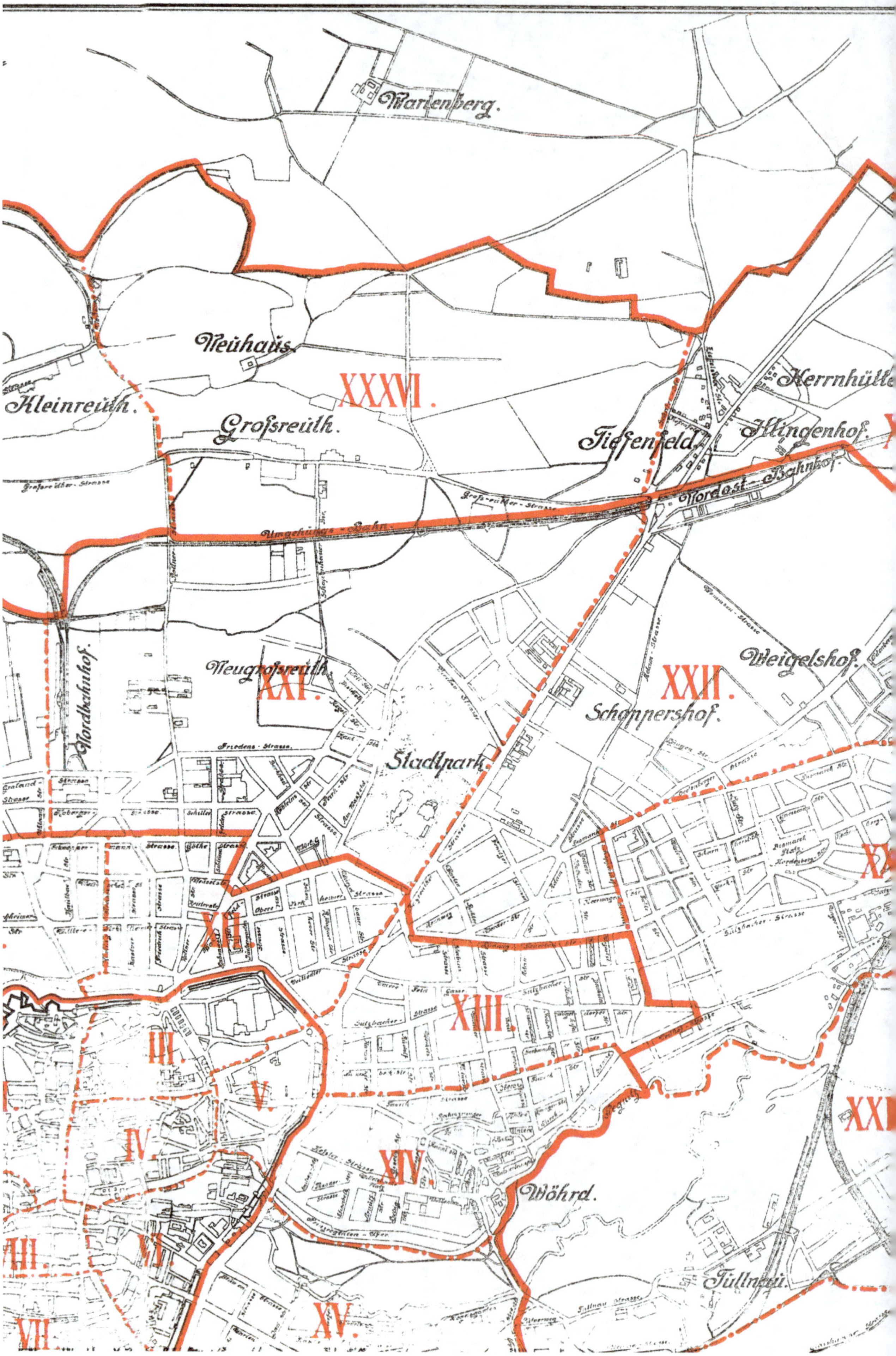
Marienberg.
Neuhaus.
Kleinreuth.
Grofsreuth.
XXXVI.
Tiefenfeld.
Herrnhütte
Ilingenhof.
Nordost-Bahnhof.
Umgehungs-Bahn.
Nordbahnhof.
Neugrofsreuth.
XXI.
XXII.
Weigelshof.
Schoppershof.
Stadtpark.
XII.
XIII.
III.
V.
IV.
XIV.
Wöhrd.
VIII.
VI.
VII.
XV.
Tullnau.

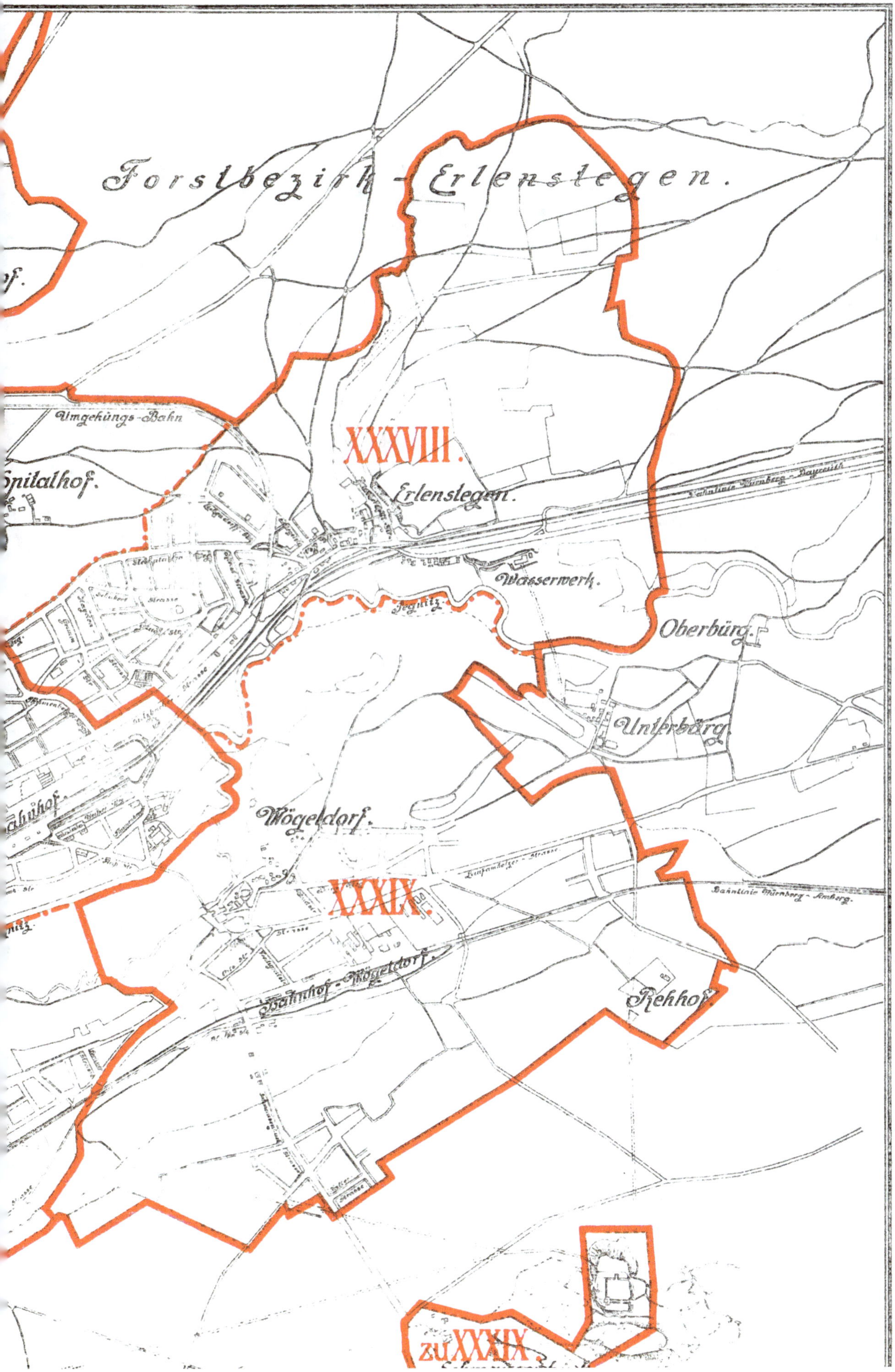

Forstbezirk - Erlenstegen.
Umgehungs-Bahn
Spitalhof.
XXXVIII.
Erlenstegen.
Bahnlinie Nürnberg - Bayreuth
Wasserwerk.
Pegnitz
Oberbürg.
Unterbürg.
Wögeldorf.
Bahnlinie Nürnberg - Amberg.
XXXIX.
Bahnhof - Wögeldorf.
Rehhof.
zu XXXIX.

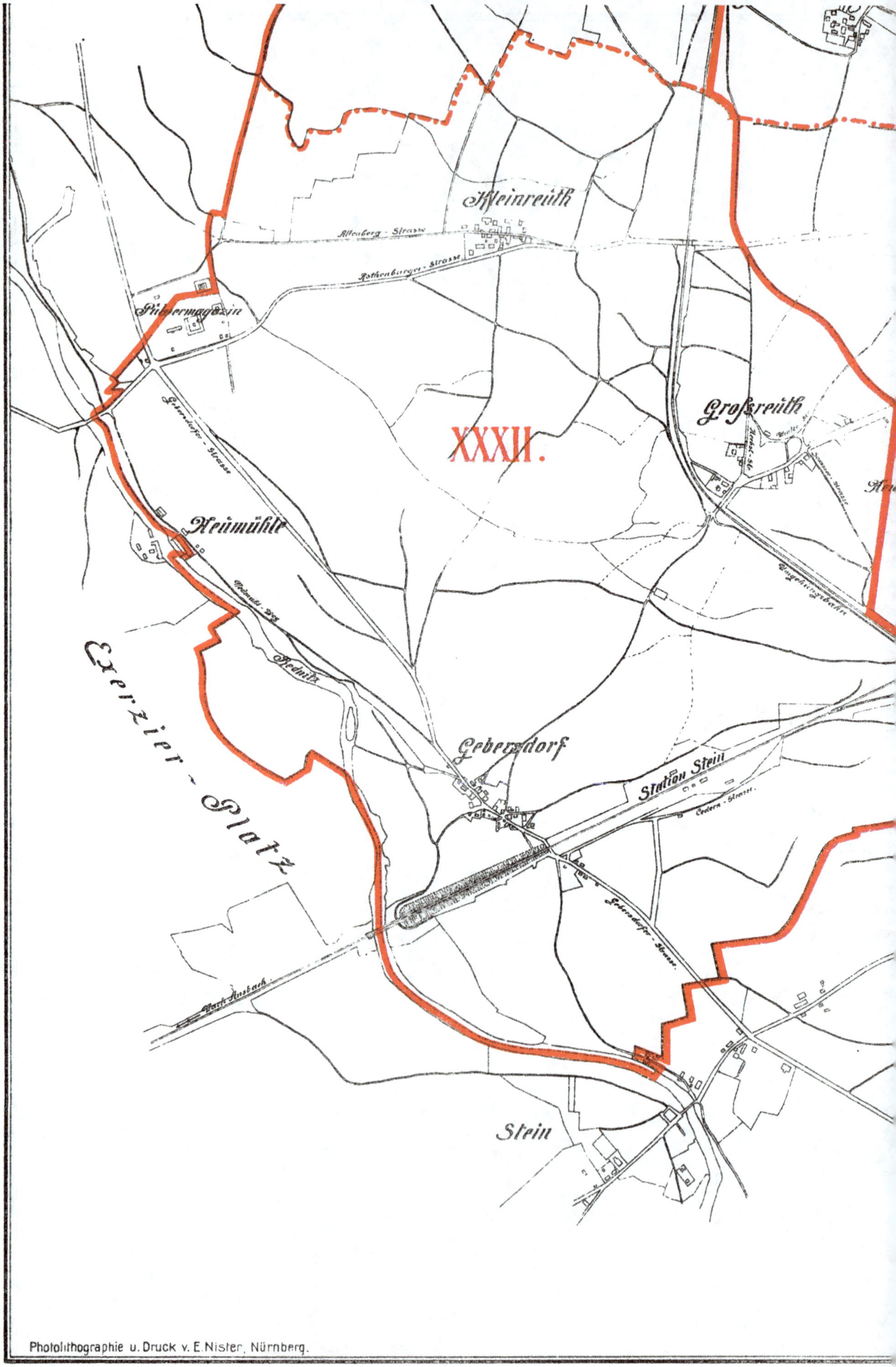

Photolithographie u. Druck v. E. Nister, Nürnberg.

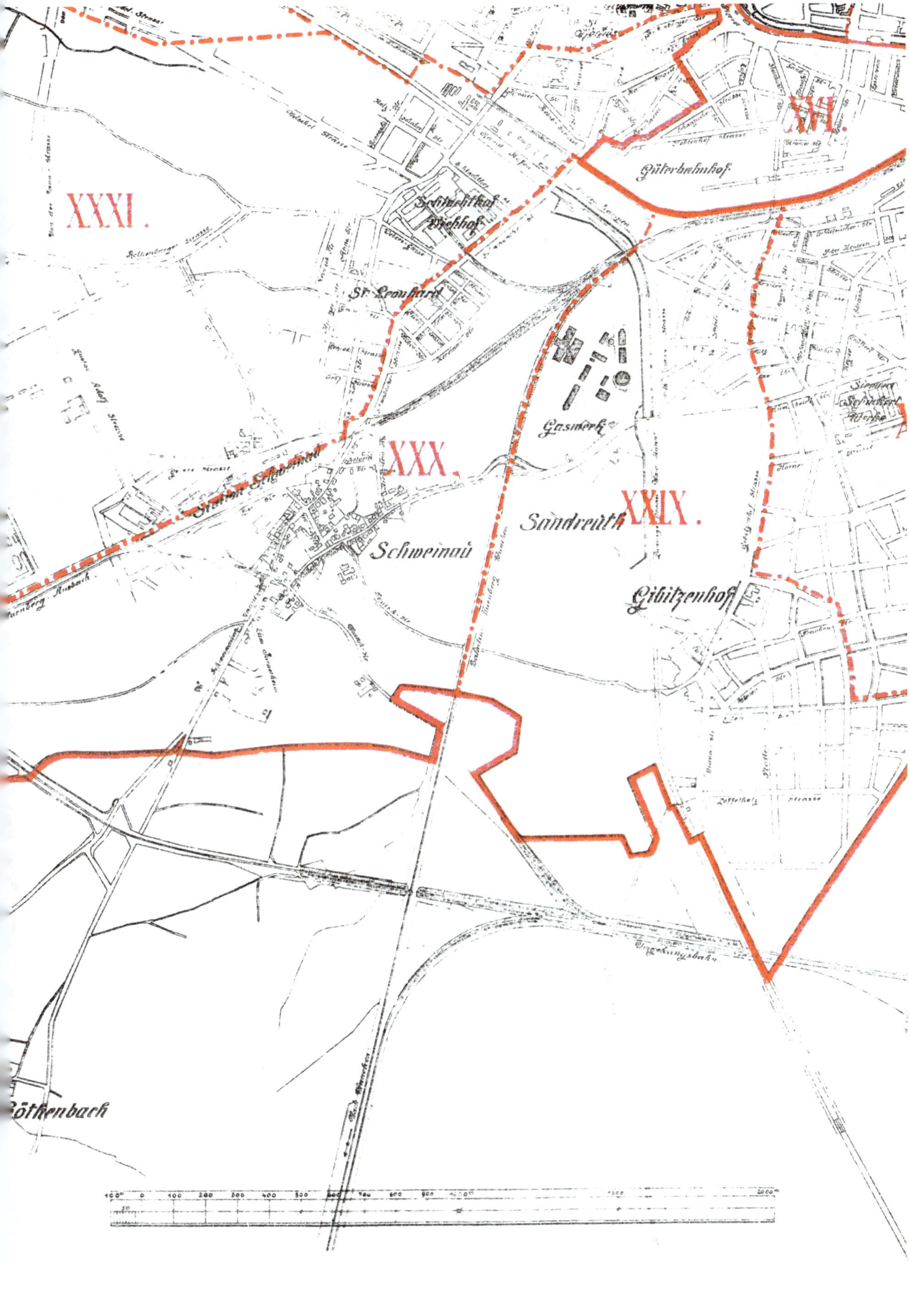

XXXI.
XXX.
XXIX.
XVI.
Güterbahnhof
Schlachthof
Viehhof
St. Leonhard
Gaswerk
Sandreuth
Schweinau
Gibitzenhof
Röthenbach

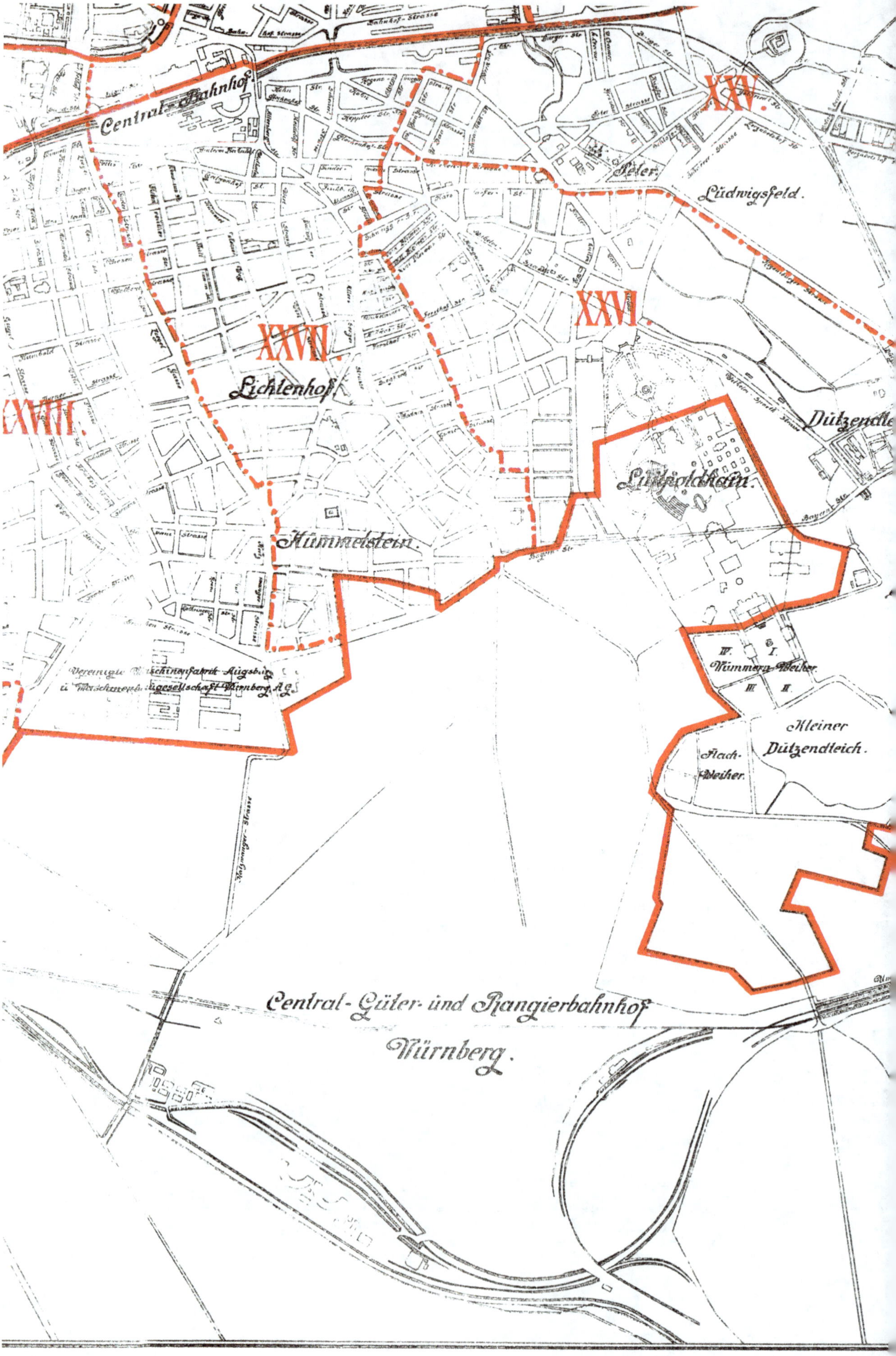

Central-Bahnhof.
XXV.
Ludwigsfeld.
XXVI.
XXVII.
Lichtenhof.
XXVIII.
Dutzendteich
Luitpoldhain.
Hummelstein.
Vereinigte Maschinenfabrik Augsburg u. Maschinenbaugesellschaft Nürnberg A.G.
Nummern-Weiher.
Kleiner Dutzendteich.
Flach-Weiher.
Central-Güter- und Rangierbahnhof
Nürnberg.

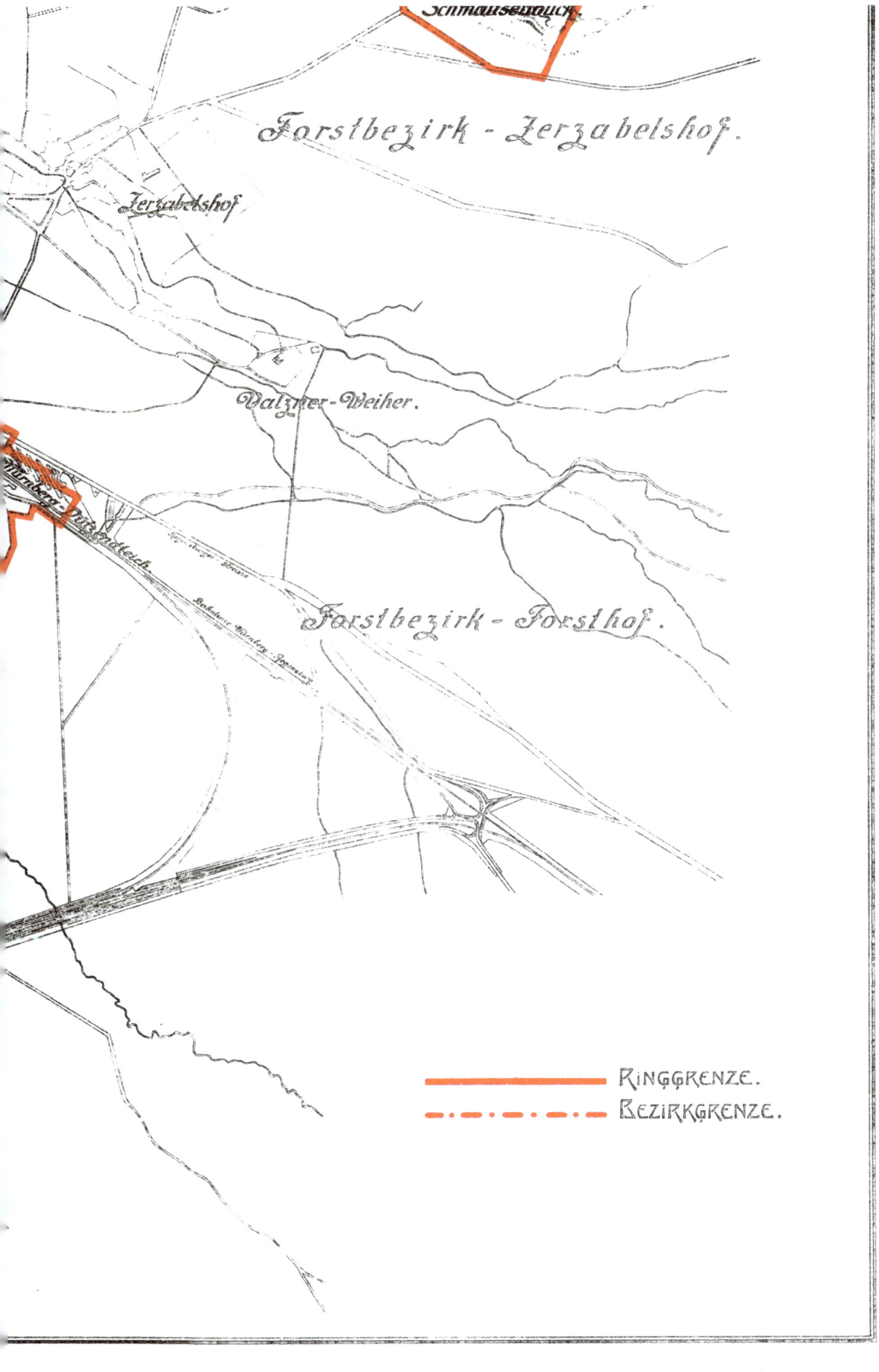
Forstbezirk - Zerzabelshof.
Zerzabelshof
Walzner-Weiher.
Forstbezirk - Forsthof.
Ringgrenze.
Bezirkgrenze.

www.ingramcontent.com/pod-product-compliance
Lightning Source LLC
LaVergne TN
LVHW081343011026
849161LV00013BB/2998